# Photoshop 隐秘的力量

## 混合模式与调整图层在摄影后期中的高级应用

[美] 斯科特·瓦伦丁 (Scott Valentine) 著　黄一凯 译

ADOBE PRESS

Adobe

人民邮电出版社
北京

**图书在版编目（CIP）数据**

Photoshop隐秘的力量 ： 混合模式与调整图层在摄影后期中的高级应用 / （美） 斯科特·瓦伦丁 (Scott Valentine) 著 ； 黄一凯译. -- 北京 ： 人民邮电出版社，2023.7
ISBN 978-7-115-61689-0

Ⅰ. ①P… Ⅱ. ①斯… ②黄… Ⅲ. ①图像处理软件 Ⅳ. ①TP391.413

中国国家版本馆CIP数据核字(2023)第078929号

## 版 权 声 明



## 内 容 提 要

在本书中，职业摄影师斯科特·瓦伦丁分享了他从业多年来积累的后期修图秘诀，从解决问题和创作作品等角度展示了 Photoshop 的强大功能和迷人魅力。全书围绕 Photoshop 中两个核心功能——混合模式和调整图层的使用展开，结合大量典型的后期实战案例调修指导，让读者沉浸式地参与到后期修图工作流程中，熟练掌握 Photoshop 的工具和功能，提高后期修图技术，激发创作灵感，培养非凡的艺术视角，提升后期处理水平。

本书适合摄影后期初学者参考阅读，对想要精进后期技法的专业修图师也有很大的帮助。此外，本书也可以作为相关院校或培训机构的专业授课教材。

◆ 著　　　[美]斯科特·瓦伦丁（Scott Valentine）
译　　　黄一凯
责任编辑　张　贞
责任印制　陈　犇

◆ 人民邮电出版社出版发行　　北京市丰台区成寿寺路 11 号
邮编　100164　　电子邮件　315@ptpress.com.cn
网址　https://www.ptpress.com.cn
中国电影出版社印刷厂印刷

◆ 开本：690×970　1/16
印张：22　　　　2023 年 7 月第 1 版
字数：482 千字　　　　2023 年 7 月北京第 1 次印刷

著作权合同登记号　图字：01-2021-1417 号

定价：198.80 元

**读者服务热线：(010)81055296　印装质量热线：(010)81055316**
**反盗版热线：(010)81055315**
**广告经营许可证：京东市监广登字 20170147 号**

谨以此书献给卡拉和奥斯汀，他们一直提醒我做更好的自己。

这本书同样要献给埃科和萨默，它们提醒我摆脱久坐的状态，站起来给它们喂食。

永远不要低估生活中任何一个小小提醒的能量。

# 序

我和Photoshop打了大半辈子交道。这是一段非常愉悦的经历，直到今天我还能在它身上发现新的闪光点。就像情侣一样，我们也时不时会闹些小别扭，但是要不了多久，我们就能恢复到如胶似漆的状态。

我和Photoshop最初相识是在罗彻斯特理工学院影像与摄影技术专业学习的时候。当时我的课程以MATLAB、光学和数字图像处理为主，但是我希望可以像玩泥巴一样直接去处理画面中的像素，于是旁听了一些并不属于我专业的课程，接触到了Photoshop这样一款神奇的软件。但当时我从未想过有朝一日能有机会作为Photoshop用户的代表进入Adobe公司工作。

在我心里，自己算是个颇有创造力的艺术家。10岁的时候，我爸爸订阅杂志的机构送给他一台135胶片相机，我在高中的摄影课上使用这台相机开始了自己的摄影创作。为了避免漏光，机身上到处贴着电工胶布。我手上只有一支标准镜头，因此我试着在镜头前面加了一块放大镜以拍摄一些微距照片。班上有个同学因为冲洗工艺不过关导致底片出现了条纹，但是我还挺喜欢这种支离破碎的感觉的，因此通过控制流程重现了这个效果。在开始正式学习成像技术之前，我做了许多类似的创作实验。Photoshop对我来说是一种完美的媒介，可以将影像创作的技术面与艺术面结合在一起。

斯科特·瓦伦丁同样与Photoshop有着类似的缘分，并且致力于使这款软件尽善尽美。在过去10多年间，他一直是我们的重点测试用户，并且给工程团队提供了大量建议。在我的印象中，他一直是我们的伙伴。

斯科特的特别之处在于他既懂艺术，又懂技术，这一点对于我们整个团队来说尤为宝贵。他创作了许多漂亮的测试图片，这些图片成为Photoshop开发过程中重要的评判工具。团队在探讨软件方向的时候也越来越倚重斯科特在艺术与技术两方面水乳交融的经验。

我很高兴有机会看到这本书，这本书继承了斯科特在艺术和技术两方面的平衡感，能帮助读者在掌握Photoshop的道路上通过实验发现更多的内容。斯科特娓娓道来、平易近人的写作风格与他深入探究的天性相得益彰，让本书值得一读。我希望看完这本书之后，每位读者都有机会像Photoshop开发团队一样释放出每一种工具的能力。

——梅雷迪思·施托茨纳

Adobe公司Photoshop产品经理

# 前言与致谢

当我们与某人或者某事物相处了足够长的时间之后，就会发展出一段固定的关系。本书就是这种相处模式之下的产物。虽然这段关系并不算融洽，我们“爱过”，也曾经陷入“冷战”，甚至想过“老死不相往来”……但最后我们依旧关系紧密。

在本书成书之际，我首先要感谢我充满耐心的妻子和儿子，以及并不那么有耐心的狗。我的妻子和儿子都不会时不时地问我“书写得怎么样了？”在本书的写作过程中，他们表现出了足够的克制，并且不断为我提供鼓励。

不过大家最终能读到这本书，则归功于Peachpit出版社的工作人员。感谢维克多和劳拉对这本书的信心以及对我的信任，在书稿一拖再拖之后依旧没有放弃我。这两位出版领域的专家既是我的朋友，也是我的行业伙伴，我从他们身上获益良多。从我动笔到大家看到这本书，整个过程都离不开他们的努力，短短的文字实在不够表达我对他们的感激之情。

洛奇是我多年的好友，也是一位专业的Photoshop讲师，他又一次用他的专业知识帮助了我，给我挑出了不少错误，也教会了我许多新的技巧。如果大家在本书中发现了一些技术错误，那完全是因为洛奇在讨论技术问题的时候不愿意驳我的面子。他是这个领域最厉害的人。

最后我还需要感谢梅雷迪思 • 施托茨纳和克里斯 • 梅恩。梅雷迪思对Photoshop这款软件有着诚挚的热爱，并且一直在给它带来新的变化，她为本书撰写的精彩序让我叹为观止。克里斯为我提供了一个展现自我的空间，让我每个月都能有机会在众多读者面前畅谈自己对Photoshop的观点，我对他深表敬意。

同时我还要感谢所有那些无法在此一一列举出名字的人，是你们的鼓励和支持让我成为更好的自己，希望你们以后还能一如既往地鼓励和支持我。

# 目录

# 第一篇　绪论

这是本书的第一部分，精彩的内容将在之后慢慢呈现在读者面前，其中包括许多我经年累月所累积的经验与思考。这里面既有碰运气发现的，也有从别人那儿学来的，但绝大多数都是在反复的尝试与失败中慢慢积累的。无论你是怀着消遣还是学习的心态阅读接下来的内容，你都应该记住这一点。

# 第1章　基础知识

本章尤其是其中的“用数据的方式看照片”一节，主要讨论了我如何看待Photoshop，以及如何揭开隐藏在其界面背后的秘密。

## 个人忠告

我是个不够格的艺术家。虽然我喜欢创作这一行为，但是我并不觉得自己内心有什么欲望驱使着我开始创作一个项目，并为了这个项目调动我所掌握的技巧。但是在从事一些与数字艺术相关的工作时，我却很容易产生一些灵感。我个人生涯中的大多数作品都源自我对某个具体工具或技巧的探索，而其中称得上艺术品的部分则全部来自某种意义上的误打误撞。

不知道你是否干过这样的事情，仅仅因为对某种艺术创作形式感兴趣，就在没有任何经验的情况下买了一大堆工具和材料回家。我最开始接触Photoshop和数字艺术创作时就是这样的。那还是互联网刚刚诞生的时候，我找了份要求我懂得如何编辑和创建图像元素的工作，尽管我对此一无所知。所幸我在网上找到了一些非常有趣的论坛，大家不仅在上面展示精彩的创意作品，同时还非常乐于分享知识。我在上面问完了我能想到的各种问题，很快我也开始有能力帮助别人。

对于我当时所在的那个不大的团队来说，每一个新问题都是一个需要面对的挑战。有时候我需要花好几个小时才能重现某种特定效果，或者通过实验来了解不同数字工具是如何协同工作的。最后，我意识到自己对学习如何控制这些工具的兴趣远大于对创作过程本身的兴趣。毕竟我当时还是一个刚从物理学院毕业的大学生，并没有什么固定的工作。

我探索和理解事物的本能方法就是将它们分解成一个个容易处理的小环节，然后各个击破。

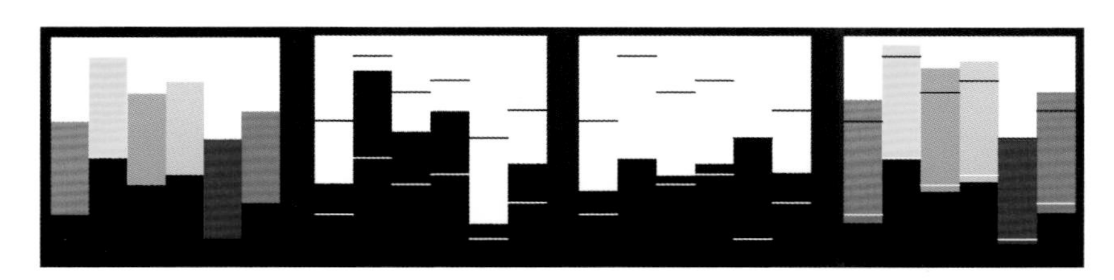

**注** 在这本书里，你会看到大量用来展示不同调整参数和混合模式对画面效果产生不同影响的插图，上图展示了自然饱和度调整用于色块时的效果。

我学习Photoshop的过程直接影响了我的教学风格，这本书展现了我在学习中进步的过程，而分享它们对我又是一种巩固。本书介绍的很多技巧对于专业人士来说司空见惯，所以市面上很少有书愿意深入浅出地探讨这些话题。我在写作本书的过程中一直尝试着首先将大的话题拆解成大家熟悉的一系列小概念，然后将它们组合为完整的效果，并在此基础上举一反三。

书中提到的每一个技巧都是为了帮助大家理解它们背后的原理，而非简单演示其效果。在我看来，大家真正的目标应该是深入理解这些技巧在不同条件下的运作模式，这样不仅能帮助大家更加有效地解决创作过程中遇到的问题，还能够让它们成为大家创作出更加优秀的作品的助力而非束缚。熟练地运用工具，是成功创作的关键。

通过不断的尝试，你最终会对所有技巧背后的原理产生一种朦胧的感觉。这并不意味着你需要了解什么复杂的数学知识或者数字影像分析技巧，例如了解波特-达夫合成与梯度域图像处理之间的区别。熟能生巧，巧极通神。最后你在实现自己想要的效果时并不会在意自己究竟用到了什么技巧；但是想要达到这个境界，你需要花费大量的时间进行练习。

总而言之：

**永远不要让工具成为你艺术创作道路上的绊脚石。**

## 如何学习本书

我写作本书的目的是帮助大家熟悉Photoshop中混合模式和调整图层的基本操作，这个思路也融会贯通到我的大多数教学当中。下面几页所包含的技术和描述是为了帮助大家从解决问题和创作作品两个角度来看待这些工具。虽然大家可以从问题出发在书中的对应章节直接寻找答案，但考虑到写作的初衷，我还是希望大家能够对解决这些问题的方法为何有效有更加全面、深刻的理解，这样大家不仅能解决手头上的问题，同时也能解决未来可能遇到的新问题。

在阅读本书的过程当中，大家可以想想如何扩展自己学到的技术，扩大其适用范围，或者更改部分操作的顺序与参数；如何使用不同的工具实现同样的效果，以及实现同一个效果有多少种不同的方法等。我希望大家能以这本书为基础，建立起对Photoshop中不同工具的扎实理解，并将其作为跳板来探索更广阔的创意空间。

怀着这个目标，在“实践”篇的“创建工作文件”部分，我将告诉大家如何创建一些测试文件以及如何发现有潜质的影像文件并将其用作实践特定工具或技巧的样片。使用样片是锻炼自己解决问题能力的一种好方法，但是真正地掌握一种工具还需要将其从具体的使用环境中抽离。

何谓“从具体的使用环境中抽离”？在Photoshop中熟悉新工具的时候，我们所面临的关键挑战之一即我们更倾向于接受使用工具让某个具体的作品变得更符合主观审美需求。如果我们将新学到的工具或技巧用在一张照片上，但结果并不符合我们的主观标准，那么我们很可能就会将其打入“冷宫”，拒绝更进一步了解该工具的实际工作原理和潜能。“从具体的使用环境中抽离”就是将完整的流程打散，分解成一个一个的小操作。在这种情况下，我们就能更好地观察每个工具各自的功能，而非将注意力放在它们用于某个具体图像时的效果上。

通过使用本书中的实例图像，以及我们并没有投注个人情感的测试文件和样片，我们就能更加客观地看待使用不同工具与技巧所产生的效果。当我们在未来遇到新的创作挑战的时候，这些观察结果就会为我们带来相应的回报。这其中的关键，便是学习并接触新事物。

本书的大部分内容都围绕Photoshop中两个核心功能的使用展开：混合模式和调整图层。在写作这本书的时候，我假定大家已经了解常规工具和图层的基本使用方法。虽然在谈到画笔、选区、滤镜等基本功能的时候我还是会讨论一些具体的使用方法，但全都依赖于具体的使用场景展开。例如在介绍“黑白漫画”效果的时候，我就介绍了如何在滤镜等功能的基础上，使用混合器画笔和涂抹画笔工具创作更加丰富的效果。在其他案例当中，我也都是围绕着最终效果来讨论工具的具体使用方法的。

我的目标是将大家对于混合模式与调整图层的理解融会贯通到整个后期处理的工作流程当中，大家既可将其视作一种创作手段，也可将其视作一种实用性工具。尽管在此过程中我很少谈到滤镜，但这并不意味着大家就不应该花费同样的功夫去掌握它们的使用方法。事实上，大家最终应该寻找的是让自己更加愉快的工作方法，而不局限于具体的手段。如果你觉得某个插件面板特别有用，能显著提高自己的效率，那么就应该将它纳入自己的工作流程当中。插件、滤镜、动作等功能各有其用武之地，本书所介绍的任何内容都不应该成为你拒绝使用其他功能的理由。

有一次讲网络直播课的时候，我突然发现了一个解决问题的新办法，于是就把注意力全部放在了自己手头的演示操作上面，完全忘掉了听课的学生们。我在这种出神的状态下操作了好几分钟之后，有学生点了一下发言按钮，希望我能返回到开头并列出整个操作步骤，以便他们能跟着我重复一次。我还没来得及回答学生的问题，一位我很尊重的旁听老师就抢先说道：“不要关注具体的步骤，关注方法的可能性，让你的好奇心引导你的操作。”

他有力的回答让我产生了深刻的思考。虽然在上课的时候我往往以演示实际操作步骤为主，偶尔展开讲一些技巧的发散应用，但实际上我最想教学生的就是各种可能性。尽管这是我最希望传达给别人的，但在教学实践中，我意识到这给听众提出了非常高的要求。我们生活在一个充满各种念头与可能性的世界中，而教育是一个讲究按部就班的领域。两者同样重要，忽略其中任何一者都不现实。只不过在看到学生将“可能”变成“现实”的时候，我会更有满足感。

在我看来，第三方工具主要可以分为两类：一类能让我更全面地控制我的影像，另一类则提供了一大堆预设或固定效果的集合。多年来，我对于前者一直情有独钟。我喜欢那种能用不同方式展现或调整数据的面板，喜欢那种比鼠标更富有表现力的硬件工具。下面就来聊聊在过去这些年的Photoshop工作当中，对我来说至关重要的一系列工具。

## Wacom手绘板

在我看来，自Photoshop问世以来，从未有什么东西给数字艺术带来的变革程度可以超越手绘板。手绘板可以直接将手部的动作转变成屏幕上的颜色和光效，彻底解放了生产力，让Photoshop几乎成为一种“乐器”。虽说Wacom是手绘板领域的绝对王者，但多年来市场上也慢慢涌现了许多不同价位的手绘板。不过对业内人士来说，Wacom就是职业艺术家领域实际上的行业标准。

这么多年用下来，我发现自己最喜欢的是中等尺寸的手绘板，目前我使用的手绘板型号是影拓Pro。我的许多插画师朋友更喜欢新帝系列的手绘板，它提供了一块压感屏幕，用户可以直接在画面上进行操作。近年来，iPad和微软Surface等带触摸屏的平板电脑问世，给这个领域带来了更多的可能性，同时也使得移动工作成为可能。

## Monogram模块化控制器

在创作本书的头一年，我使用了来自Monogram公司的外置硬件控制器，这家公司以前叫作Palette Gear。这些外置硬件控制器是一套模块化控制系统，由若干个按键、旋钮和滑块组合而成，几乎可以分配给Photoshop或者其他桌面应用程序的任意功能或控制选项。如果说Wacom手绘板是通过一支笔赋予了你更大的创作空间，那么Monogram模块化控制器则是通过看得见、摸得着的控制装备给你提供了更为精确和直接的操作空间，让你脑海中的想法更容易转变为Photoshop中的命令。

其重要性再怎么夸张都不为过。无论为了创作还是为了尽快解决问题，你都不会希望自己的思路或者视线被各种跳出来的菜单命令所打断。使用实用快捷键是一种折中的解决办法。而一款可以自定义功能和排列方式的硬件控制设备，则能够在功能与操作之间建立起更直观的联系，保证了你能进行思路连贯而精确的表达。

## Retouching Toolkit

Retouching Toolkit（以下简称RTK）的核心是一系列通过面板按钮访问的操作脚本。这听起来好像很无聊，对吧？但实际上它们能为你节省大量的重复操作时间来完成那些专业图像处理过程中不可避免的基础操作。更妙的是，你可以随心所欲地调整面板的配置布局，并根据不同类型工作的实际需要保存不同的配置布局。

RTK 并不包含任何你自己无法完成的操作，其价值在于为我们提供了更加高效、流畅而一致的工作流程。例如在进行一些要求极高的润饰或合成工作的时候，我需要频繁地创建一些观察层作为辅助判断的依据。自从开始使用 RTK 以后，我只需要按一下鼠标，就能创建一套完整的观察层。这不仅仅给我的工作流程带来了极大的改善，同时也减缓了我的用眼疲劳。另外，RTK 所提供的图层组织模式，也是经过实践认可的“最佳选择”。仅仅将这些功能放在手边，就让我有足够的理由使用它们，更何况它们给我带来了肉眼可见的效率提升。

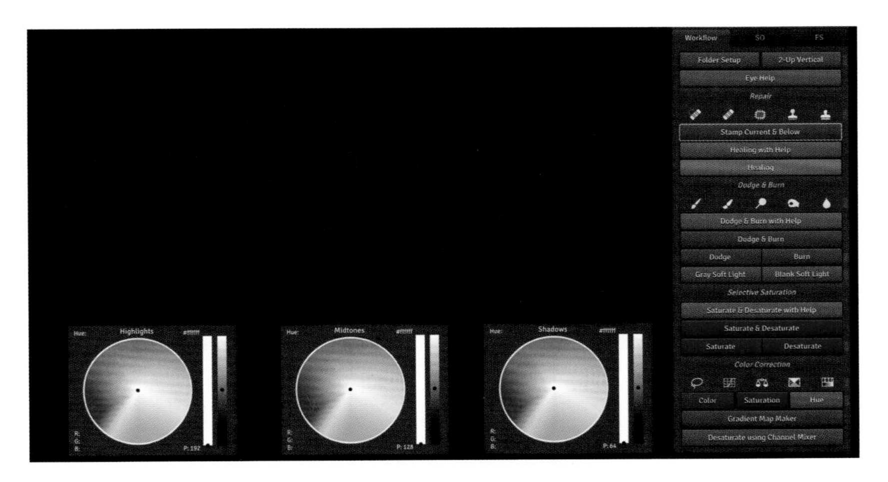


## 人体工程学键盘

你可以在市面上找到很多符合人体工程学标准的键盘。我也尝试过客制化键盘，这类键盘对于喜欢打字声的人来说，发发消息、回回邮件还是挺适用的。但是对于长时间工作而言，我需要的是更加灵敏的按键反应和更加合理的按键布局，才不至于让我的手腕和肩膀感觉好像划着小船横穿了大西洋一样。即便你并不需要大量打字，拥有一款符合人体工程学标准的键盘也是件值得考虑的事情。

## 可调节灯光

用眼疲劳是一件实实在在会让人头疼的事情。如果你需要在屏幕前处理图片，并且一待就是好几个小时，那么一定要考虑购买一款可以调节亮度和色温的非直射照明光源。我选择的是一款发光方向朝向天花板的灯座，它可以有效地减少阴影，然后我给它装上了亮度可调的标准光源 LED 灯，并使环境光线效果与日光效果保持一致。另外，我还会在显示器后面放一盏朝向墙面的白炽灯，使用暖色光源洗墙可以抵消电子邮件和社交媒体界面惯常使用的冷色设计。

别忘了每隔几分钟就把视线从屏幕上移开一阵子。

## 你的脑子

随着你阅读本书，我会逐渐要求你使用Photoshop将自己图片中的信息变得可视化。尝试着按照DIKW模型思考，即数据-信息-知识-智慧模型。这个提法最初来自T.S.艾略特在1934年创作的诗剧《磐石》，而后管理学家罗素·阿科夫将其中的关键词首字母缩写为DIKW。我们在书中使用这个提法并不意味着要给艺术创作带上脚镣，我只是用它来为大家介绍将Photoshop视作一个数据观察器的思路，或者更准确地说——一种数据显示设备。

我们在生活中失去的生命在哪里？

我们在知识中失去的智慧在哪里？

我们在信息中失去的知识在哪里？

把上述诗句说得更直白一些，我们就得到了智慧的提炼过程：

数据；

信息；

知识；

智慧；

艺术——这是我个人加上的内容。

**数据**是电子影像中单一像素的值。从最基本的层面来讲，一个像素仅仅代表一个网格中特定位置上的电荷强度。数码相机的传感器知道这个位置上有一块特定的彩色滤光片，因此这个值被存储下来，需要经过对应的转译流程才能使用。只有数据，没有任何意义。

**信息**是语境中所呈现的数据。我们的原始影像是一系列数据——像素——的集合，当我们将其置于色彩与明度的语境之中，就得到一张我们可感知的照片，并且这张照片可以在软件中进行数字化修改。信息是人类认识到照片存在性的起点。

**知识**是信息加上洞察力。像素按照一定规律排列并不意味着其中必然包含某种意义。摄影师、摄影师的客户或者其他观众看到这些影像，于是就会在脑海中构建出从信息到意义的关联。

**智慧**是知识加上经验。将知识塑造成智慧并不是一件容易的事情，也不轻松，我们不能急于求成。智慧是一种独特的视角。

**艺术**是对所有这些元素在必要之时的运用。数据、信息、知识与智慧本质上只不过是方便我们区别理解的概念，而艺术则是我们表达它们的方法。

这与Photoshop和摄影有什么关系？有一种关于Photoshop的观点认为，Photoshop也是一种镜头。我们可以让Photoshop执行各种不同的任务，而摄影师的最关键的任务就是以不同的方式看待影像。当我们将Photoshop视作一种镜头，也就意味着我们需要用它来决定呈现什么内容，这仿佛是一种超能力。我们可以用它来选择并调整影像中的色彩、影调、明暗、构图、各部分的组成比例等各种特性。在本书之后的内容里，大家将越来越深刻地认识到这一点。

## 关于本书的用语

我习惯用密度来表示亮度，用调子来表示颜色。但这些并不是固定的术语，很多地方这些说法都是混用的。从色彩理论的角度来说，以下术语及其解释基本是达成共识的。

- **颜色**：用来形容任意色相、色调、色度或影调组合的惯用语。
- **色相**：主导色系。在针对屏幕发光体而设计的加色法模型中，红、绿、蓝是3个主要色相，黄、青、洋红是3个次要色相。
- **高光色调**：任意色相颜色与白色混合形成的颜色变化。
- **阴影色调**：任意色相颜色与黑色混合形成的颜色变化。
- **影调**：任意色相颜色与中灰色混合形成的颜色变化。

当我在这本书中讨论影调的时候，同时包括了高光色调与阴影色调。调整影调在数字艺术的大背景下通常也包括对色相进行小幅度调整，甚至有时候还包括调整饱和度。确实，这个领域对于术语的定义充满了含混与马虎，我也没办法为这种坏习惯辩解。另外，当数字艺术家们使用调色工具为画面赋予整体色彩倾向的时候，你还会听到他们用“色调”来描述画面的整体色偏，也有些摄影师喜欢将这种色偏叫作色罩。这只是一种描述画面中主导色彩的偷懒办法，就好比当摄影师们给风光照片加上一点点蓝色调并不意味着画面中的其他色调就彻底消失了。

另外，我会格外注重亮度与明度之间的区别。亮度通常代表对于单个色彩的明暗感知，而明度则代表每个颜色通道的灰度的绝对值。这也有别于照度，照度被用来描述从某个表面反射出来的光的实际能量。

我之所以在本书中选择这样的措辞，是因为照度代表了未经Photoshop转换到工作色彩空间中的原始光强度。而Photoshop在显示颜色的时候会根据视觉系统感知模型改变亮度值。所以照度更正确的解释是来自物体表面的光反射功率。这个值与光的颜色无关，但因为人类视觉对所有颜色的敏感度并不一致，所以在经过Photoshop根据色彩表现进行校正之后就得到了颜色的亮度值，而明度则是以灰阶形式表现的颜色相对强度。

归根结底：我们如何选择思考目标影响了我们如何选择思考方法。之所以需要更加精确地措辞，是因为可以更好地描述我们的目标，从而对我们的工具有更加深入的了解，这样我们才能打开思路，发现更多可能性，最终实现新的目标。

## Photoshop“眼中”的影像

数字影像处理牵扯到大量的数学运算，说穿了，就是计算机试图用一种对人类视觉有意义的方式安排0和1的组合。如果没有Photoshop这样的工具，我们很难弄明白计算机想要表达的意思。但即便如此，想要熟悉Photoshop呈现数据的方式依旧需要一段时间。

如果不想一头栽到Photoshop最基本的操作细节里面，起码要记住两点：第一，Photoshop所呈现的颜色由若干个通道组合而成，每个通道中的信息均以灰度形式记录；第二，Photoshop中的图像元素与调整参数皆以层的形式堆叠在一起，这些层被我们称为图层。这两点非常重要，因为Photoshop中的调整图层通常包括了针对每个通道独立进行调整或对所有通道整体进行调整的选项。另外，每个图层都有一个被称为混合模式的选项，它决定当前图层如何对下方图层造成影响。所有这些图层按照从上到下的顺序最终组合成完整的画面，下方图层中的元素可能会被上方图层中的元素遮挡或改变。它们就好像一沓透明胶片或者玻璃片，每一层上都画着不同的内容。当我们把它们摞成一沓从上往下看，看到的就是多幅画面层叠在一起形成的最终影像。而站在计算机的角度来看，则是影像信息从图层堆栈的下方逐层向上累加，形成最终显示在Photoshop主界面中的预览画面。

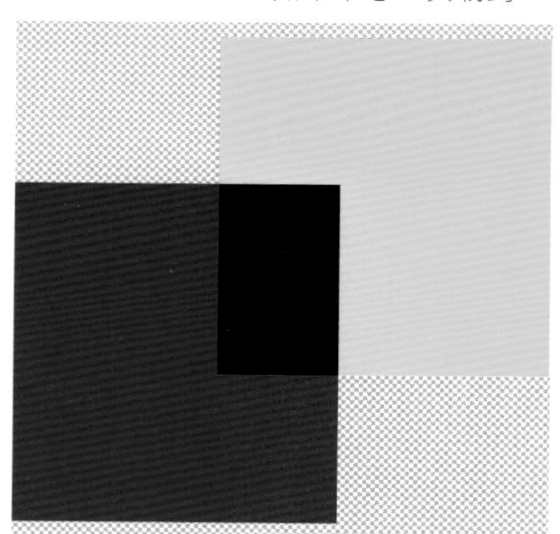

调整图层的本质功能是控制数据。它们读取亮度、色彩等来自影像的数据，然后为你提供可以对这些数据进行修改的调整选项。调整图层最有价值的地方在于它们为你提供了不同的图表化界面来查看和修改影像中所包含的数据。更换不同的调整图层实际上是在改变我们查看和修改图像数据的方法，会实实在在地影响了我们对它们的感知和管理。

“曲线”是最流行，同时也是最强大的调整图层之一。曲线工具能让你在同一个界面中看到画面中不同亮度像素的相对数量，并以一种平滑可控的方式对它们进行整体调整。这种功能强大的手动控制工具能帮助我们更好地参与到编辑流程当中。

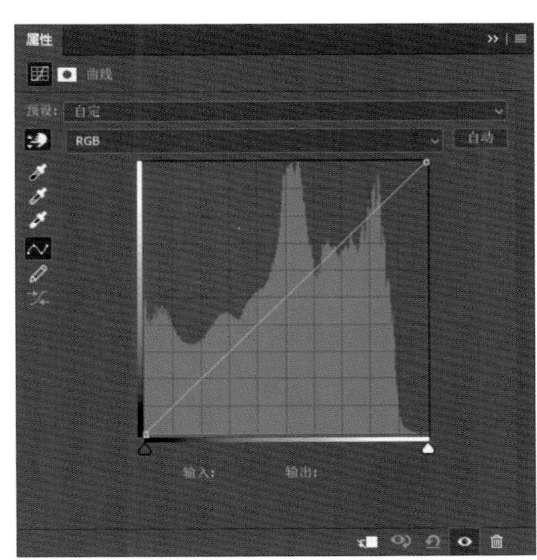


后面我们还会更加深入地探讨曲线调整图层和它的小伙伴——色阶调整图层。

混合模式的本质是数学函数。和调整图层一样，它们的本质作用是读取输入数据，对数据进行调整，然后给出新的输出数据。但是和调整图层不同的是，它们并非通过滑块、按钮、曲线等控制选项去更改图像数据，而是直接以我们在图层上的像素信息本身——图层内容——为参考去更改图像数据。每一个像素的亮度值和颜色值都代表对应位置的输入值，而每一种混合模式则对应一种计算方法。

默认状态下，Photoshop使用红、绿、蓝三色构成的RGB色彩空间展示图像。虽然每一种色彩空间都同样重要，但本书将重点讲解RGB色彩空间，因为这是数字艺术家们最常使用的色彩空间。本书谈到的许多技巧其实也适用于CMYK色彩空间，但由于各种局限性，我还是建议大家尽可能在工作中优先使用RGB色彩空间，直到工作接近尾声的时候再将其转换到CMYK色彩空间做最后的调整。这么做的根本原因在于，RGB色彩空间与显示器的发光显色原理一致，而CMYK色彩空间则是针对印刷颜料而设计的。

聊到色彩空间，我们顺便谈谈你早晚都会遇到的问题：色彩不一致。对于计算机来说，红、绿、蓝3个通道之间的关系是“纯粹”而平等的，然而在我们的视觉系统看来并非如此。这就牵扯到了色彩理论中试图校正计算机屏幕显示与视觉系统感受不一致的“感知模型”。很多年前，一群非常聪明的人想出来了一个办法将物体反射的不同波长的光线与人类视觉中对应的感知系统联系起来。这个模型被称为CIE模型，来自国际照明委员会的法语名称Commission Internationale de l' Éclairage的首字母缩写。该模型规范了一组数值，将其与“纯粹”的红、绿、蓝通道的数值相乘，就得到了对应的亮度或视明度值。这样一来，我们才能在计算机屏幕上看到模拟真实世界色彩明暗效果的影像。

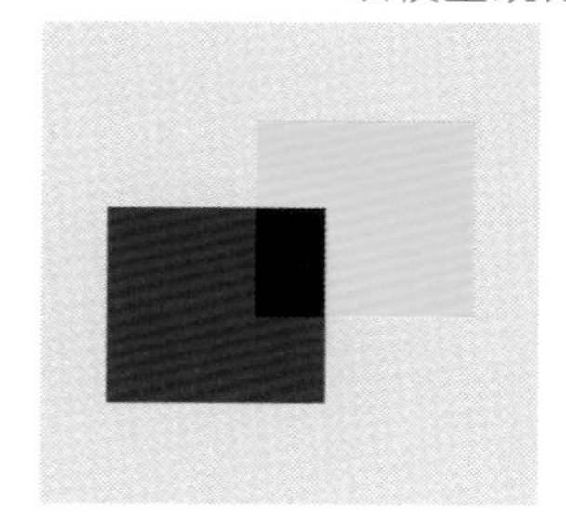

Photoshop使用如下参数与各个色彩通道数值分别相乘，在屏幕上给予它们适当的亮度表现以接近人眼感知：

- 红 0.30；
- 绿 0.59；

- 蓝 0.11 。

将对应通道的灰度值与上述系数相乘，就得到了不同颜色的显示亮度值。这些数字量化了人类视觉系统对每种原色的相对敏感性。我们的眼睛通常对绿色更加敏感，红色次之，蓝色最次。以纯白色为例，其亮度值计算方法如下：

- 红 255 × 0.30 = 76.50 ；
- 绿 255 × 0.59 = 150.45 ；
- 蓝 255 × 0.11 = 28.05 。

将所有这些结果加在一起，我们就得到了255的复合灰度。所有的系数之和为1，即100%，它们所代表的实际意义就是将所有颜色以最大强度发光，即得到了纯白色。之后我们会在第4章深入探讨这个话题，探讨这个话题有助于我们了解不同混合模式的效果差异。

最后需要意识到一个问题：Photoshop用数学方法将影像分解为它可以处理的组成部分，我们对其背后的数学原理认识越深刻，对恰当使用Photoshop中的工具的把握就越大。

## 用数据的方式看照片

前面我们已经聊到了Photoshop是如何看待影像的，那么接着我将尝试用一些工具来帮助你更清楚地认识到这一点。本节的大部分内容都是展示Photoshop中不同工具的工作方式的小实验，为了排除干扰，我们首先需要创建一些简单的范例文件。尽管这并非必需步骤，但就我个人来说，创建一些抽象化的测试文件更有助于我了解在调整参数或混合模式的时候究竟发生了什么。除此之外，使用一个简单的测试文件也有助于消除我们在用自己的照片作为评判标准时的好恶倾向。这是一个很常见的问题，人们在尝试新技术的时候，总是容易根据自己对结果的好恶给出结论。如果我们并不喜欢某门技术对应的结果，我们很可能就会放弃这门技术，而去尝试一些不同的东西。

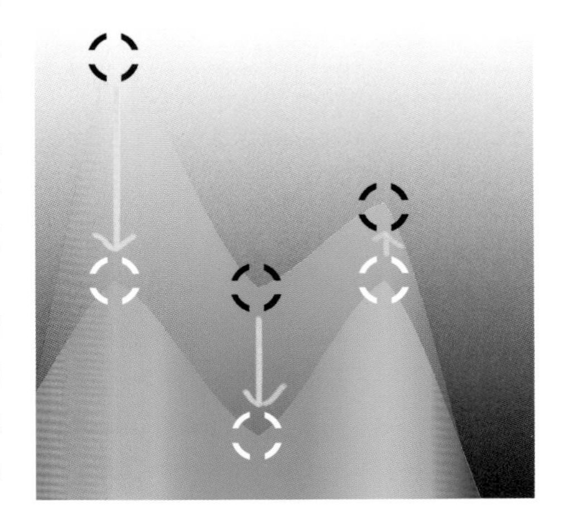

虽然对于创意工作者来说这并非坏事，而且有助于提高其工作效率，但是这在其探索新领域的时候就成了一种阻力。将范例文件换成与我们完全无关的内容，可以帮助我们更容易

地学习新技术，发现新灵感。

希望你并不会对灰色条和彩虹光谱有什么特别的偏爱，不然的话我就无计可施了。

本书第四篇“参考”介绍了调整图层及混合模式的一些背后机制。这部分内容基本上就是我用大白话把Photoshop的“帮助”文档重写了一遍，并且加入了我个人的一些观点和建议，为那些有趣但很可能鲜为人知的工具添加了一些例图，以弥补文字的枯燥乏味。如果大家有兴趣研究这些工具背后的原理，我也非常鼓励大家试着创建自己的测试文件。

## 曲线

曲线可能是最常用的调整图层。表面上，曲线非常简单。曲线调整图层在“属性”面板中使用一条对角线表示输入数据与输出数据之间的关系，下方横轴代表输入数据，左侧纵轴代表输出数据。“属性”面板中的直方图数据来自图层堆栈中位于曲线调整图层下方的所有可见元素。控制选项包括一条控制整体亮度的RGB主曲线和3条控制对应通道亮度的分曲线。

因为这条曲线代表了输入数据和输出数据之间的关系，所以我们可以借助它以参数化调整的方式控制画面亮度变化。也就是说，我们并不是将画面分割成几个独立的区域然后分别调整其亮度，而是调整一系列相互关联、相互影响的控制点。使用曲线调整图层得到的调整结果往往要比调整一系列按影调划分的滑块得到的结果过渡更加自然。使用独立滑块调整容易导致影调的不连续问题，在明暗过渡区域产生锯齿状的边缘。保持影调之间的平滑过渡能有效减少调整结果中的瑕疵。

左图上方是一个从黑到白的渐变在应用色调分离滤镜之后得到的三色灰阶，下方是作为参考的原始灰度渐变。另外图中还包括两条垂直参考线，将画面切成等宽的3个部分。之所以色阶的边界没有与垂直参考线对齐，是因为渐变编辑器中的平滑度滑块默认被设置为100%，这个默认设置给渐变加入了适量的反差以得到视觉上更加平滑而非数学上“绝对正确”的渐变。我们的第一步操作就是将色阶的边界与垂直参考线调整到完全对齐的状态，以确保3种明暗度的像素在画面中的数量均等。

## 滑块式调整 VS 参数化调整

为了帮助大家了解这两种调整方式之间的异同，让我们假想有一系列垂直滑块，每个滑块都用来控制一列像素的明暗。如果我们想要将这一系列滑块对应的一列列像素设置为从左到右的平滑渐变，就必须确保从左到右的每个滑块之间都保持一个精确的数字差，并且我们需要手动逐一调整每个滑块的值。

参数化调整就像是在每个滑块的顶部都装了一根橡皮筋，这样当我们调整某个滑块时，周围的滑块就会在橡皮筋的弹性作用下被拉到新的位置。这就是曲线的运作方式，调整每个数值的时候周围数值就会按照距离关系等比变化，以保证实现平滑的过渡。

曲线调整图层在默认状态下为我们展现了整个画面中的灰度分布状况。曲线左右两侧的端点与画面中的黑点和白点分别对齐，对角线表示当前输入值与输出值之间是完全相等的对应关系。也就是说画面中每一个像素原来的灰度值与应用曲线调整图层之后的灰度值完全相同：如果图像中存在50%的灰色，应用曲线调整图层之后也是50%的灰色。

随着我们调整曲线，输入数据就被映射到新的输出数据上。横轴表示输入数据，纵轴表示输出数据。背景中的直方图能为我们展示所有受到当前曲线调整图层影响的像素明度信息数据。改变曲线并不影响直方图的显示。

我们在曲线上创建一个点并向上拖动的时候，实际上是在告诉Photoshop对当前这个位置对应的输入值赋予一个新的、更高的输出值。曲线的属性意味着当我们调整一个点，就会连带着调整周围的点，即其对应的输出值。例如当我们将50%灰提亮10%到60%灰，那么所有其他的灰度值都会相应变亮，而不需要我们手动逐一调整。这就是参数化调整，所有参数都是相互关联的，牵一发而动全身。但因为黑点和白点的位置已经预先创建，所以调整幅度也会在靠近两端的时候减弱。

聊到这儿就要说一种非常特殊的操作了——移动黑点或者白点，这样做可以直接改变影像的整体动态范围。例如，沿着曲线下方的横轴向右侧移动黑点，可以重新定义画面中的最深色区域。如果画面中原本最暗的像素是20%灰，那么我们可以通过将黑点右移到20%灰的位置将其定义为0%灰，即纯黑色。曲线上的所有点也跟着左移，于是画面整体被等比压暗。同理，如果画面的最亮点不是纯白色，我们也可以用这个方法进行修正。

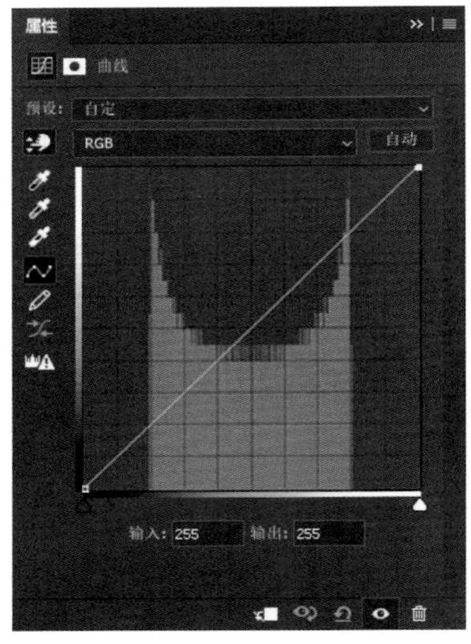

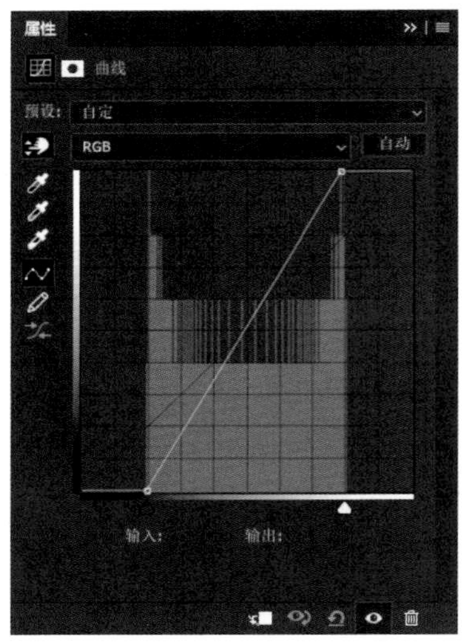

如果我们沿着左侧的纵轴垂直移动黑点会发生什么？画面中最暗的一点会被指定一个较大的值。例如画面中存在死黑的区域，那么我们可以通过这种操作将其一直提亮到纯白色。需要注意，背景中的直方图显示的依旧是原始动态范围分布状况。

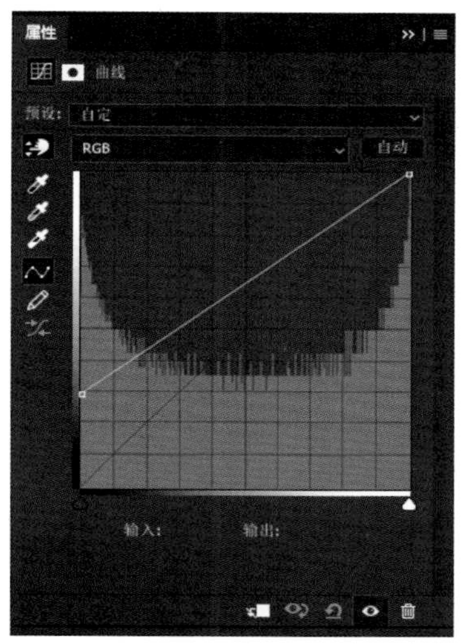


事实上，如果我们将黑点和白点全部移动到纵轴的中间位置，那么整个画面就变成了纯中灰色，所有的像素点的亮度值都被重新定义为50%灰，这样一来画面也就不存在任何变化或者细节。在“曲线”对话框中，影调的取值范围为0~255，所以50%灰对应的输出值约为127。

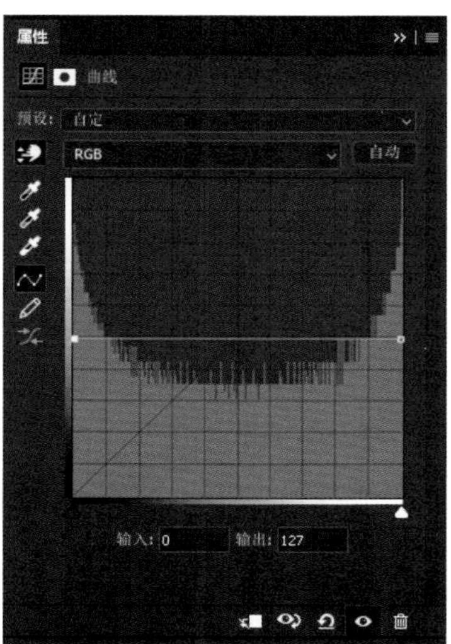

那么，我们应该如何使用这些方法来修复渐变呢？色调分离命令可将整个亮度范围按照我们在色调分离调整图层属性面板中设定的色阶数量等分成若干块，然后将每一块对应的颜色设置为相同亮度值。影调划分区间的数量取决于色调分离调整图层属性面板中的色阶数量设定。在渐变测试文件中，每个区间对应一个色带，每个色带的宽度代表了图像中存在的对应灰度值范围。由图片可知，在渐变测试文件中，33%~66%灰度范围的像素数量相对要少一些。

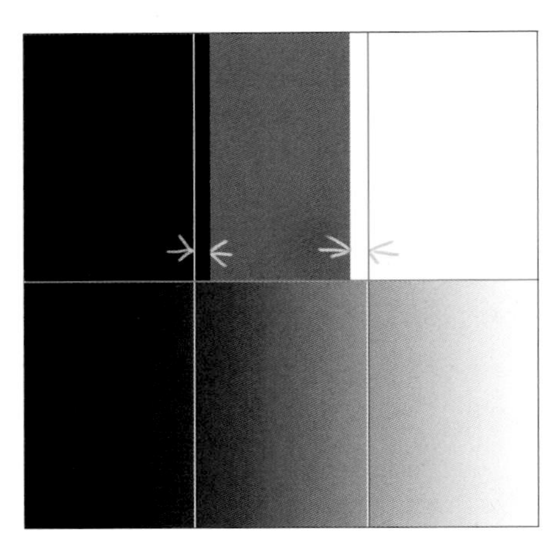

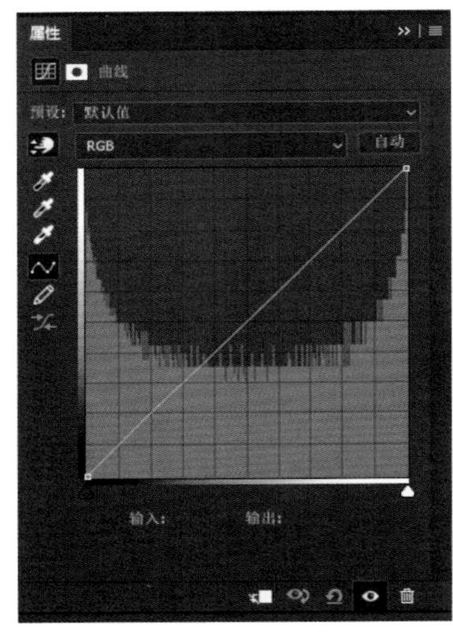


我们现在的目标是将上面3个色块的面积调整到均等的状态，有两种方法可用。第一种方法是重新定义白点和黑点，从而减少阴影和高光的数量。为了达到这个目的，我们可以向上移动黑点，向下移动白点，保持中间的曲线为平直状态。这样做有效压低了画面的整体动态范围，将更多的像素朝着中灰方向压缩，从而得到了一个更为平衡的直方图——不过并不平坦，我们很快会谈论这个问题。

将黑点从0移动到24，将白点从255移动到231，这时我们得到了完全均匀分布的黑白灰色块。但是注意观察下面的渐变，纯黑色和纯白色丢失了。在实际处理照片的时候，使用这种方法得到的结果绝大多数情况下都不会让人满意；但是在处理选区或者蒙版的时候，这是一种很有用的技巧。

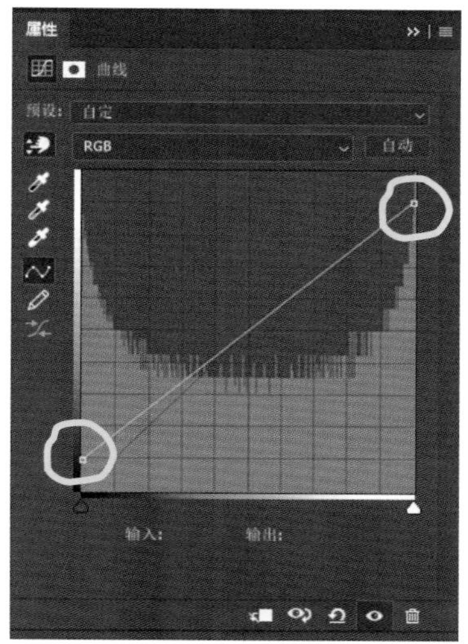


**注** 在本书后面的章节中，大家将会发现50%灰的一个重要特性：当图层混合模式设置为叠加等特定模式的时候，对应的区域会变透明。将曲线调整图层的混合模式更改为叠加，是一种绝佳的调整中间调反差的技巧。大家可以记住这一点，之后自己做一些尝试。

如果我们将黑点和白点继续分别朝上和下调整，就会发现画面的整体反差会进一步减小，极限状态即为将曲线调整到完全水平的状态。

当然，我们更想找到一种能够在不影响黑点和白点的情况下调整中灰区域的分布的方法。想要实现这个目的，就不能拖动黑点和白点，而是在曲线的中间部分做文章。我们在曲线中的任意位置单击，均可以创建控制点，控制点既可以看作调整点，也可以看作固定点。我们可以随意移动控制点调整画面影调，但调整幅度会随着与其他控制点之间的距离靠近而减弱，当极度靠近其他控制点的时候还可能导致曲线翻转。接下来我们就试着使用控制点来调整渐变。

在曲线的中间位置单击以创建一个控制点，保持控制点为选中状态，然后慢慢移动控制点直到曲线下方的输入值、输出值均显示为127。为了省事，我们也可以直接在输入、输出的数值框内输入127。这样一来，控制点便被设置在曲线的中心位置，即50%灰对应的位置。

现在，让我们在保持中灰点、黑点、白点不变的情况下，继续调整画面影调。我们首先在曲线的左下半段上创建一个控制点并向上拖动，适当提亮阴影；接着在曲线的右上半段上创建一个控制点并向下拖动，适当压暗高光。其调整效果类似于我们前面进行的调整操作所得到的效果，同样减小了画面的整体反差，使其朝着中灰区域靠拢。但是因为我们除了保持黑点和白点不变，同时还锁定了中灰点的值，所以画面的整体动态范围被保留了下来。

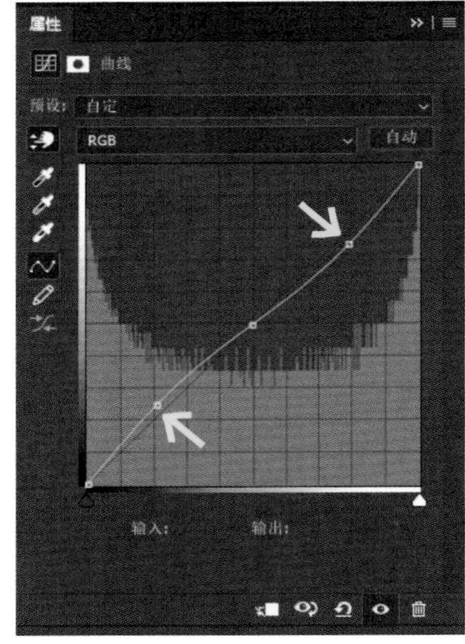


我们只不过是重新分配了不同灰阶的比重，让不同影调在数量上达到了更好的平衡。

注意，首先我们并没有大幅度地调整曲线，其次并没有对曲线做量化的精确调整，只是根据画面显示直接改变控制点的位置。这样操作得到的是一条降低对比度曲线，如果反向操作我们则会得到一条提高对比度曲线。

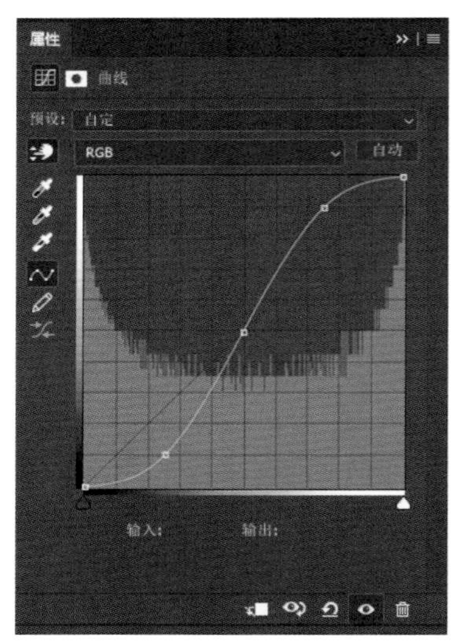

我们还可以通过调整控制点来控制 3 个色块在画面中的比例和位置。

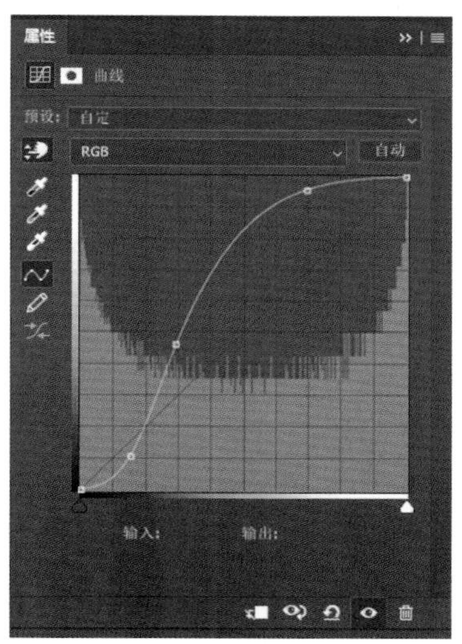


我们甚至可以将曲线调整到几乎垂直的状态，将过渡区域缩减到很小的范围。

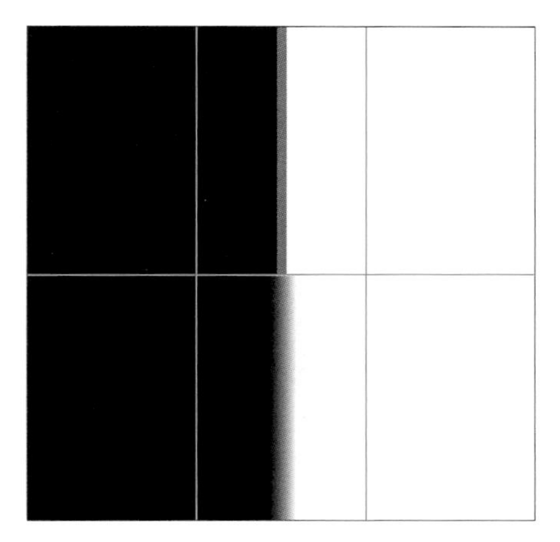

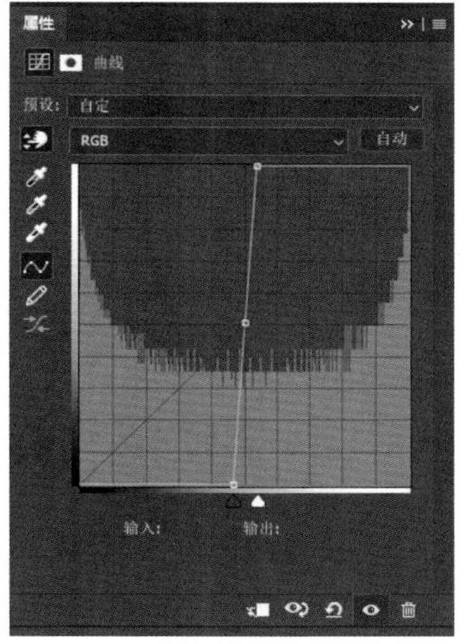


举这些例子是为了让大家意识到，我们对于画面中的影调范围有着惊人的把控能力。我们可以利用这种能力对画面做任意修正。在下面这个例子中，原片灰阶的高光部分被大幅度扩张，但画面依旧保持了从白到黑的完整动态范围，我们可以从曲线面板的原始直方图中确认这一点。如果我们依旧希望实现3个色块平均分布的目的，就应该将曲线的中间部分整体向下移动，因为我们已经在前面的例子中了解到向上移动曲线画面整体变亮，向下移动曲线画面整体变暗。

如果我们只创建一个控制点并向下拖动，能得到非常接近均匀分布但不完全吻合的调整结果。这意味着我们还需要在此基础上对曲线进行微调。

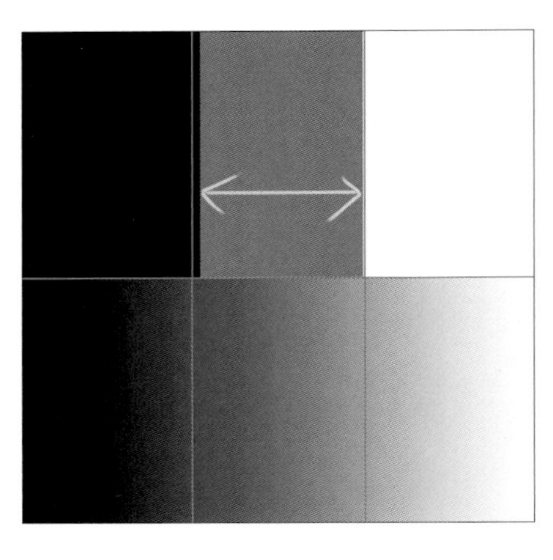

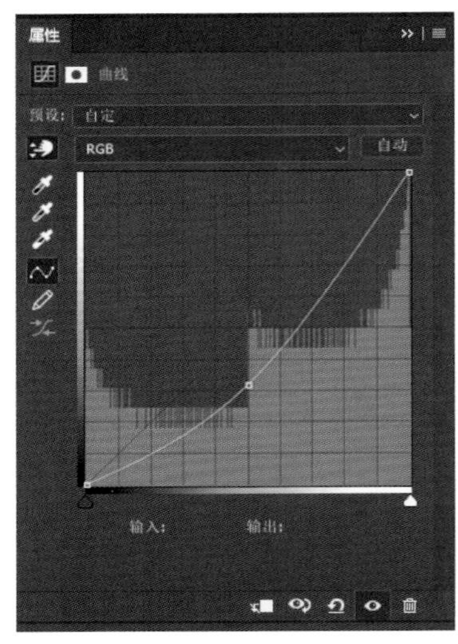


最好的解决方案是创建两个控制点，分别调整中间调范围的两侧。虽然从曲线的整体形态上来看依旧是在调低中间调，但是阴影和高光部分的压缩程度略有一些差异，中间调朝阴影方向扩张更多，而朝高光方向扩张更少。

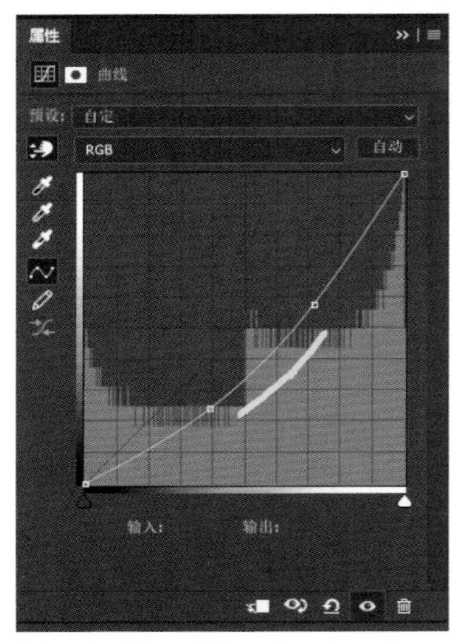

最后，我们还可以尝试一些极端而有趣的曲线设置，看看它们对基本渐变的影响。在下面的例子中，我尝试了一种被称为日晒负感效果的滤镜，让渐变呈现出循环变化的效果。为了让效果看上去更加明显，我还将色调分离的色阶数量调整为5。

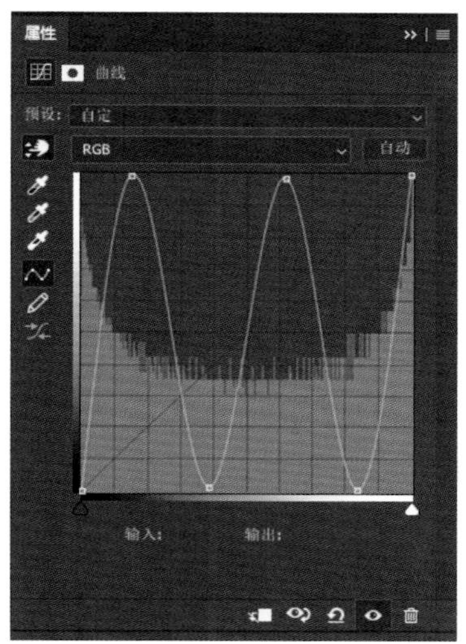


## 颜色与数据

到此为止，我们已经尝试了用曲线工具改变和调整灰阶的操作。虽然目前大家可能还是会对这些功能和操作感到一头雾水，但在本书之后的章节里我们开始处理照片的时候，大家就会理解这些知识的实际意义。

当我们在画面中加入颜色之后，情况就会变得更复杂一些，但是也并没有多吓人。实际上使用曲线工具处理RGB三色通道的时候，其基本逻辑和处理主通道时没有任何区别，只不过有可能给画面带来一定的色偏。这就回到了前面讨论的Photoshop如何处理不同通道颜色权重的问题。只不过把权重数值摆在纸面上是一码事，感受到它们的实际影响又是另一码事。

下面这张图片是将一个垂直的黑白渐变图层叠加在一个水平的彩虹色渐变图层上得到的。下方的彩虹色渐变图层使用渐变编辑器创建，渐变类型设置为实底，在第5章“颜色与色值”的“渐变区域控制”一节中，我会介绍更多有关渐变映射调整图层的知识。上述设置意味着每种颜色在屏幕上都是按照

Photoshop希望我们所感知的方式来呈现的。黑白渐变图层被设置为浅色模式，会对上方图层与下方图层逐像素比较明度值以决定其隐显。

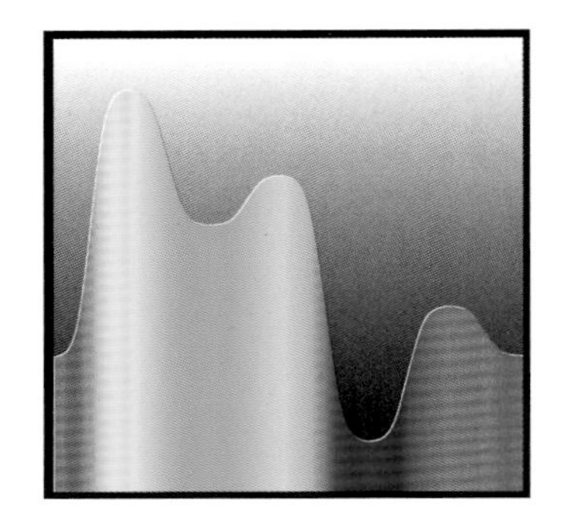

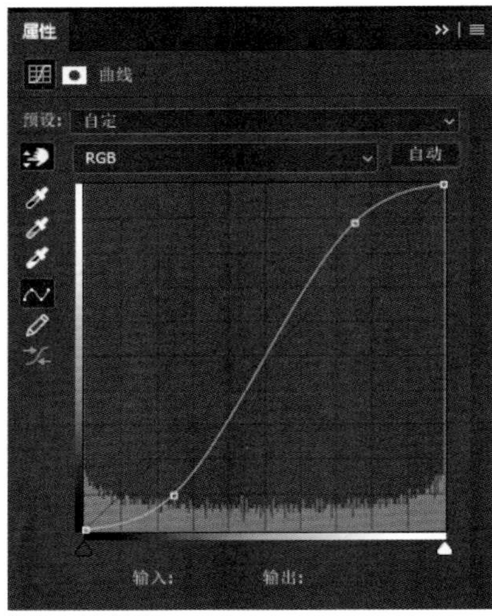


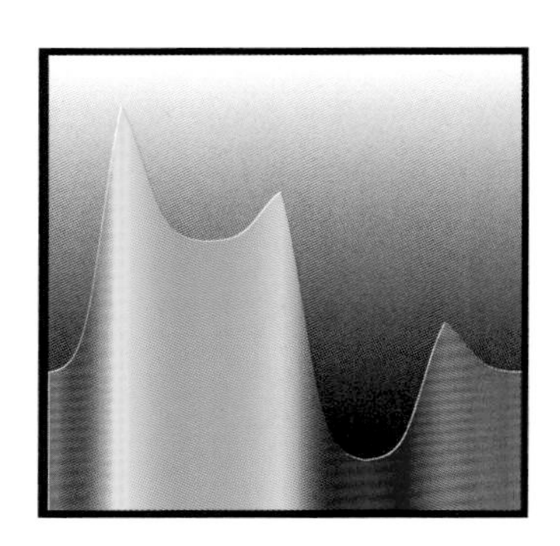

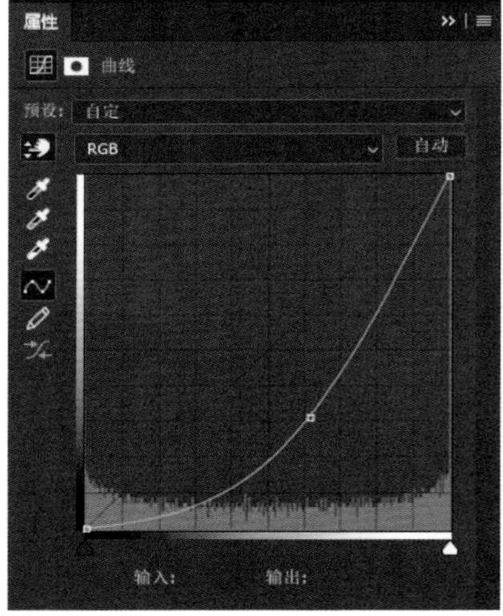


**注** 在这里我们也可以看到那些完全饱和的颜色在曲线上对应的明度位置。将曲线复位为默认状态，选择带上下箭头手指图标的目标调整工具，在画面中的渐变色带上移动，你就会发现在曲线上出现了一个会随着鼠标指针移动而上下跳动的圆圈。每种颜色都在曲线上有对应的位置，但它们的分布并不均匀。

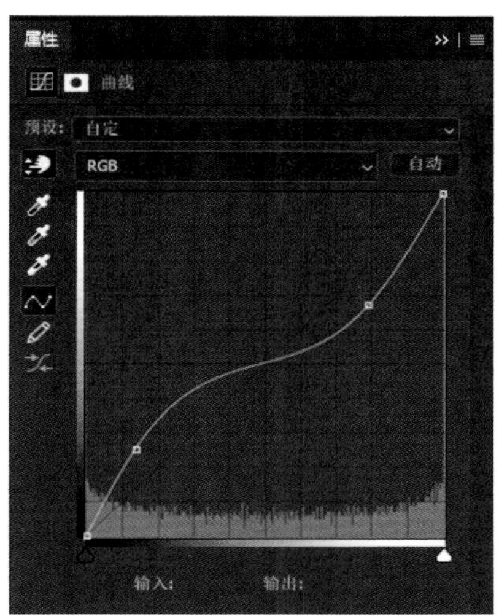


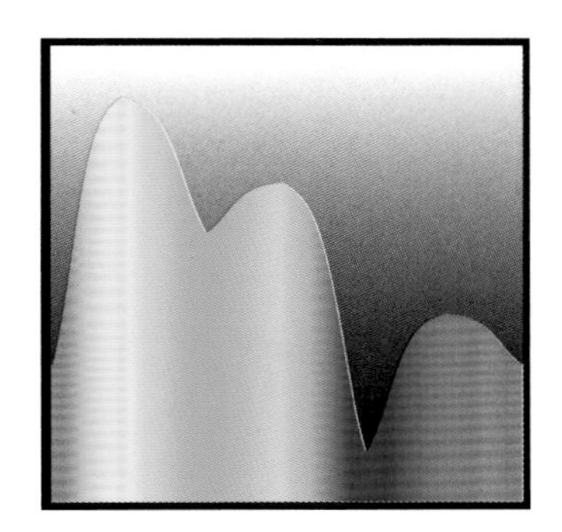

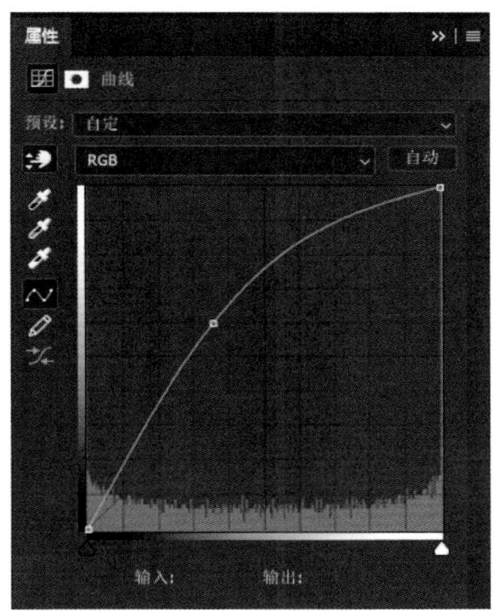


结果非常直观地显示了不同颜色对明度影响的权重。我们所看到的是每种颜色在合成之后所代表的灰度值，具体计算方法前文中已经提到。大家有没有注意到所有峰值出现的位置？它们出现在黄色、青色和洋红色位置上，这是否让你感到意外？这些颜色之所以表现出更高的明度，是因为它们都是两个通道混合的结果，例如洋红色就是红通道与蓝通道混合的结果。

我们可以试着用这种图层叠加方式来探索更多的效果，例如为彩虹色渐变图层添加一个曲线调整图层，然后如上图所示改变明度曲线的样式，得到不同的结果。可以看到，虽然红色、绿色、蓝色、青色、洋红色的峰谷位置并没有任何变化，但是峰谷之间的过渡方式发生了改变。这也就意味着对明度曲线的调整对于红、绿、蓝3个通道的改变程度基本上完全相同，每个通道的明度均受到了明度曲线调整的影响。

需要再次提醒大家，所谓的通道实际上不过是以灰度信息模式记录的加色三原色。如果我们给彩虹色渐变图层添加一个色调分离调整图层，大家就能更直观地意识到这个问题。这样做同时也让我们更清楚地认识到分离色调调整图层的工作原理：它将通道按灰度值等分为若干段。每种颜色均由3个通道组成，在应用分离色调调整图层的时候每个通道均被等分，这样一来，将分离色调调整图层属性面板中的色阶数量设置为3的时候就会得到9个色柱。在下面的例子中，我将色阶数量设置为8，结果得到了更多色柱，画面展现出了更丰富的变化细节，其中三原色和三间色的色柱相对较宽。

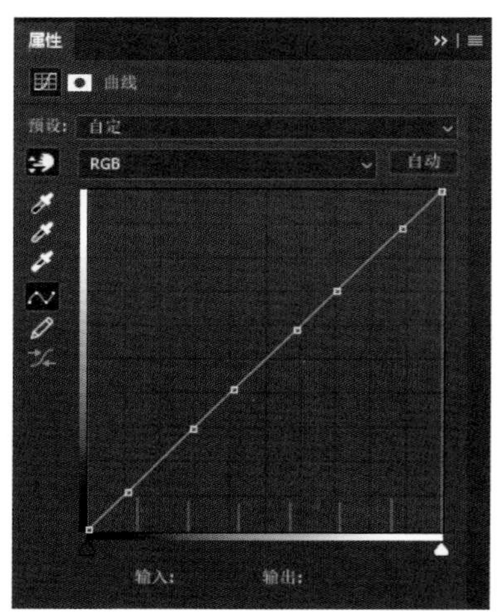


在使用曲线工具的时候，我特别建议大家使用这种方式更清晰地感受曲线对于灰阶和不同通道的影响，在第5章“颜色与色值”的“调色”一节中，我还将继续介绍相关内容。当我们在这样的模式下调整曲线的时候，色柱会因为我们的调整而出现上下起伏，实际上我们在调整正常的灰度渐变时画面影调也是这么变化的，分离色调工具让所有调整产生了可量化的边界。如果我们假想一条通过所有色柱上方中心点的连线，也就得到了去除分离色调调整图层之后的平滑渐变效果。色柱的存在只是为了让分析判断变得更加直观和容易。

## 深浅不一的灰

现在，让我们往画面中加入一个黑白调整图层，然后删掉分离色调调整图层。

下图呈现了默认参数下的彩色转黑白的结果。我们再一次看到了黄色、青色和洋红色所在的3个峰值位置，但是明度强弱表现与之前发生了变化。注意黑白调整图层属性面板中各种颜色对应的滑块位置，可以隐显一下图层以对比一下调整前后的明度峰值变化。你觉得Photoshop的工程团队为什么认为这是最合理的起始值？

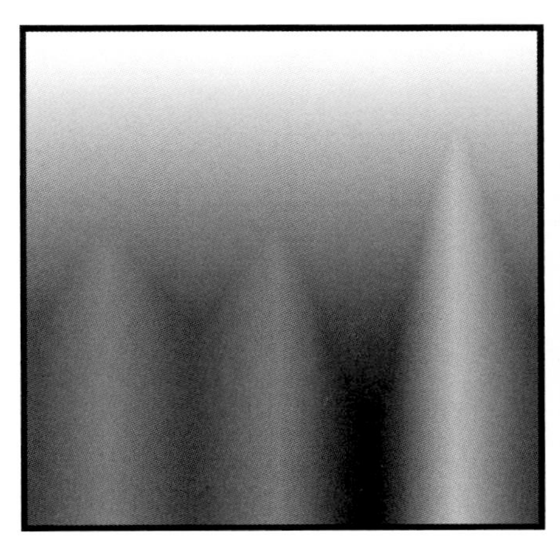

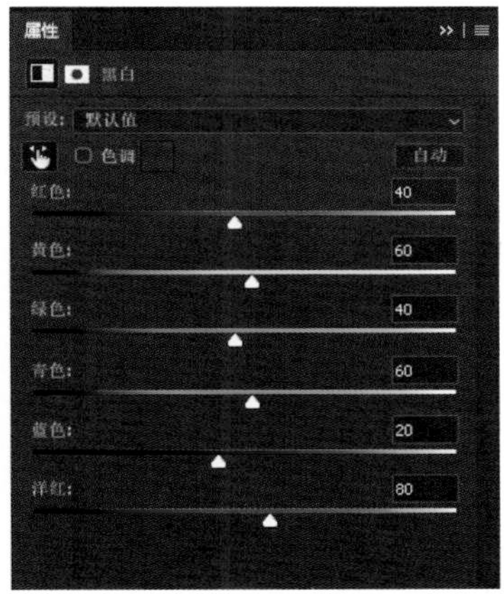


实话说，我也不知道。这或许与他们想要模拟的某种胶片效果有关，也或许只是他们在几张图片上测试了一下就觉得这是个不错的选择。总而言之，原因是什么并不重要。它看上去效果很好，而且我们也很容易根据自己的需要继续调整。我创建了一个叫作“自然灰”的预设，参数如下图所示，这可以保留照片在彩色模式下的明度峰值。

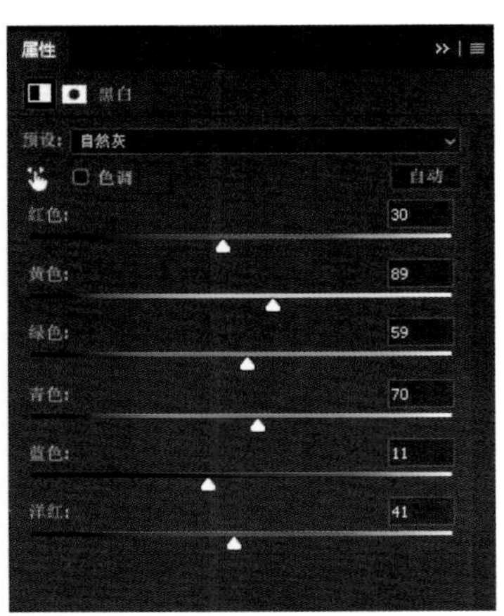

这样一来，我就可以完全按照颜色对应的亮度值将照片如实转换为黑白模式，而不是按照软件工程师们的喜好从默认参数开始调整。这样做还有一个额外的好处，如果我们以后想要试着用黑白调整图层对画面亮度进行调整，使用这个参数设置更容易上手。创建黑白调整图层，将其混合模式更改为明度，这样就可以直接使用黑白调整图层更改对应颜色的明暗，而不改变其色彩。下图展示了使用默认参数与我自定义的参数的效果比较，白色圆圈标识的是默认参数对应的位置，黑色圆圈标识的是我自定义的参数对应的位置，箭头有助于大家理解两者之间的变化差异。

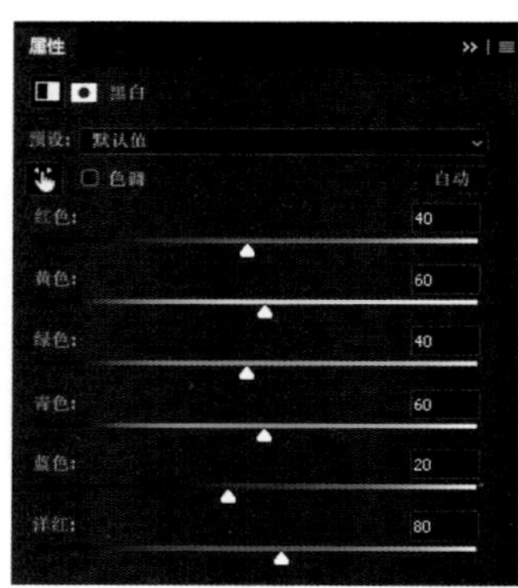


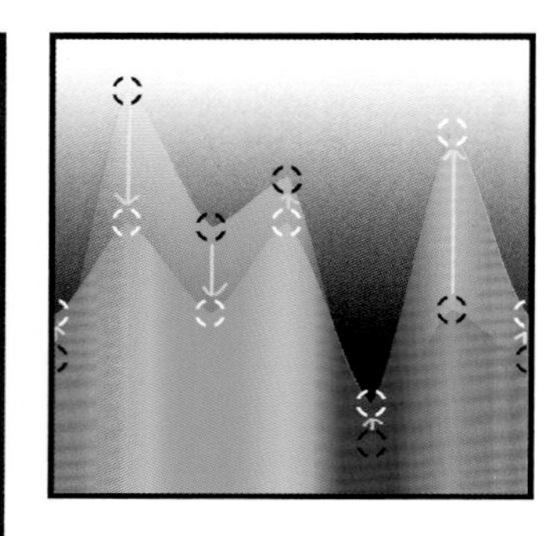

## 路漫漫其修远兮

现在，你已经了解了创建范例文件对我们探索Photoshop功能所起到的作用，如果你对此很感兴趣，那么一定记得认真阅读本书第8章“实践案例”的“创建工作文件”一节，以制作属于自己的范例文件。创建这些文件不仅能帮助你探索Photoshop中可用的一系列编辑功能，也能让你的眼睛和大脑从自己的作品当中解放出来。我们可以创建各式各样的范例文件，但是我建议大家在创建文件的时候每次都将注意力放在某一个变量上，这样更加有助于学习。另外找出某一个特定工具或功能与变量之间的一一对应关系本身就是一件有趣的事情，往往也很有启发性。此外，在“创建工作文件”一节中，我也介绍了一些针对可能遇到的新问题创建测试文件的思路与思考。

所有这一切，都是为了让大家产生属于自己的探索灵感。无论是为了学习还是教学，我总喜欢在Photoshop中这儿点点、那儿点点，只为了探索它的能力边界，尽管往往会产生一些美丽的错误。

# 第2章　有用的信息

兵马未动，粮草先行。在开始深入学习之前，我们先整理一些之后会反复提到的基础知识。

为了便于有不同基础的读者学习本书之后的内容，本章将会简明扼要地介绍一些在Photoshop中使用图层的基础知识。在我看来，本章提到的各种操作和技巧对于任何水平的Photoshop用户来说都是必不可少的。在学习本书之后的内容时，如果你因某些步骤描述得不够清晰，或者由于我对某些基础操作进行了拓展使你感到困惑，那么欢迎随时回到本章加深理解。

## 可以跳过的部分

尽管本书以中高级用户作为主要写作对象，但是与读者提前在术语和思路上达成一致依旧能提高阅读的流畅性。如果你觉得自己对Photoshop已经掌握得非常充分，那么可以跳过本章直接进入第二篇“技巧”。本章可以作为书中所涉及的图层操作与调整选项的帮助文档使用，大家可以随时在需要的时候回过头来查阅，偶尔弥补一下自己欠缺的知识点也无伤大雅。

在随后的章节中我将会介绍更多的操作细节，除此之外还使用了第四篇“参考”整整一篇来介绍调整图层与混合模式背后的机制，并介绍了一些关于其调整技巧的经验。

# 图层操作

Photoshop中图层之间的相互作用构成了本书所介绍的一切技巧的核心。本节介绍了图层的基本操作及其原理。

## 添加调整图层

为了方便大家快速开始之后的学习，我先简单介绍一些调整图层的相关知识，在第四篇“参考”中我们还会更加深入地探讨这个话题。在窗口菜单中打开调整图层面板，面板中包含16个图标，每个图标对应一种调整图层。单击任意一个图标，即可将对应的调整图层添加到当前选定的图层上方。

Photoshop还有一个选项可以直接将调整应用到当前所选定的图层，也就是说只影响关联图层本身的内容。从功能的角度看，调整图层更像是滤镜，下方的信息透过调整图层被实时地转变为调整结果呈现在画面上；与之相对，调整命令则会永久改变画面内容。大多数情况下，专业摄影师或修图师会使用调整图层保留画面的原始信息以便之后有可能重新对参数进行调整，但是有些时候我们别无选择，只能使用调整命令永久地改变画面内容。

## 蒙版

添加调整图层的时候，默认状态下它会自动附带一个使用白色像素填充的图层蒙版，意味着该调整图层将会影响下方的一切画面内容。使用黑色或者灰色在图层蒙版上涂抹则会掩盖或部分掩盖调整图层的效果。记住，白色代表显示效果，黑色代表隐藏效果。在本书之后的部分，你将学习到如何使用各种选区技巧创建和修改蒙版，灵活地将调整图层应用到任意需要的区域。

我们甚至可以直接使用调整命令对蒙版进行编辑，只不过我们没有办法对蒙版使用调整图层。按住Alt键（Windows系统）或Option键（macOS系统），单击图层面板中的图层蒙版缩略图，就能直接查看并编辑图层蒙版。在这种模式下，我们可以像编辑黑白照片一样对蒙版进行调整。例如，下图就是直接以画面高光信息为基础创建的图层蒙版。

## 剪切图层

一般来说，Photoshop的图层效果都是从下向上逐层堆积应用的，所有图层之间遵循相同的互动规则。但是有一个小技巧可以将这种互动关系局限在两个图层之间，就是所谓的剪切到图层。将鼠标指针移动到图层面板中相邻的两个图层中间，按住Alt键（Windows系统）或Option键（mac OS系统）之后鼠标指针将从手指变为向下弯曲的箭头形状，这时候单击鼠标右键即可将两个图层合并为一个剪切图层组。

剪切图层组中的上方图层在剪切后，其效果的作用范围将被严格限制在剪切图层组的最下方图层中。剪切图层最典型的应用方法就是将图片置入文字中，形成图像填充文字的效果。但是我最喜欢将剪切图层用来对比不同裁切构图的效果。使用盖印图层命令首先将图层堆栈中的所有图层合并为一个新的独立图层，然后将这个图层剪切到一个黑色矩形图层中，这样一来我们就可以通过调整矩形的比例、大小的方式无损检查作品在不同构图方式下的效果。

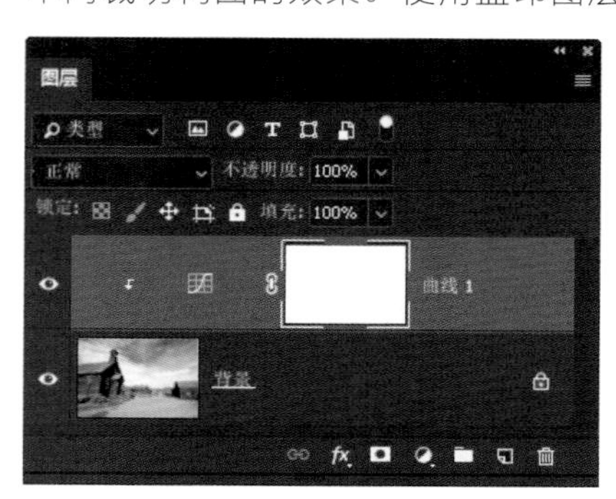

## 通道

有些调整图层除了可以调整RGB复合图像之外，也可以对单个的色彩通道进行调整。例如，通道混合器可以直接交换或混合通道中的图像数据。对单个的色彩通道进行调整给后期处理提供了极大的灵活性，避免了许多需要多个图层及蒙版分步配合才能完成的操作。大家之后在第4章“减淡与加深”的“一步出片的小技巧”一节中就会看到一个非常有用的例子，我们会使用曲线调整图层对照片做一些快速的调整。

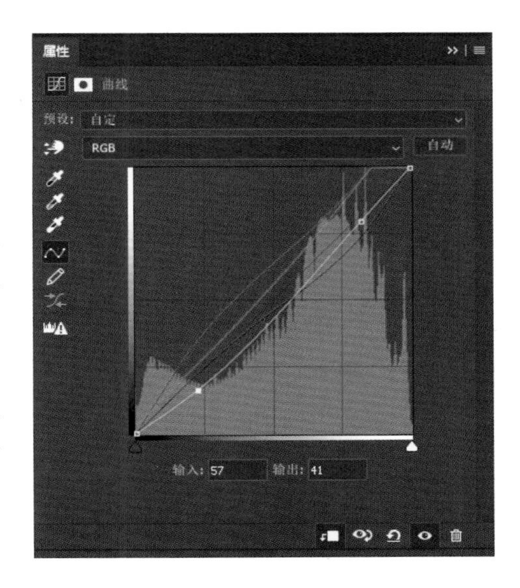


# 混合选项

混合指的是在视觉上通过调整混合模式、不透明度、填充不透明度等选项将上下方图层结合在一起的操作。在开始讨论之前，首先我们需要确认一下术语。被设置混合模式、不透明度或填充不透明度的图层被称为混合图层，而位于混合图层正下方的常规图层则被称为基础图层。不过我更喜欢使用一个更笼统的说法来称呼混合图层下方的所有内容：“背景”。背景这个称呼严格来说囊括了所有需要与混合图层之间发生关系的图像内容。

前面介绍了混合模式与调整图层的基本操作，这些功能的主要相关选项均位于图层面板中，一个下拉菜单用来设置图层的混合模式，另外有两个滑块分别用来设置不透明度与填充不透明度。

## 混合模式、不透明度、填充不透明度

与普通图层一样，我们也可以更改调整图层的混合模式、不透明度与填充不透明度。其结果等于我们复制了一遍下方图层后对其执行调整图层对应的命令，然后更改其混合模式——有时候我将这种操作称为“自混合”，因为严格来说这就是将下方图层的副本与其自身混合。但是这种操作同时也给我们带来了调整图层的控制选项。将两者的优越性结合在一起，这或许就成了Photoshop中功能最强大的技巧之一，掌握好这种技巧就仿佛拥有超能力一般。

对这一技巧的应用散见于本书各个章节，大家可以仔细查找。

## 混合选项

要访问更丰富的混合模式选项，需要执行菜单命令“图层>图层样式>混合选项”或在图层面板中图层名称后的空白区域上双击以打开“图层样式”对话框。“图层样式”对话框并不仅仅包含图层样式的相关选项。在混合选项部分中有两个设置区域。上方的常规混合部分包含混合模式和不透明度两个设置选项，与图层面板中的设置一模一样。下方的高级混合部分包含与图层面板相同的填充不透明度设置以及分通道混合设置和挖空设置，后两者超出了本书的内容范畴。最后，则是只有高手中的高手才能玩转的混合颜色带选项。

## 混合颜色带

在Photoshop中有许多越用越能体会到其强大之处的功能，但我们在第一次使用的时候却觉得它平平无奇。混合颜色带虽然被放在了图层样式面板中混合选项子面板的最下方，但它却是所有类似功能当中我印象最深的一个。它不仅功能强大，而且可以成为划分Photoshop用户水平高低的一道分水岭。你或许在别的教程里见识过这款工具，在中高级别的后期教程里它经常用来对阴影或高光进行独立调整。但是你可能并没有意识到混合颜色带也可以成为一款功能强大的动态蒙版工具。

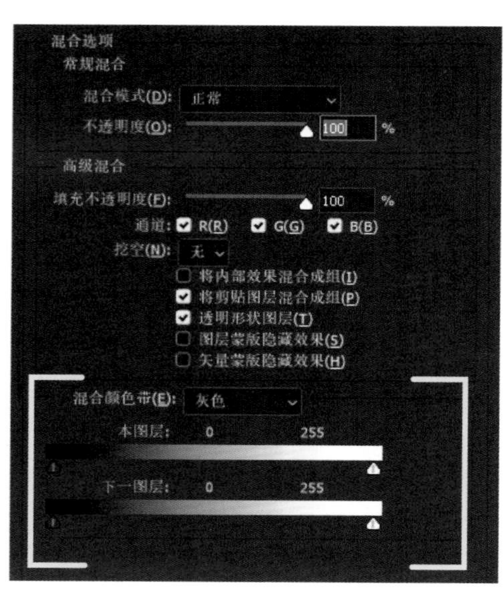


首先让我们来了解一下混合颜色带的基本工作原理。本质上，混合颜色带为我们提供了一种基于上下两个图层之间的亮度值对画面内容进行混合的方法。该工具提供了两组滑块，一组基于当前图层的明暗信息控制混合方式，另一组基于下方所有图层的综合亮度控制混合方式。在拖动滑块的时候，我们还可以通过按住Alt键（Windows系统）或Option键（mac OS系统）将它们分离，以实现平滑的混合过渡。

我们可以将这些滑块对应的值视作上下图层之间的明度边界，所有在边界内的内容都会被保留下来，所有在边界之外的内容则会变透明，露出下方的内容。分离滑块就等于创建了一个从完全透明到不透明的过渡区域。我们用一个渐变图作为例子，就能很清晰地展现混合颜色带的工作原理。在这个例子当中，渐变图层作为混合图层被置于透明背景图层的上方，混合颜色带中的白色滑块被分别设置在190和210两个位置上。

注意，混合颜色带中的滑块位置决定了图层内容在哪个亮度范围内可见，在哪个亮度范围内不可见。当我们分离滑块，则在内外滑块之间创建了一个从可见到不可见的平滑过渡区域。

混合颜色带还提供了一个颜色下拉菜单，我们可以单独选择每个通道并对其混合条件进行独立调整。前面我提到过许多次，通道使用灰度信息记录最终图像中对应通道颜色的数量，所以混合颜色带应用于通道时的规则与应用于全图灰度信息时并没有什么区别，只不过这样一来我们就可以针对每个颜色通道进行独立调整。这种技巧意味着我们可以大致控制上下图层之间的不同颜色在混合时的表现，但是并不能精准地操控某种具体的颜色。毕竟我们只能通过混合颜色带的通道菜单在红、绿、蓝3个通道中选择并调整相应的滑块，而不能直接选择一种颜色后根据色相、饱和度等方面的相似程度来决定上下图层之间不同颜色的混合方式。事实上对于摄影师来说，只有极少数的情况下会用到混合颜色带的通道模式。

下面通过一个更加具体的例子来说明混合颜色带如何影响颜色。这个工作文件包含两个简单的图层，下方图层是色阶图，上方图层是三个单色渐变与一个彩虹渐变。上方图层中的颜色渐变均是从黑色开始，达到最大饱和度后再慢慢渐变为白色。

当我将本图层的混合颜色带的黑色滑块设置为127后，系统会计算每种颜色对应的亮度值，然后将亮度为0~127的部分设置为透明。

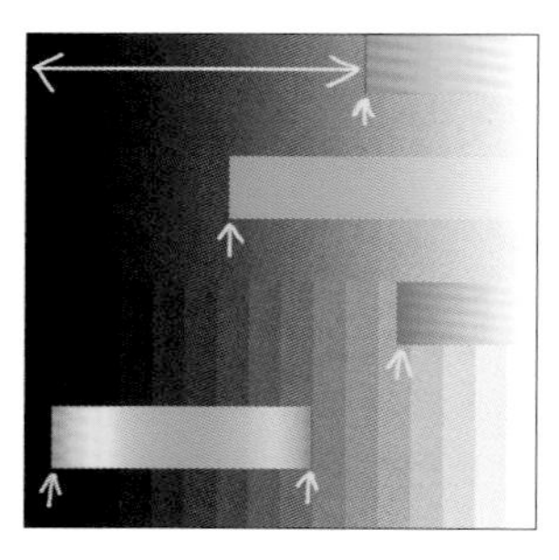

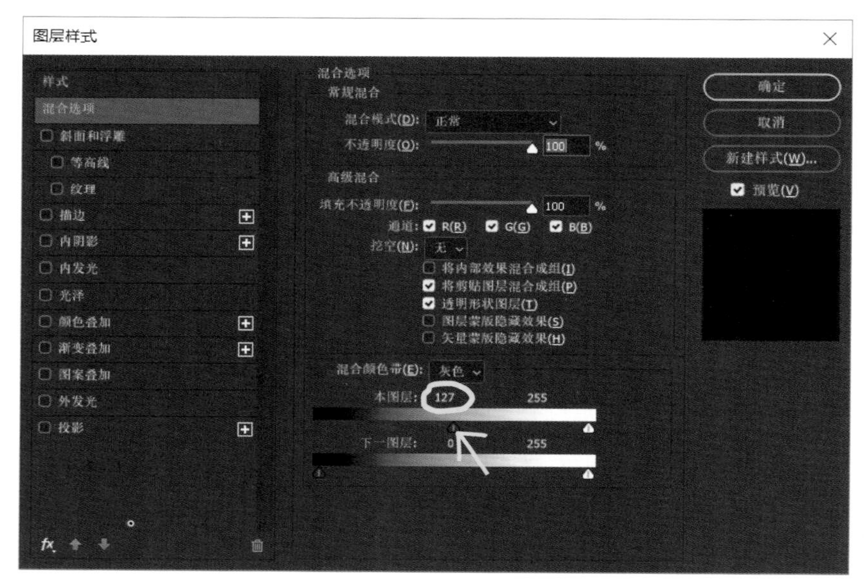

作为对比，如果我将下一图层的混合颜色带的黑色滑块设置为127，那么上方图层中的三个单色渐变左侧都将变透明，因为这一部分位于下方亮度在0~127的区域之上。

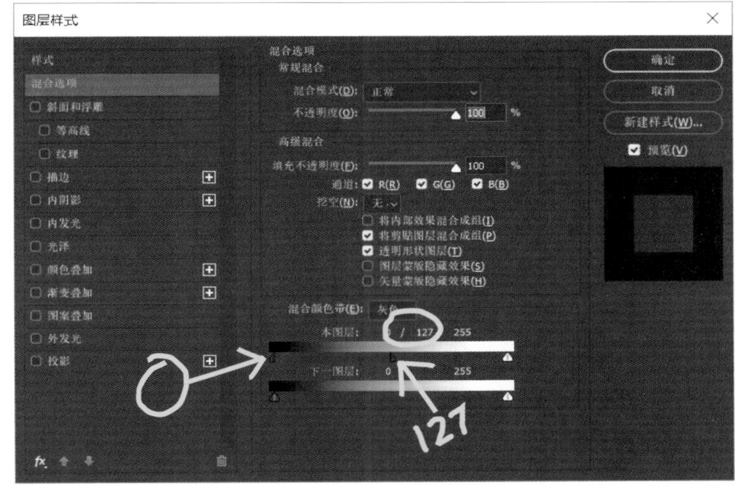


上述案例清晰地展现出了混合颜色带的特性，其运作方式依赖于通道信息，而并非具体的颜色。

但因为我们已经学习过Photoshop是如何处理颜色的，所以面对混合颜色带的这一特性，还是能够找到一些回旋余地。混合颜色带的滑块并不计算图层的混合模式，换句话说Photoshop是先根据混合颜色带中的设置决定图层的不透明度区域，然后应用图层对应的混合模式设置，这样一来我们在调整图层蒙版和混合颜色带设置的时候就不需要担心更改混合模式会对其造成影响。接下来，我们在一块纯色图层的上方创建一个从白到黑的渐变图层，然后改变渐变图层的混合颜色带设置，看看会发生什么变化。

我们将上方渐变图层的混合颜色带的黑色滑块调整为17/49、白色滑块调整为104/202，得到了如第三张图所示的调整结果。

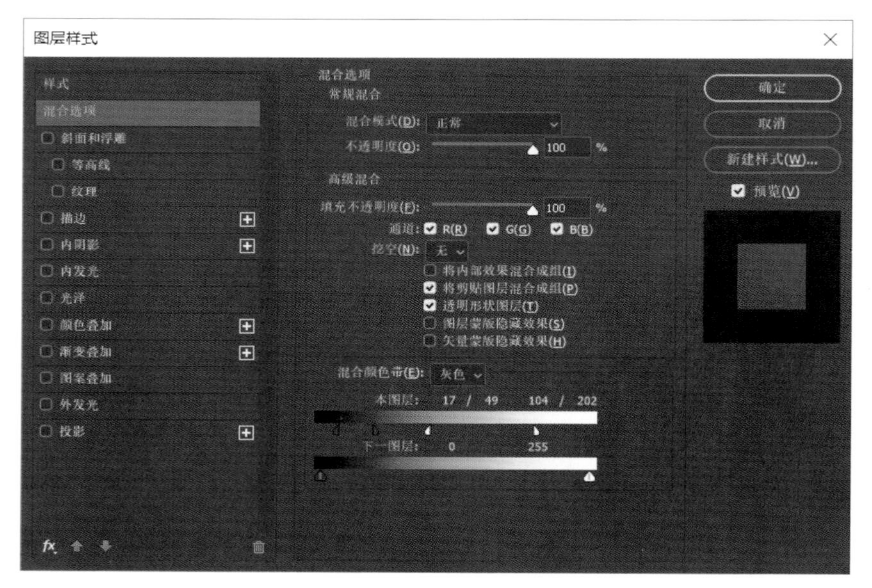


如果我们将上方渐变图层的混合模式从正常更改为叠加，那么只有应用混合颜色带选项后依旧可见的部分才会与下方的纯色图层叠加在一起。

在这种情况下，我们可以将混合颜色带视作根据图层内容特性而自动创建的动态图层蒙版。然后我们可以在图层堆栈上方创建一个增加画面反差的曲线调整图层。

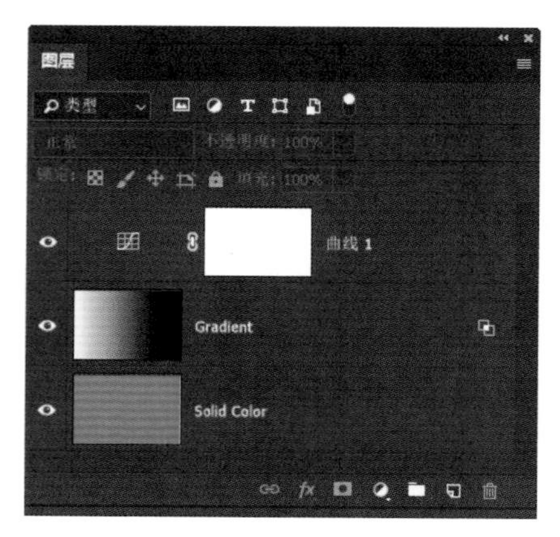

默认状态下，曲线调整图层会对整个画面的内容产生影响，例如影调变化之后画面色彩的饱和度也会相应变化。但如果我们将曲线调整图层剪切到渐变图层，那么情况又会发生变化。

注意，渐变的位置似乎发生了一点点变化，而更明显的变化是画面色彩的饱和度回到了之前的状态。通过这一点，我们再次印证了混合颜色带是一种会根据画面亮度变化而自动改变范围的动态蒙版工具。由于剪切的曲线调整图层改变了渐变图层的亮度分布，因此在混合颜色带的影响下我们无须重新调整混合模式，图层效果就会自动发生变化。

回到前面渐变与色阶的例子，首先我们在图层堆栈的最上方添加一个色相/饱和度调整图层，然后将其剪切到上方的三色渐变图层。接下来，我们打开混合选项面板，调整混合颜色带设置：将通道下拉菜单设置为红色，然后将红色通道的黑色滑块移动到127的位置，包括灰色在内的其余通道设置保持不变。

注意右图，尽管设置的值完全一样，但我们最终得到了与前面调整灰色通道的黑色滑块完全不一样的调整结果。接着，我将刚才剪切到三色渐变图层的色相/饱和度调整图层中的色相设置为-60。

渐变的颜色按照我们的预想发生了变化，与此同时混合颜色带的效果也跟着发生了变化！这让我们再次意识到画面中的不同颜色所对应的亮度值是不一样的。

坦白说，我更希望把这个归类到“卖萌的Photoshop技巧”当中，因为我们有许多更直接的方法可以实现类似的效果。这个演示的价值在于它一方面让我们看到了混合颜色带的一些运作方式，另一方面也加深了我们对剪切图层的认识。特别是让我们意识到，为已经设置过混合选项的图层添加剪切图层不仅可以改变画面内容，同时也能改变剪切图层所针对的图层与下方图层之间的互动关系。

这就将我们对Photoshop的认知提到了全新的高度。

这儿有一个重要的注意事项：如果我们只在混合选项中更改了下方图层的混合颜色带设置，那么这个技巧并不会奏效。这时候决定上下图层互动关系的只有下方图层，而没有被剪切图层所影响的当前图层，所以混合颜色带的效果也就不会随着剪切图层的变化而变化。

从某个角度来说，我们可以将混合颜色带视为一种比较工具。我们使用它来对比当前图层与下方图层之间的明度值关系，然后决定哪些内容可以显示，哪些内容需要隐藏。如果你想深入了解它的具体应用，那么可以直接跳到第三篇“实践”。

## “固定”混合颜色带效果

在实际操作中，我们经常使用混合颜色带命令恢复被调整图层破坏的阴影或高光细节，大家会在第4章“减淡与加深”和第7章“效果”中反复看到这一技巧的应用。另外还有一个关于混合颜色带的鲜为人知的小技巧，即我们可以使用一种特别操作直接“固定”使用混合颜色带选项生成的透明区域。通过这种方式，我们可以将该透明区域直接转换为蒙版或者选区，在不开启混合颜色带功能的情况下直接显示下方图层的内容。

举例来说，我喜欢下面左上方这张木板素材图片上木板的纹理，希望能把它叠加在一张阴森的森林图片上，但是我并不喜欢这张木板素材图片上原本的颜色。想解决这个问题有很多种方法，但是接下来我要介绍的方法一定会让不少Photoshop用户大开眼界。我们首先将纹理图层置于森林图层的上方，通过调整纹理图层的混合颜色带设置使下方图层的部分细节若隐若现。接着，我们在纹理图层的上方创建一个空白图层，然后在图层面板中选中设置好混合颜色带的纹理图层与刚刚新建的空白图层。

当两个图层都被选中后，使用快捷键Ctrl+E（Windows系统）或Command+E（mac OS系统）将其合并，这样一来我们就得到了一个保留了混合颜色带不透明效果的全新图层。按住Alt键（Windows系统）或Option键（mac OS系统），单击新图层的图层缩略图，将其不透明度作为选区载入，然后打开通道面板，单击下方的将选区存储为通道按钮。

这样一来，我们就可以将刚刚得到的通道重新加载为选区，然后以此为基础进行调整。例如在这个例子中，我创建了一个曲线调整图层，并将曲线调整图层的混合模式更改为叠加，然后适当调整了色彩的亮度。

创建和合并空白图层的另一种方法是将设置过混合颜色带的图层直接转换为智能对象。这需要在调整混合颜色带滑块后进行，以便使透明度成为智能对象渲染效果的一部分。使用智能对象有一些好处。首先它与创建空白图层、选择并合并图层的一系列操作相比要快一点；而更重要的是，使用智能对象保留了混合颜色带滑块的继续调整能力。合并图层会使混合颜色带效果被固化，如果你在合并前没有复制图层，如果想要重新调整参数就不得不再次导入图层文件。

在Photoshop 2020及之后的版本当中，我们可以将一个智能对象解压为原始图层状态，这意味着修改智能对象中的图层属性变得更加容易。

本书第3章“选区与蒙版”的“基于渐变映射创建选区”一节中还介绍了一个更为灵活的技巧。

注 谢谢细心的编辑，我在本书的写作过程中才了解到这个被我称作“鹰爪功”的技巧的学名叫作盖印可见图层。正如维克多所说，你并没有办法在菜单中直接找到这个名称。

## 盖印可见图层（“鹰爪功”）

在我学习Photoshop的过程中，这是我能回想起来最早接触到的“骚操作”。我在边注中已经提到，你并没有办法在菜单中找到这个命令，想要使用这个命令的唯一办法就是使用快捷键，而这个快捷键包括4个键。盖印可见图层会将你在画面中看到的一切内容复制到一个单独的新建图层中，并将其置于图层面板的最上方，这个图层便被称为盖印图层，文档中的所有原始图层不会受到任何影响。

这个操作功能强大，用途广泛，但是使用起来并不容易。

首先我们需要将所有图层根据实际需要设置好可见模式，然后按快捷键Alt+Shift+Ctrl+E（Windows系统）或者Option+Shift+Command+E（mac OS系统）。

这就是我管这个操作叫“鹰爪功”的原因，想要单手完成这个操作不仅要把手张开，还得扭曲到一个奇怪的角度，才能保证能同时按下这4个键。你可以把手放在这几个键上比画一下，是不是有点儿武侠片中鹰爪功的味道？

使用这个命令的时候需要注意几个小问题。例如如果当前所选择的图层被设置为不可见状态，这个命令可能会失效，特别是在当前图层是调整图层的情况下。另外，用这个命令创建的图层并不一定总是出现在图层堆栈的最上方，因此有可能打破原有的图层结构，从而影响画面效果。从理论上来说，这个操作是将所有可见图层合并到图层面板最上方的一个新建图层中，但是为了避免类似的出错情况，我总是习惯先在图层面板最上方创建一个新的空白图层，然后执行这个操作。这只是我的个人习惯，但确实是一个有助于图层管理的好习惯。

我们可以将盖印可见图层功能当作快照功能使用，也可以用它来对比调整前后的效果。我有时候也使用这个命令来为当前文件创建一个供打印输出使用的副本。首先创建盖印图层，然后在盖印图层上单击鼠标右键，在弹出的菜单中选择复制图层命令，接着在弹出的“复制图层”对话框中将“目标 > 文档”下拉菜单设置为新建。这样一来我们就能直接得到一个拥有当前文件分辨率、大小、色彩空间等所有属性在内的新建文档。

纵观全书，有许多技巧都依赖于盖印可见图层命令实现，尤其是一些需要大量操作的特殊效果。另外，使用这个技巧也能够快速创建多个对比版本——盖印图层，关闭新图层的可见，适当调整参数，再次盖印图层。

# 第二篇　技巧

这是本书的主要部分，其中包含大量的实际案例，这些案例经过了精心的挑选，并非简单地为大家展示参数设置及其对应的效果，而是希望大家能通过学习这些案例做到举一反三，不仅知其然，而且知其所以然。想要学好这些案例，重要的不是读，而是跟着其中的步骤实际动手去做，这样才能加深理解，让它们内化为属于你自己的能力。

# 第3章　选区与蒙版

尽管在旁人看来这可能意味着挑剔，意味着控制欲，意味着精益求精，但是对于摄影师或者艺术家来说，精确地选择画面中的某个部分并进行编辑只不过是每天都要执行的操作。创建选区也就意味着告诉Photoshop如何精确选择我们需要的部分。这是一切后续操作的基础。

Photoshop提供了大量的自动与手动选择操作，还有一些命令介于两者之间。纯粹的手动选择操作以画笔或者路径为基础创建选区，Photoshop并不会替我们做出任何判断。而全自动选择操作则以选择对象命令为代表，由人工智能Adobe Sensei自动根据画面像素信息判断画面内容与主体并创建选区，不需要我们做任何操作。除此之外，还有魔棒等介于两者之间的半自动工具，它们能依赖画面信息做出判断，但同时也需要我们的手动进行操作。

在使用半自动工具创建选区之前，我们首先需要想清楚自己想要选择的对象有什么特有的属性。或者是颜色比较艳，或者是亮度比较高，再或者是本身具备一定的不透明度等。有些新的工具，如磁性套索，甚至可以直接根据画面影调色彩变化判断景物边缘并创建选区。关键在于，我们只有用Photoshop可以理解的方式描述我们想要选择的对象，才有可能找到合适的方式让它为我们创建选区。

在本章中，我将给大家介绍许多让Photoshop知道你想从图像中选择什么的方法。当然，我们绝对不可能在如此有限的篇幅里了解到所有创建选区的技巧，本章提供的这些技巧更像是提供了一套与Photoshop打交道的方式，有助于你未来更有效地告诉Phtooshop你想要什么。

## 通道选择

在照片中精确创建选区最流行的方法之一是使用Photoshop中最古老的功能之一——通道。正如我在“Photoshop‘眼中’的影像”一节中所提到的，通道代表了组成照片影像的基础色彩成分，以屏幕显示图片为例，它包括红、绿、蓝三色通道，默认状态下通道信息显示为灰度。灰阶强度约等于每种颜色对应的亮度。因为每种颜色通道均以灰度信息的方式表示，所以我们可以直接使用颜色通道的信息来创建一类被称为“阿尔法通道”的特殊通道。

阿尔法通道本质上是一种蒙版。更确切地说，它是一种保存图层不透明度信息的特殊通道，该通道信息所展示的并非对应颜色的亮度，而是对应蒙版的密度，白色表示完全透明，黑色表示不透明——与白色表示显示，黑色表示隐藏的图层蒙版恰好相反。

和与特定图层绑定在一起的蒙版不同，阿尔法通道并不直接关联某个具体的图层，我们可以使用它来保存蒙版信息，或者以此为基础生成更加复杂的蒙版。所有这些蒙版都可以在文档中被反复使用，或者作为选区载入。

阿尔法通道作为选区使用时略有些不同，白色区域表示被选中的状态，黑色区域表示选区之外的部分，灰色区域则表示部分被选中的状态。当我们从阿尔法通道载入选区的时候，可以将选区看作通道的密度，白色或浅色的位置对应密度更深的选区，黑色或深色的位置则对应密度更浅的选区。如果我们创建一个空白图层并载入任意阿尔法通道作为选区后使用颜色填充选区，就能在白底图的映衬下看到填充色深浅与阿尔法通道明暗之间的对应关系。

以这幅肖像为例，其中模特的头发在蓝通道中相对较暗。当我们以蓝通道为基础创建选区，然后依次执行“编辑 > 拷贝”和“编辑 > 粘贴”命令，那么系统就将以蓝通道的明暗密度为基础从RGB复合图像中选择像素，然后将它们粘贴到一个新的图层当中。在粘贴结果中我们可以看到，模特头发的大部分区域都是透明的，因为这部分内容在蓝通道中呈现为黑色，在以此为基础创建选区并拷贝信息的时候只有极少数内容被粘贴到新的图层当中。

我们再用另一个简单的实验说明一些新的选区创建技巧。关于创建本节所使用的测试文件的技巧，参见第三篇“实践”一章的“创建工作文件”一节。每个纯色条都对应RGB色彩空间中的一种组成颜色，当我们查看通道面板的时候就会发现，每种颜色都在对应的通道中显示为白色，在另外两个通道中显示为黑色。下方的渐变覆盖了完整的全饱和度RGB光谱，也就是说这条色带中包含了所有的原色与二次色，从红色开始依次渐变为黄色、绿色、青色、蓝色、洋红色，最后重新回到红色。

按住Ctrl键（Windows系统）或Command键（mac OS系统），单击任意通道的通道缩略图即可将其明度作为选区载入，在下方的例子中我单击红色通道创建了选区。

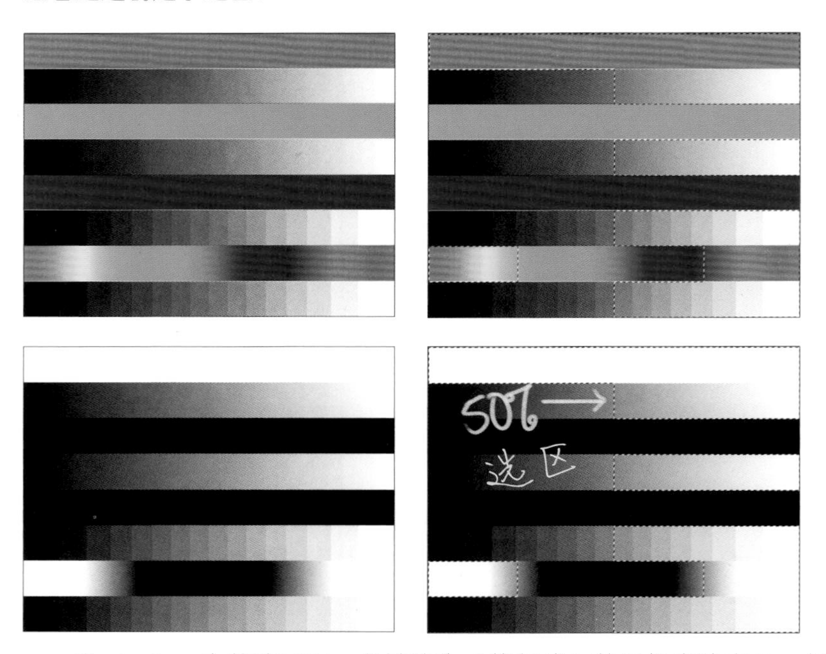


Photoshop中的选区用一条被称为“蚁行线”的闪烁虚线表示，但需要注意的是蚁行线并不代表选区的实际边界，它们实际上表示的是选区50%密度边界。我们用这种方式创建的选区其实几乎覆盖了整个通道。单击通道面板下方中间有圆形开孔的白色方块图标，将选区存储为通道，得到一个新的阿尔法通道。

通道面板显示的永远是当前画布中所显示的内容，不受图层不透明度、蒙版等各种额外因素的影响。换句话说，我们使用上述方法所创建的选区均是基于我们在画面中实际所看到的内容而创建的。关于这一点，我们之后还会继续谈到。

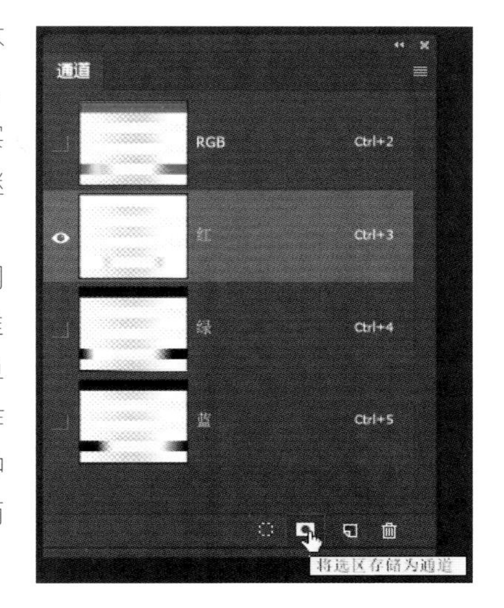


注意，画面中所有原色以外的颜色均由三色通道不同的灰度值组合得到。也就是说，如果我们想要通过通道准确地选中除了红、绿、蓝三原色之外的颜色，就不能简单地通过单击通道缩略图实现。还好Photoshop的选区操作支持3种基本的布尔运算——相加、减去、相交。前两种大家都非常熟悉，但最后一种没有那么常见，它表示取两个通道中共有的部分，忽略其他区域。

当三原色相交，交叉的位置即为白色。

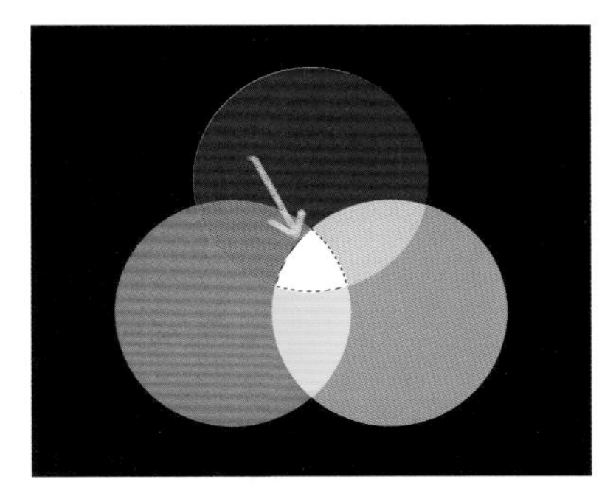

我们创建一个选区之后，接着就可以通过排列组合Alt/Option、Ctrl/Command、Shift等快捷键对选区进行布尔运算，得到更新、更复杂的选区，所有可用的组合如下。

- Alt+Ctrl（Windows系统）/Option+Command（mac OS系统）：**从选区减去。**
- Shift+Ctrl（Windows系统）/Shift+Command（mac OS系统）：**添加到选区。**
- Alt+Shift+Ctrl（Windows系统）/Option+Shift+Command（mac OS系统）：**与选区交叉**。

例如，在渐变测试文件中我首先选择了红通道，然后减去蓝通道，于是就得到了红黄色。

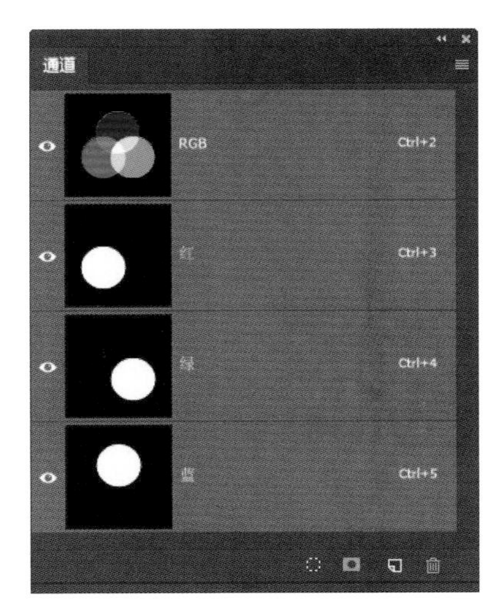


下面是使用通道选择颜色的基本技巧。对于以下技巧，需要先按住Ctrl键（Windows系统）或Command键（mac OS系统），再单击通道选择第一种颜色。

- 红色减绿色，与蓝色相交，得到洋红色。
- 红色减蓝色，与绿色相交，得到黄色。
- 绿色减红色，与蓝色相交，得到青色。
- 绿色减蓝色，与红色相交，得到黄色。
- 蓝色减红色，与绿色相交，得到青色。
- 蓝色减绿色，与红色相交，得到洋红色。

以洋红色为例，想要完全依靠通道操作选择画面中的洋红色区域需要注意两个问题：首先，洋红色由蓝色和红色组成；其次，洋红色完全不包含任何绿色。所以使用通道选择洋红色的方法就是首先在红通道与蓝通道之间创建交集，然后减去绿通道。

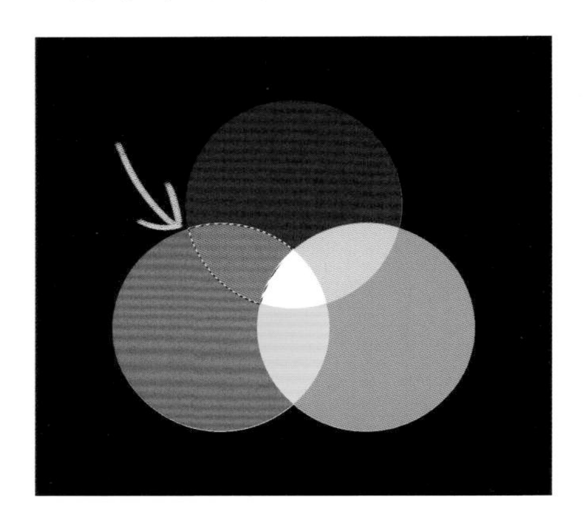

## 计算命令

我们也可以将上述方法应用到实际的照片上，但是这样一来整个选择过程就会变得更加复杂。以下面这幅肖像为例，我想使用蒙版选中其中的蓝色珠宝，然后将其更改为绿色。

计算命令同样以通道信息为基础创建选区，但是允许我们在创建选区的过程中运用绝大多数混合模式参与运算，其功能大大强过简单的布尔运算。更重要的是，在使用计算命令的时候，我们可以实时预览选区结果。但计算命令最大的问题在于我们一次只能对两个通道执行计算操作，所以基于布尔运算的选区创建技巧依旧能在我们的工作流程中占据一席之地，对于这点我们会在之后有更深刻的体会。

我使用前面描述的方法进行操作，首先将蓝通道加载为选区，然后从中减去红通道与绿通道信息。这时候，代表选区的蚁行线将从画面中完全消失，因为画面中没有任何选择区域的不透明度大于50%。但是相信我，这时候画面中依旧存在一个活动选区。

接着我在通道面板中重新选中RGB复合通道，并且在图层面板中复制选区内容，然后将其作为一个新图层粘贴到背景图层上方。为了更清晰地看到这个新图层的内容，我们需要在背景图层与新图层之间插入一个用白色或黑色填充的图层。为了方便识别，我将复制得到的新图层命名为“**B-G-R**”，即蓝通道减去绿通道再减去红通道的意思。

这是我们创建选区的开始，离创建完美的选区或者阿尔法通道还有一段距离。在开始接下来的操作之前，先记得删除或隐藏辅助识别新图层内容的白色或黑色图层。接下来的优化步骤非常适合展示计算命令的优越性，它省去了提前创建活动选区或调整图层可见状态的麻烦。执行“图像 > 计算”命令打开对话框。

我们刚刚新建的图层已经包含了蓝通道减去红通道与绿通道之后的选区范围，我想要在此基础上进一步分离画面中的蓝色元素。将对话框上半部分源1的图层设置为B-G-R图层，然后将通道设置为蓝。接着将源2的图层设置为背景，通道设置为红。最后，将下方的混合设置为划分。计算命令会自动在预览窗口中更新应用当前设置得到的调整结果。

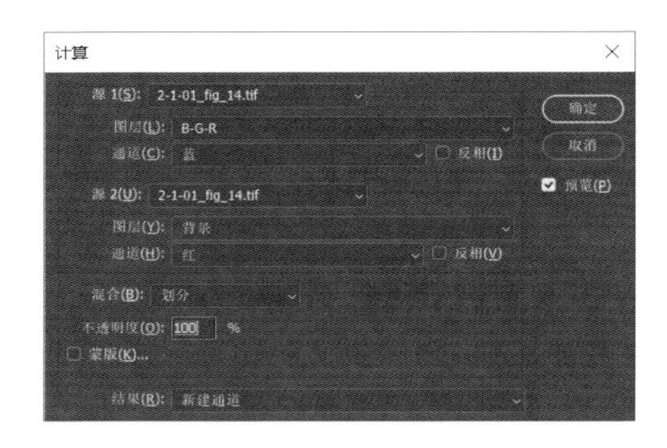


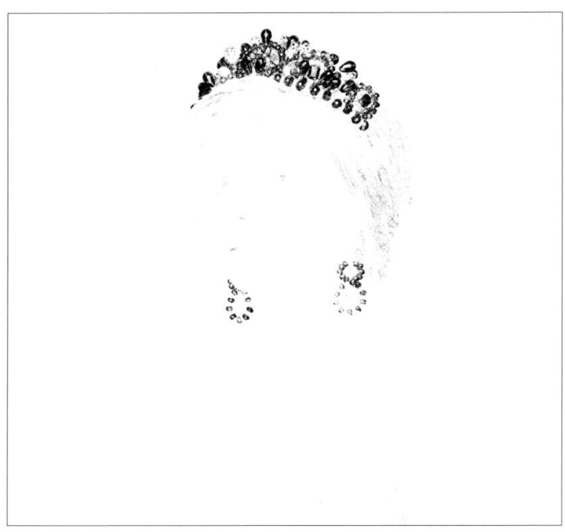

注意目前的调整结果和我们想要的略有些差异：珠宝是黑色的，而其余部分是白色的。在“计算”对话框的最下面还有一个结果下拉菜单，其中包括新建文档、新建通道、选区3个选项。在这个情况下，最好的选择是将其设置为新建通道，以便之后执行反转通道等操作。单击确定按钮关闭“计算”对话框，通道面板中出现了新的通道。使用快捷键Ctrl+I（Windows系统）或Command+I（mac OS系统）反转通道颜色，然后按住Ctrl键（Windows系统）或Command键（mac OS系统）将其载入为选区。

载入选区后我创建了一个曲线调整图层，选区将自动转换为该调整图层的蒙版。最后，打开曲线调整图层属性面板中自动按钮左侧的通道下拉菜单，从中选择蓝通道，然后将右上角的端点垂直下移至50左右的位置，移除蒙版范围内的绝大部分蓝色信息，仅保留绿通道内容可见。

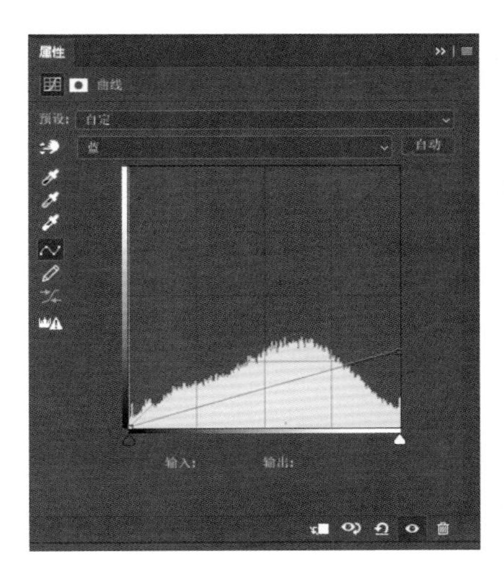

## 基于渐变映射创建选区

Photoshop用户最大的烦恼之一就是创建选区的方法太少。尽管我是明度蒙版的爱好者，很喜欢基于明度蒙版创建选区来处理一些色彩丰富的精致画面，但是有些时候我只需要选择一个大致的亮度范围做一些快速简单的处理，这时候就轮到本节介绍的技巧派上用场了。在渐变映射工具的帮助下，我们可以迅速地针对特定明度值或明度范围创建选区，省却了基于明度蒙版创建选区时分亮度创建通道后逐一合并的麻烦。

渐变映射工具根据画面的明度值变化为其赋予渐变中的对应颜色，我们可以根据需要为任意区域轻松指定其映射色彩。更重要的是，我们在调整渐变设置的时候可以直接从预览画面中实时观察到调整结果，省却了反复尝试寻找最优参数的麻烦。

## 编辑渐变

如果你之前从未使用过渐变映射工具，那么可以试着通过执行菜单命令“图层>新建调整图层>渐变映射”添加你的第一个渐变映射调整图层，或者也可以直接单击图层面板下方显示为黑白半圆图标的新建填充或调整图层按钮来添加。在添加渐变映射调整图层之后，我们可以在弹出的属性面板中单击渐变预览条右侧的三角形向下箭头按钮打开渐变编辑器菜单，从中选择系统渐变预设，或者直接单击渐变预览条打开渐变编辑器菜单，创建一个符合自己需要的渐变。渐变编辑器菜单中有渐变预设选择窗口，我们也可以在这儿把自己创建的渐变保存为新的预设。

**注** 关于该技巧的更多信息请参见第2章“有用的信息”中关于混合颜色带的讲解。

我们从创建一个简单的渐变映射调整图层开始，首先从基础渐变预设中选择黑白渐变，接着单击渐变预览条打开渐变编辑器菜单，将下方的白色滑块调整到渐变条的中间位置，然后在渐变条的右侧单击以创建一个新的色块，并将其设置为黑色。这样，我们就得到了一个基本的黑－白－黑渐变。

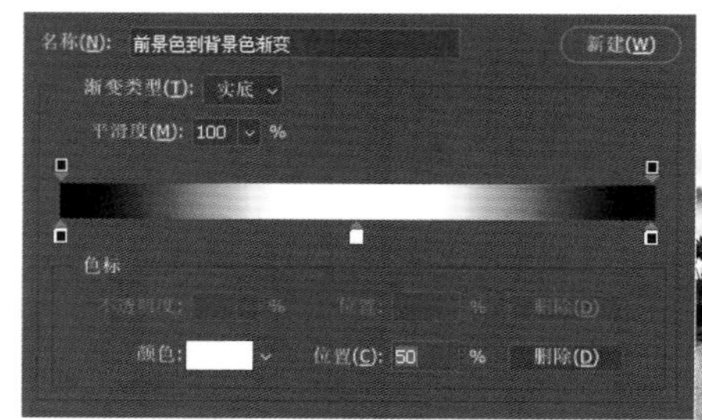

将左右两侧的黑色滑块朝着中央的白色滑块移动，观察画面影调发生的对应变化。调整这 3 个滑块的位置，我们就能直观地选中画面中任意的影调范围，这既不需要进行复杂的数学计算，也不需要安装第三方插件。尽管使用后两种方法可以创建出更为精确的选区，但是并不如使用渐变映射工具这样能直观地预览蒙版效果。

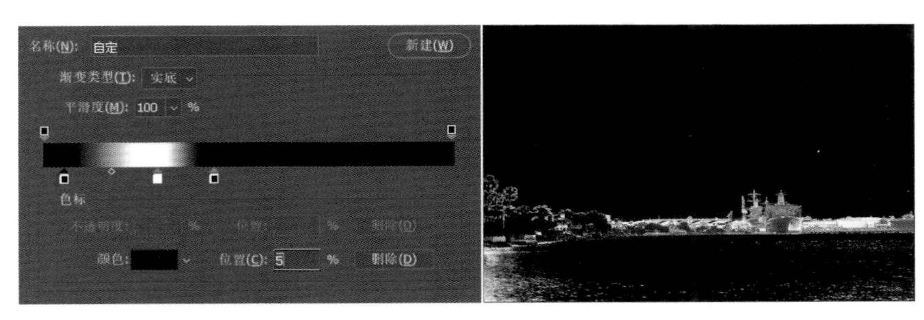


接下来我们只需要将渐变映射的结果转换为阿尔法通道即可。单击确定按钮应用渐变，打开通道面板，将面板中的任意一个通道拖至下方的新建通道按钮上就能快速创建出阿尔法通道。我们可以按照自己所选择的影调区域将该通道更改为一个易于识别的名称，例如“中间调阴影”。

返回图层面板，隐藏渐变映射图层，然后执行“选择 > 载入选区”命令，将通道设置为我们刚才在通道面板中创建的通道。

现在，只需要在当前图层上添加一个调整图层，或者为已有的图层添加一个图层蒙版，所载入的选区就会自动作为明度蒙版被应用。我们可以重复上述技巧添加任意数量的阿尔法通道。

在这张港口照片中，我希望为天空加上暖调、给阴影加上冷调，从而创建出一种类似于双色调的效果。使用上面创建的选区，我首先选中了阴影区域，然后使用曲线调整图层为暗部加入了蓝色。借助渐变映射调整图层，我不需要进行任何复杂的手动操作就能很轻松地对指定影调范围进行调整。这么做也可以避免影响画面的最深色区域，从而使画面暗部保留了更丰富的细节。

想要暖化天空，需要再一次使用渐变映射滤镜，以便分离画面的高光区域。和刚才调整暗部类似，我并不希望选中极端高光区域，以避免因为之后的调整导致天空过曝出现死白区域，从而损失画面中应有的云彩细节。

为了更好地衔接画面的整体氛围，云彩的背光面还应该保留适当的灰蓝色，所以我们需要应用一个不平衡的渐变来实现这个效果，即渐变的中间调区域的过渡更为剧烈，而高光部分的过渡则更加平滑。我们可以通过改变两个色块之间的菱形中间点滑块控制变化的强弱程度，将左侧的菱形滑块右移即可达到期望的效果。

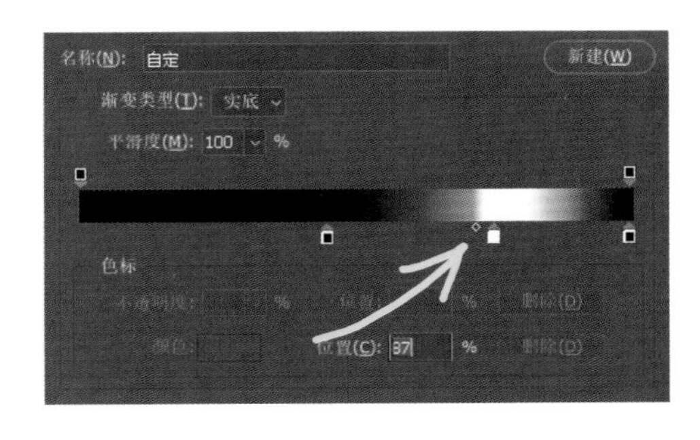

我通过如上设置创建了蒙版，并将其应用于一个颜色查找调整图层，关于颜色查找调整图层我将在第 5 章“颜色与色值”中详细讲解。

大多数基于明度的选区创建方法都需要提前指定所需要的明度区域。使用渐变映射工具最大的优点就在于我们拥有了一定的自由度，可以直接使用所见即所得的方式创建明度蒙版，而不需要将不同的明度区域的蒙版组合在一起得到自己需要的选区。另外，它也不会像大多数插件一样首先自动生成一大批你很可能并不会用到的细分明度蒙版，盲目增加文件大小。

当我们创建了基础的明度蒙版之后，可以将其保存为预设以便日后使用。我将本节最开始创建的黑–白–黑渐变保存为名为“明度选区”的预设，因为大多数情况下我都是从中间调开始创建明度蒙版的。除此之外，大家也可以针对不同明度区域分别创建对应的渐变预设，稍后我们还会更详细地讨论这个话题。

另外，我们也可以很轻松地调整这些色块的位置。例如当我们需要选择画面暗部的时候，可以将左侧的黑色滑块拖动到渐变的中间部分，然后将原本位于中间的白色滑块移动到渐变的最左侧。

将这种技巧与本章开头“通道选择”一节中讲到的基于布尔运算的选区创建方法结合在一起就能更轻松地对画面内容进行选择。为了便于重复利用这些选区，一定要记得在创建每个选区后均将其保存为阿尔法通道，并且为其起一个易于识别的名称。

## 基于色相/饱和度创建选区

了解Photoshop能以哪些方式呈现我们的影像数据是创建出精确选区的诀窍之一。Photoshop中有些混合模式出于功能性需要而设计，本节所讲技巧涉及的差值混合模式就是这样，不过一般来说它主要用于对齐图层或对比调整前后的差异。当我们将差值混合模式与色相/饱和度调整图层结合在一起，就会得到一种功能独特的选区创建工具。

本节所介绍的技巧核心思路非常简单：对照片做一些调整，对比调整前后的差异，然后提取并放大这种差异。具体到本节的操作，就是先对某种颜色进行调整，然后根据调整前后的色彩变化创建蒙版。需要注意，并不要因为本节用色彩的前后差异作为演示就将自己的思路局限于色彩变化。事实上我们可以用这个技巧来为任何对象创建选区，只不过基于色彩创建选区既便于演示，又便于操作并反复使用。

**注** 在色相/饱和度调整图层中使用目标调整工具时请注意，它创建的色彩选择范围并不会被记录，所以如果我们在选定颜色之后没有做继续调整就跳到了色阶或其他调整图层，那么重新返回色相/饱和度调整图层的时候就需要重新使用目标调整工具选择颜色。

首先，在照片图层上方添加一个色相/饱和度调整图层。注意出现在属性面板下方的色条，它看上去像一个完整的彩虹光谱，将会直观地反映我们对色相、饱和度所做的调整。在开始调整颜色之前，我们首先需要选择计划调整的颜色。但是在选择颜色之前，我们还需要在图层面板中单击一下调整图层的图标，这样才能避免选择到图层蒙版上的颜色。这是Photoshop中一个比较诡异的默认设置：在新建调整图层的时候，系统同时会自动为我们选中创建调整图层时自动生成的图层蒙版。

选中属性面板中的目标调整工具，在你打算选择的颜色上单击以将其选中。注意，仅仅只需要单击以选择颜色，不需要任何拖动之类的其他操作。注意属性面板中的色条下方是否出现了指示当前选中颜色的滑块。

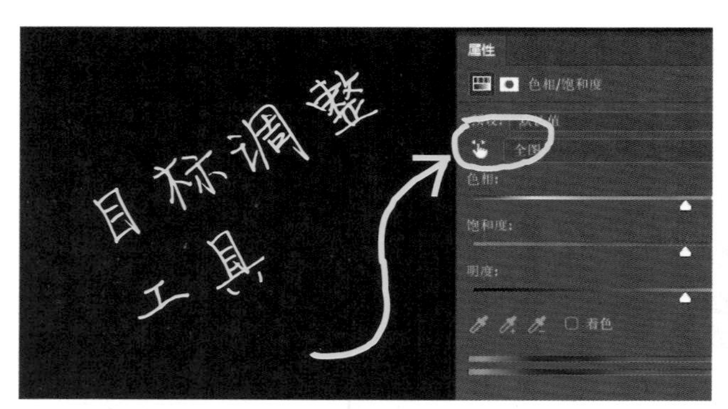


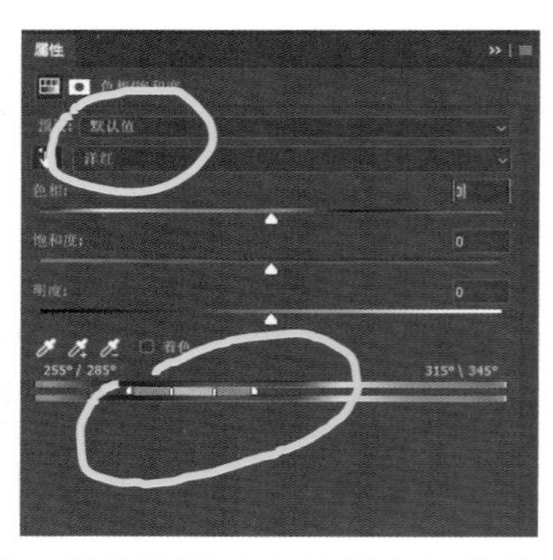

另外还需要注意，属性面板上方的颜色下拉菜单是否正确显示下方色条上所指示的颜色名称。检查无误之后，将色相/饱和度调整图层的混合模式更改为差值，预览窗口将变成纯黑色，因为现在上方图层并没有任何调整，所以也就没有任何差异。接着在属性面板中将当前我们所选中颜色的饱和度滑块向左拉到-100。

最终我们得到的处理结果可能在很多情况下很难显示清楚，这时候我们可以在图层面板的最上方添加一个临时的色阶调整图层作为观察层，增强画面整体反差。在色相/饱和度调整图层的属性面板中，拖动下方色条上的右侧滑块，查看它对于最终画面效果的影响。通过调整色条上左右两侧的滑块，我们就能精确地设定最终色彩选区的范围大小。

在当前阶段，不需要担心选区覆盖了一部分我们并不需要选中的区域，稍后我们可以使用黑色画笔很轻松地从蒙版上将其抹除。滑块的外侧三角标识表示选区饱和度设置选项开始生效的位置，内侧竖线条则表示受到面板设置影响最严重的区域。内外两组范围滑块决定了最终所创建选区的范围。

接下来的问题就是我们如何以这个奇怪的观察效果为基础生成一个合理的选区。首先使用快捷键Alt+Shift+Ctrl+E（Windows系统）或Option+Shift+Command+E（mac OS系统）创建当前所有可见图层的盖印图层，将图层更名为“蒙版源”。选择“蒙版源”图层，首先使用快捷键Shift+Ctrl+U（Windows系统）或Shift+Command+U（mac OS系统）直接将图层去色，接着使用快捷键Ctrl+M（Windows系统）或Command+M（mac OS系统）打开“曲线”对话框。直接对图层使用调整命令将会永久更改图层内容，所以设置时需要注意一步到位。慢慢向上移动曲线，直到画面形成强烈的黑白反差，而交界处又没有明显锯齿边缘的状态。必要时可以多创建几个控制点以实现目的。

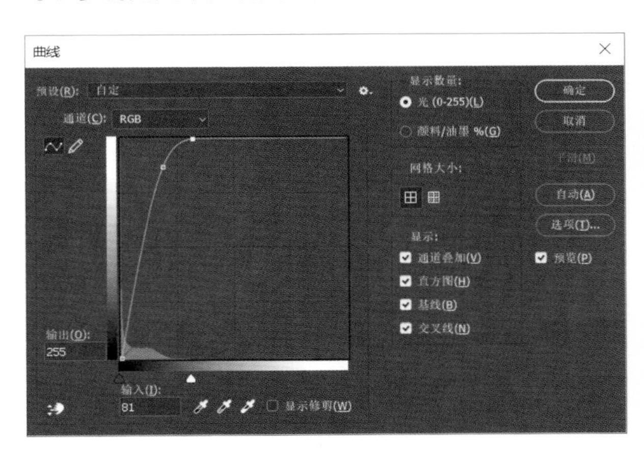


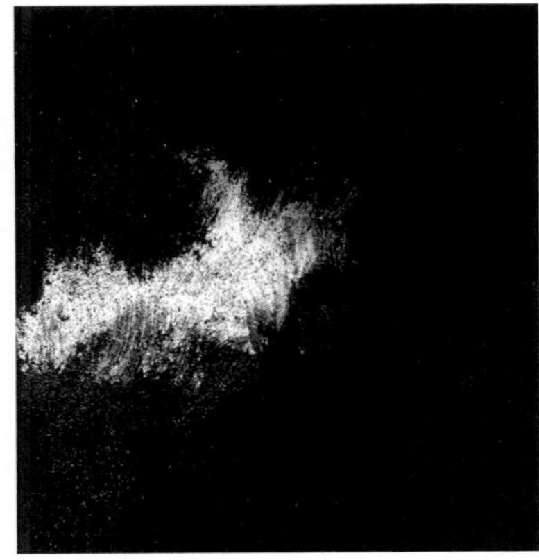

## 调整命令与调整图层

使用快捷键执行曲线命令与创建曲线调整图层调整图片有很重要的区别。快捷键对应菜单命令“图像>调整>曲线”，“图像>调整”子菜单下的所有命令都会直接影响像素内容本身，这类操作称为破坏性操作，一旦执行，图层内容就被永久改变，无法更改，不像我们使用调整图层所做的操作随时可以更改或者撤销。正如大家在截图中看到的，这些命令的对话框与调整图层对应的属性面板也有明显差异。

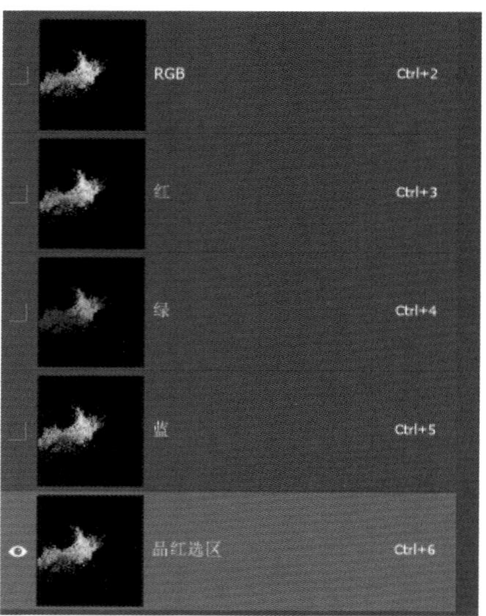


很多情况下，我们希望选区可以反映原画面中的细节纹理变化，所以并不需要让选择范围内的整个画面变成纯白色状态。如果确实需要不带纹理变化的实色选区，可以先对蒙版做1~3个像素的高斯模糊——具体半径值取决于图像的实际分辨率，然后使用色阶命令清理蒙版边缘。在“调整通道与蒙版”一节中，我将更详细地介绍调整选区的相关操作。

当我们获得自己希望的反差和密度之后，接下来可以通过直接使用黑色画笔涂抹或创建选区后使用黑色填充的方式移除不需要的区域。如果想要查看蒙版的准确性，可以将“蒙版源”图层的混合模式更改为正片叠底，并隐藏之前创建的所有调整图层，直接观察“蒙版源”图层中的白色范围与下方图层内容之间的对应关系。如果还需要继续调整蒙版，也可以在该状态下进行。记住，正片叠底混合图层能让当前图层中的白色区域变得透明，露出下方图层对应位置的内容。

对选区感到满意之后，将其混合模式更改为正常，然后打开通道面板。将任意一个通道拖到面板下方的新建通道按钮上，我们就得到了一个崭新的阿尔法通道，这时我们可以为新通道起一个简单好记的名称，例如“洋红选区”。新建通道将自动在通道面板中被选中，所以在继续之后的调整前我们首先需要在通道中重新选择RGB复合通道。

按住Ctrl键（Windows系统）或Command键（mac OS系统），单击刚创建的阿尔法通道缩略图即可将其范围作为选区载入。我们也可以在继续进行其他操作之前对选区做进一步的优化，或结合其他选区技巧组合创建更复杂的阿尔法通道。前面我们已经提到过，在我们拥有一个活动选区的状态下为图层创建蒙版或添加调整图层，当前活动选区将自动成为当前图层或新建调整图层的蒙版内容。

当我们需要创建一些高精度选区的时候，如果待选择的内容恰好色彩较为统一、边界分明，那么就非常适合使用这个技巧。它比魔棒工具或其他直接选择颜色的方法更精确、更灵活，而且也不需要花太多时间。更重要的是，我们可以通过这个案例理解创建选区时作为参考的差异化特征的概念，有利于拓宽我们创建选区的思路、提高我们创建选区的效率。

在这个案例中，我使用刚刚创建的选区创建一个新的色相/饱和度调整图层，将其混合模式设置为正常，然后将下方图层中的洋红色更改为绿色。

## 调整通道与蒙版

有的情况下，仅仅拥有娴熟的选区创建技术并不足创造出完美的蒙版。正如我们在前几个案例中所看到的那样，有时候我们在创建选区之后还需要做一些复杂的调整，才能真正获得我们所需要的内容。Photoshop新推出的选择主体命令效果惊人，不过坦白说它还远远达不到一键式解决方案的程度。实际上，我们可以使用许多工具像处理普通的Photoshop图像一样对已经创建的蒙版进行调整。

蒙版本质上和其他像素图层并没有太大区别，是由不同灰调的像素组成的。大多数时候我们都是在常规视图下对蒙版进行调整，通过观察调整结果猜测蒙版的状态，但是并不能直接看到蒙版。不过在某些情况下我们还是希望能直接对蒙版进行调整，例如当蒙版区域包含大量杂乱的视觉信息，或者我们想要对蒙版做更加细致的控制时。开始高级蒙版编辑调整后大多数人学到的第一个技巧是按住Alt键（Windows系统）或Option键（mac OS系统），单击蒙版缩略图，这么做能直接显示蒙版本身的内容。

**注** 在直接调整图层蒙版的时候，我们可以使用快捷键\切换图层蒙版的显示与隐藏状态。当图层蒙版被设置为显示状态的时候，它将会以半透明红色叠加图层的模式显示在画面上，方便我们观察蒙版的边缘状态，也不会完全遮挡图层本身的内容。

能够直接观察蒙版给我们带来了更大的编辑空间与灵活性，与此同时也能保证我们不会错过在常规视图模式下可能忽略的细节。在带有蒙版的图层为当前图层的时候，我们也可以直接在通道面板中切换到相同的视图模式，Photoshop会自动为带有蒙版的图层生成一个与图层蒙版完全一致的临时阿尔法通道。所有在Photoshop中可以对图片进行处理的工具也同样适用于蒙版或阿尔法通道，只不过需要注意所有这些操作均是以破坏性调整模式进行的。那么是否有针对蒙版的非破坏性工作流程呢?

这就需要将蒙版或阿尔法通道转换为普通图层了。

## 扩展功能

属性面板中包含了专门的图层蒙版设置选项，我们可以在这儿调整蒙版的密度与边缘羽化程度，同时这里也包含了一些与调整选区相关的选项，如选择并遮住、色彩范围、反相等。密度滑块实际上等同于一个调节蒙版整体不透明度的滑块，当需要将图层作为纹理叠加到画面中的时候，我非常喜欢使用它。羽化滑块的作用是调整图层内容的边缘过渡平滑程度，在替换背景、天空之类大面积画面元素的时候非常好用，可以避免在边缘交界处出现清晰的锯齿状分界线。

和过去版本的Photoshop相比，这两个滑块的诞生给修图师们提供了巨大的帮助，因为它们可以以非破坏性的方式对蒙版的一些重要参数进行调整，并且随时可以根据需要改变。如果你曾经手动完成过类似的调整，就知道将这两个参数滑块化是一件多么节省时间和精力的事情。

调整选区的3个按钮的用途也非常大，尽管本书的主要目的是告诉大家如何用混合模式与调整图层解决在使用Photoshop时遇到的问题，但并不代表我们应该对Photoshop中其他的实用功能视而不见。尤其是新出现的色彩范围工具，可以针对图像色彩信息或者蒙版本身的数据创建选区并进行优化调整。选择并遮住命令的用途也非常广泛。我十分建议大家在看完接下来的内容之后，再多花一些时间了解这些命令对应的参数与选项，体会一下它们分别如何影响选区。

## 导出蒙版

导出蒙版即将蒙版转化为普通图层，实现这个目的的方法有很多种。最简单的方法之一是首先将画面切换到蒙版视图，然后依次使用快捷键Ctrl+A（Windows系统）或Command+A（mac OS系统）选中整个蒙版、Ctrl+C（Windows系统）或Command+C（mac OS系统）复制蒙版内容，接着返回到常规视图下创建一个新的空白图层，最后使用快捷键Ctrl+V（Windows系统）或Command+V（mac OS系统）将蒙版内容粘贴到新建的空白图层当中。这样，我们就得到了一个以普通图层显示的蒙版内容。我们也可以使用类似的操作将阿尔法通道中的内容复制、粘贴到空白图层当中。在这种情况下，图层内容与原本的蒙版或者通道的内容完全一致。如果我们将该图层的混合模式设置为正片叠底，就能让图层中所有非黑色的部分变成透明，露出下方图层中的内容。

另外一种常见的操作是直接使用快捷键或菜单命令将蒙版或阿尔法通道加载为选区。快捷键操作是按住Ctrl键（Windows系统）或Command键（mac OS系统），单击图层蒙版或阿尔法通道将其载入为选区。或者，确保想要选择的蒙版图层在图层蒙版中处于被选中状态，接着执行菜单命令“选择>载入选区”，将通道下拉菜单设置为“当前图层名+蒙版”并单击确定按钮。使用这两种方法会得到相同的结果。

在得到活动选区之后，首先创建一个空白图层，然后使用白色填充选区。使用快捷键可以比较方便地完成该操作：首先使用快捷键D将背景色复位为白色，然后使用快捷键Ctrl+Backspace（Windows系统）或Command+Delete（mac OS系统），使用白色填充选区。如果你希望白色的密度更高一些，可以重复使用快捷键Ctrl+Backspace（Windows系统）或Command+Delete（mac OS系统）。填充操作完成后，使用快捷键Ctrl+D（Windows系统）或Command+D（mac OS系统）取消选择。接着在刚刚创建的图层下方再创建一个新的空白图层，并使用快捷键Alt+Backspace（Windows系统）或Option+Delete（mac OS系统）将整个图层填充为黑色。

## 图层组的混合模式

如果你在之前没有创建过图层组，那么需要注意一下图层组的混合模式中的穿透和其余混合模式之间的差异。图层组的默认混合模式为穿透，在这个混合模式下图层组中所有图层的不透明度、混合模式以及调整图层的设置参数等，均会直接影响到下方的图层内容。也就是说，图层组内的图层“穿透”了图层组文件夹，从而直接作用于下方图层，就好像它们是常规图层堆栈的一部分一样。而如果我们将图层组的混合模式设置为其他混合模式，那么整个图层组中的内容就会表现为仿佛合并之后的单个图层一样，图层组内的调整图层等各种参数设置都仅仅只针对组内图层有效，不会影响到下方的图层。

例如本小节介绍的技巧是将图层组混合模式设置为正片叠底，也就意味着组内的黑白两个图层将会被合并成一个独立图层与下方图层进行混合，混合结果是白色部分消失，只留下图层组中的黑色部分。

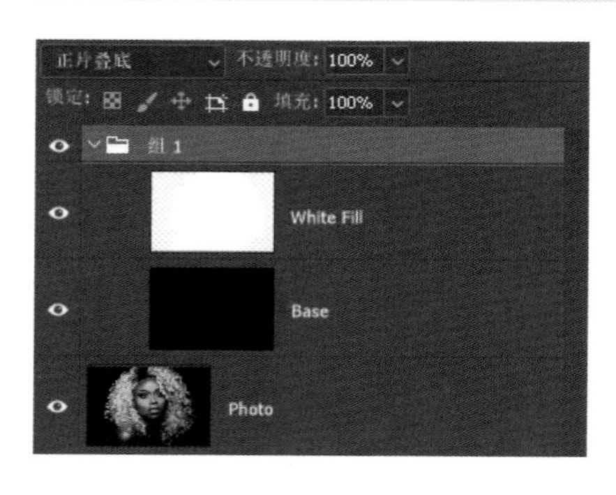


我们之前提到过，在载入选区时，蒙版或者阿尔法通道中的灰色区域表示部分被选中的状态，白色区域表示完全被选中的状态，黑色区域表示选区之外的部分，灰色的深浅表示选择程度。当我们对这样的选区进行填充的时候，填充将会依照对应部分的选择程度决定填充的不透明度，所以虽然我们整体使用了白色填充，但从理论上来说它们实际上是半透明的白色，因此叠加在下方的黑色图层上时看起来好像是灰色的。

将使用选区填充白色的图层与纯黑色图层同时选中并创建图层组，然后将图层组混合模式设置为正片叠底，这样一来我们就可以看到蒙版应用于画面时的效果，同时也可以在常规视图下继续对其进行编辑。

虽然这看起来好像多此一举，但实际上我非常喜欢这种工作流程，因为它给我的工作提供了更大的灵活性。在这种模式下，我们可以创建多个额外的图层，通过图层的堆叠创造出最终的蒙版形状，并保持整个蒙版的创建过程在非破坏性编辑模式下进行。当蒙版创建结束之后，我们再将图层组混合模式更改为正常，然后按照之前介绍的方法创建阿尔法通道。不过这时候我们除了直接将图层内容转化为蒙版之外，也有很多其他的操作选择，例如使用纯色或者渐变填充、使用菜单命令“选择 > 修改”做进一步的调整等。最后，我们也可以将调整得到的选区重新填充到一个新的空白图层中，保留之前的黑色图层作为基础图层。如果没有提前将蒙版导出为普通图层，想要在蒙版上进行类似的操作就相当麻烦。

接下来，我们来看一些有趣的蒙版编辑技巧，同时也能通过这些技巧深入了解图层，尤其是调整图层，在Photoshop中的工作原理。

## 色阶调整

在本小节，我将使用一个被黑色包围的白色方块的画面作为测试文件。画面中的所有内容均位于同一图层，这一点非常关键，大家稍后就会理解。另外，我向文件中添加了几条辅助线，以便精确显示白色方块的原始边框位置。在这个例子中，我假设已经完成了前述将阿尔法通道导出为普通图层的操作，白色方块即代表复制后的图层起始状态。后文我将使用“蒙版图层”来指代这个白色方块图层。

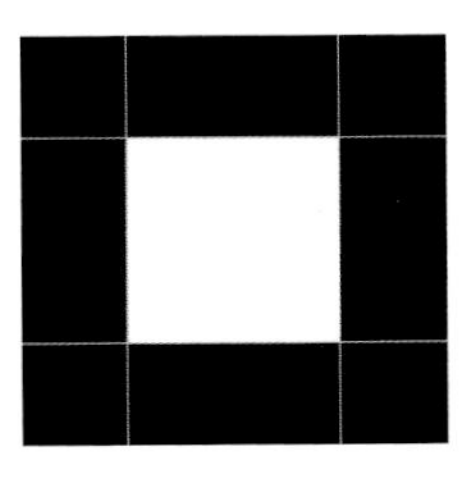

首先给该图层添加一些模糊效果，然后在图层上方添加一个色阶调整图层。在这个例子中，我将高斯模糊的模糊半径设置为10像素。接着，我在属性面板中将色阶右侧代表白点的白色三角滑块朝着左侧拖动，白色方块的边框会逐渐向外扩张，超出辅助线的范围。

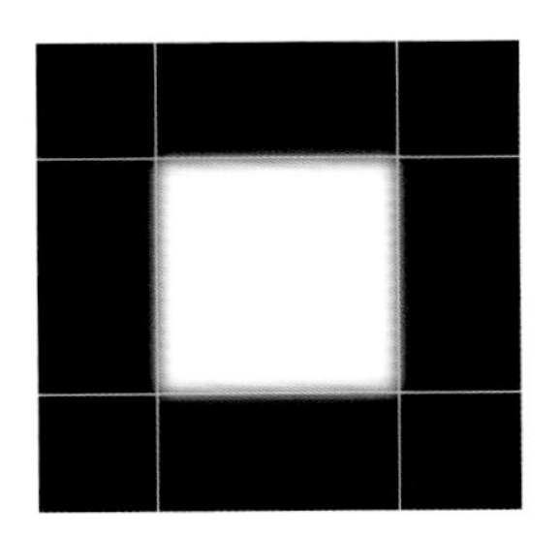

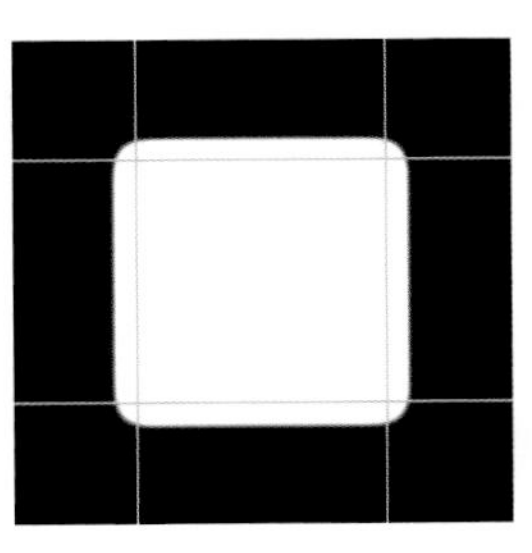

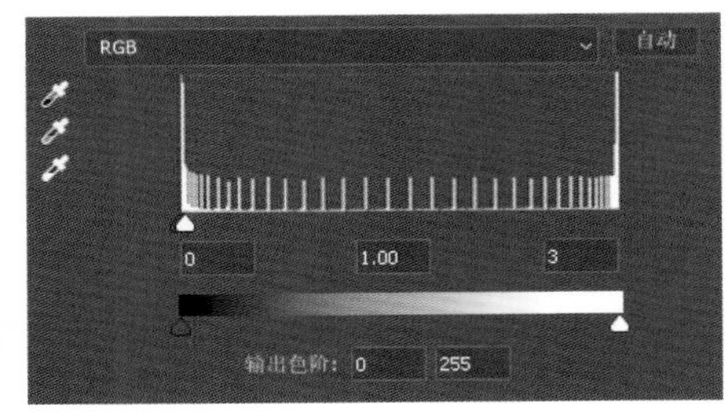


相信大家看了这个简单的例子，应该马上能产生一些使用这个技巧调整蒙版的灵感。当然，如果我们反过来将色阶左侧代表黑点的黑色三角滑块朝着右侧拖动，那么白色方块的面积将会变小。随着黑色滑块与白色滑块之间的距离越来越小，白色方块的边缘会变得越来越锐利。但同时需要注意的是，不管边缘如何清晰，最终白色方块的四角都会变成圆角状态。在处理实际蒙版的时候，有些情况下我们需要格外注意这个问题。但反过来说，处理实际蒙版的时候我们一般会将模糊半径控制为0.5~3像素，所以这个问题也并不会特别严重。

我们可以使用这个基本技巧来平滑那些边缘粗糙的蒙版，尤其是那些使用魔棒、对象选择等自动工具或选择主体等自动命令创建的蒙版。尽管使用这些工具和命令时只需要简单单击几下鼠标就能得到不错的结果，但是如果仔细观察就会发现画面中有不少需要处理的细节。另外需要注意的是，对象选择工具和选择主体命令更倾向于创建硬边缘的选区，在此基础上创建的蒙版往往只有黑白两色。之后我还会提到这个特点。

添加色阶调整图层有一个额外的好处——我们可以在模糊区域内任意位置确定我们的最终蒙版边缘。将黑白两色滑块同时朝着中间移动，可以得到边缘位置与原始选区接近但更加平滑的选区。

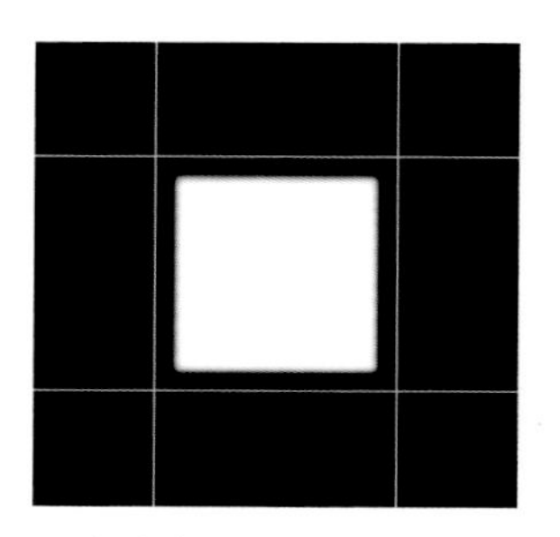

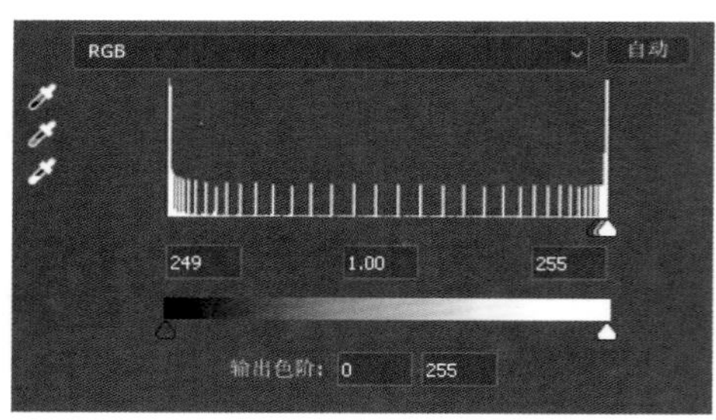


这种方法的用途非常广泛。例如，我们正在创建一个分为若干部分的复杂蒙版，蒙版中的某一部分边缘锯齿化比较严重，需要进行一些平滑处理。在下面这个例子中，我用模糊工具手动平滑了锯齿化的区域，然后用套索工具在它周围创建了一个选区，除了包含模糊区域之外，还包括前后的清晰部分。创建选区后使用快捷键Ctrl+L（Windows系统）或Command+L（macOS系统）执行色阶命令——因为是蒙版，所以这儿用不了色阶调整图层，把边缘调整成理想的平滑状态。因为前后的清晰部分原本就反差很高，所以它们并不会受到这个调整的影响，而模糊区域则变得清晰。

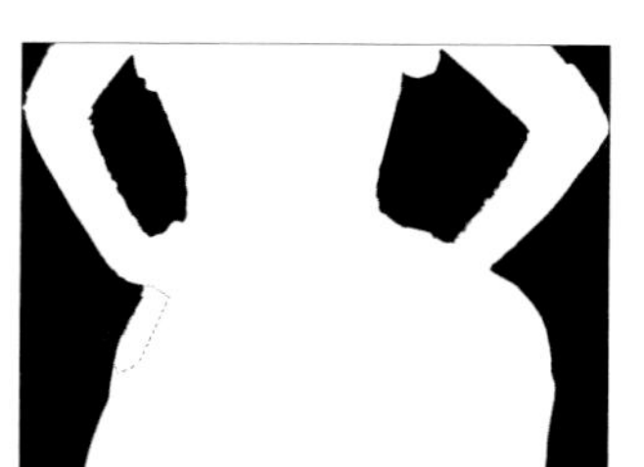

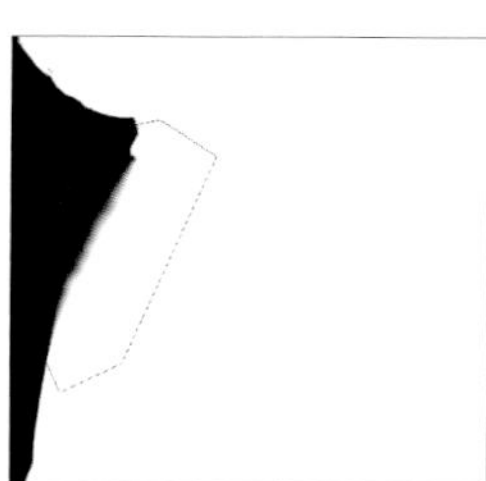

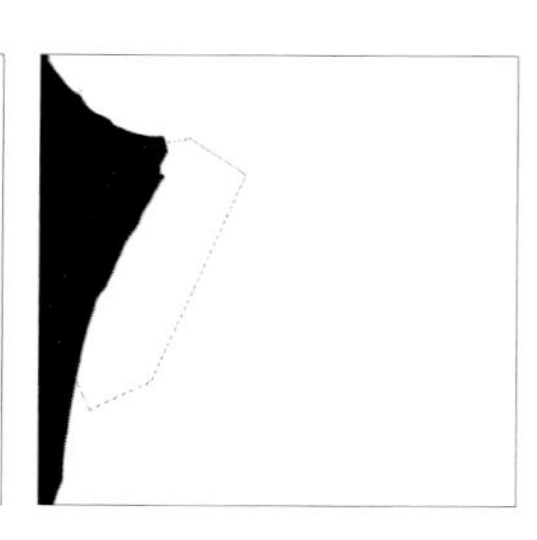

为什么我在前面要强调测试文件中的所有画面内容位于同一图层呢？因为Photoshop处理图层的方式会对我在这里使用的技巧造成影响。我在“Photoshop‘眼中’的影像”一节中曾经提到过，我们在预览窗口中看到的画面是所有图层中可见部分叠加在一起的最终结果。所以我们并不能通过预览画面直接看到一些图层结构调整可能带来的潜在影响，例如将一个调整图层置于图层组之内或者之外这样的操作。虽然遇到这样的问题会让人产生一些挫败感，但同时也让我们有机会意识到了解所使用的工具在不同情况下的不同表现是一件多么重要的事情。

如果我将白色方块放在一个独立图层上面，四周是透明区域，漏出衬在下方的黑色背景，从画面上看好像和开始的例图一模一样，实际上正常使用色阶调整图层调整的时候画面表现也一样。但如果我们把色阶调整图层剪切到白色方块图层，那么调整就不会起到任何效果。

之所以会出现这样的问题，是因为色阶调整图层和所有调整图层一样，都是将下方的所有图层视作一个独立图层进行调整，所有下方图层的内容都成为上方调整图层计算内容的一部分。而将调整图层剪切到一个特定图层之后，其调整范围也就被严格限制在了该图层的内容当中。对测试文件而言，图层边缘的模糊渐变效果是上方的不透明度变化与下方黑色图层混合导致的，图层本身的像素内容只有白色；而色阶命令只处理像素并不处理不透明度，所以在我们移动滑块的时候，图层亮度只会发生一致的变化，边缘的模糊效果并不会因此改变。

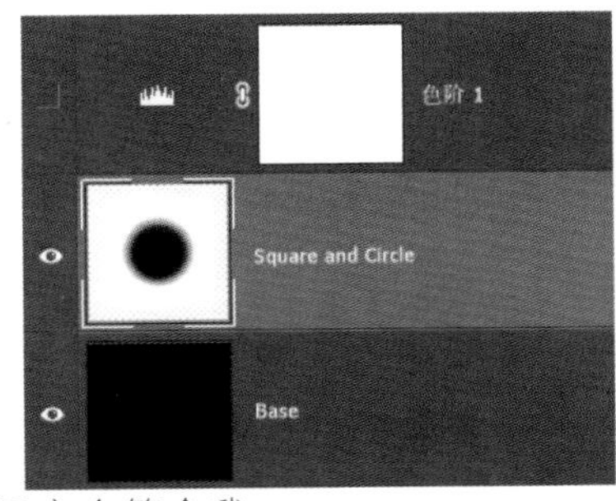


如果想要让色阶起到改变边缘的作用，那么色阶命令所处理的图层对象无论是合并后的单独图层还是图层组或者剪切图层，都必须要有可供对比的亮度差异。我们在白色方块图层中间添加一个黑色圆点，保留周边区域透明状态不变，重新演示一次上面的操作。首先执行高斯模糊命令，因为白色方块与黑色圆点位于同一图层，所以同样受到高斯模糊命令的影响。

为白色方块与黑色圆点图层执行高斯模糊命令之后的效果完全符合我们的预期。白色方块的边缘变得柔和，并扩展到透明区域，而黑色圆点的边缘则与白色方块融合。目前看起来，两个区域的模糊效果完全一致。

接着我们在图层堆栈最上方创建一个色阶调整图层，将两端的控制滑块朝着中间拖动，得到的结果同样符合我们的预期，两个图形都恢复到硬边缘状态，白色方块的四角变成了圆角。

但是，如果我们将色阶调整图层剪切到白色方块与黑色圆点图层，结果就完全变了。

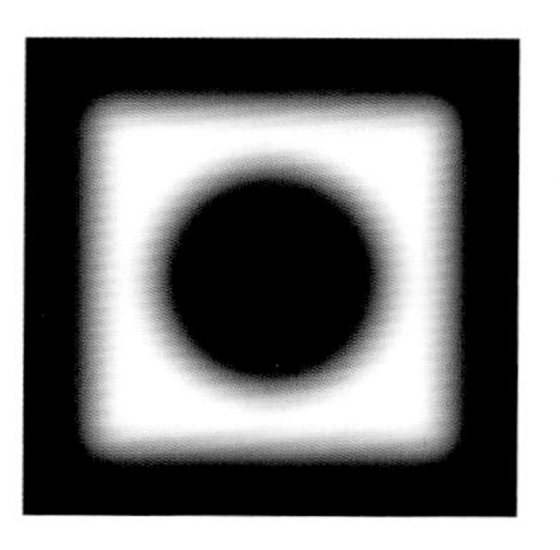
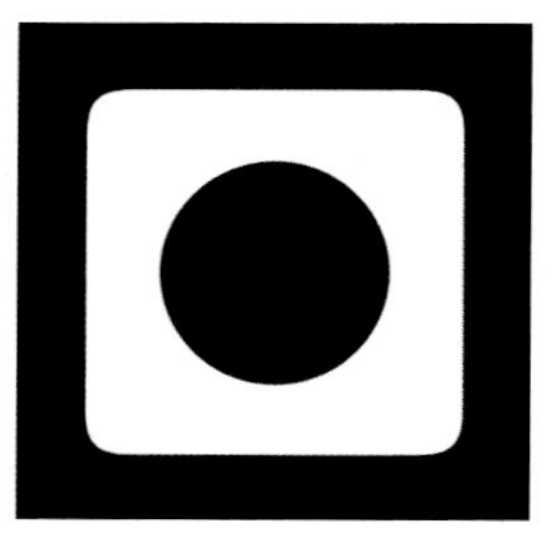
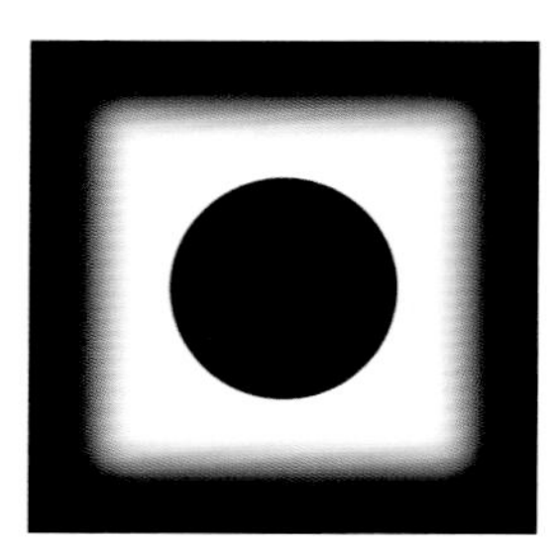

图层内部模糊圆的像素包含了不同的明度信息，可以进行相互比较，因此会受到色阶调整图层的影响。而外部模糊的白色方块的边缘因为只包含被模糊的白色像素，所以不会受到影响。说句题外话，如果这个示意图并非黑白两种极端颜色，而是其他颜色，色阶调整图层尽管无法影响边缘的状态，但是还是会影响色彩。但回到当前案例，如果想要让色阶调整图层能同时影响到白色方块和黑色圆点，要么取消色阶调整图层的剪切状态，要么将下方的黑色背景图层与上方的白色图层合并为一个图层组，然后针对图层组执行色阶命令。

我们为什么要在蒙版这个话题下深入探讨这个问题？因为将蒙版转换为普通图层之后，我们可以通过调整混合模式直接观察到蒙版对画面造成的影响，以便进行精细的蒙版调整工作。这样一来，了解什么情况下调整可以起作用、什么情况下调整不起作用，可以极大减轻我们在创作过程中的挫败感。

## 蒙版组与正片叠底混合模式

接下来我们来看一个简单的实际案例。对于画面中的海鸥，我们可以使用“选择 > 主体”命令轻松地创建选区，实际效果也相当不错。但如果我们想要将选出来的海鸥用于合成，就会发现海鸥周围留下的一圈光晕会造成很大的麻烦。

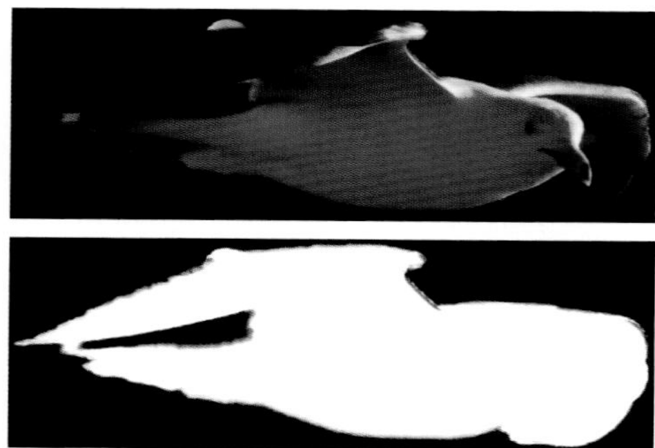

当然了，直接围着海鸥画一圈以移除这个光晕并不是什么难事，但要消耗许多时间和精力。我们前面讨论的一个技巧，正好适合解决这个问题。

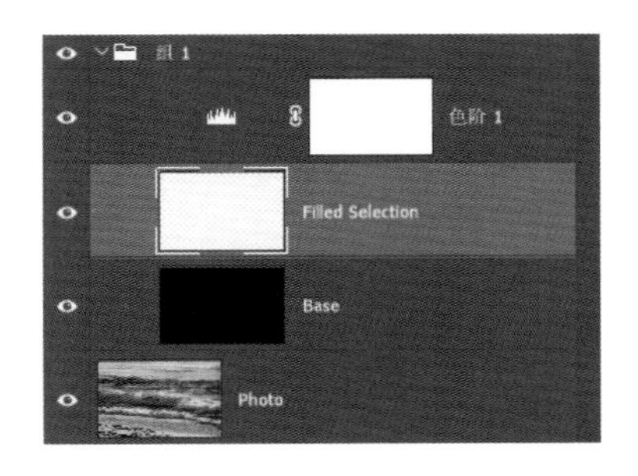


使用选择主体命令可以很好地勾勒出海鸥的轮廓，于是我创建了一个空白图层，并使用白色填充了当前以海鸥轮廓创建的选区。接着我在白色图层下方创建了一个纯黑色的图层。将两个图层合并为图层组，然后将图层组混合模式设置为正片叠底。图层组中的黑色部分将会被覆盖，白色部分则露出下方的海鸥画面。

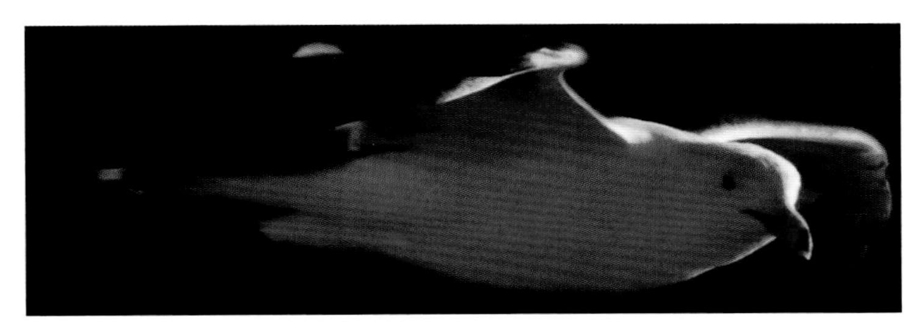

接着，我给白色图层添加适当的高斯模糊，然后在上方使用色阶调整图层调整选区的模糊半径。在设置模糊半径时需要确保能让选区在收缩后可以覆盖到海鸥外围的发光边缘，一般来说将其设置为3~6像素比较合适。注意色阶调整图层应放在图层组内部，这样调整操作只影响下方的黑白两个图层，而不会影响到海鸥画面。如果错误地将色阶调整图层放在了图层组的外面，那么所有蒙版之外的内容都会受到影响而发生变化。

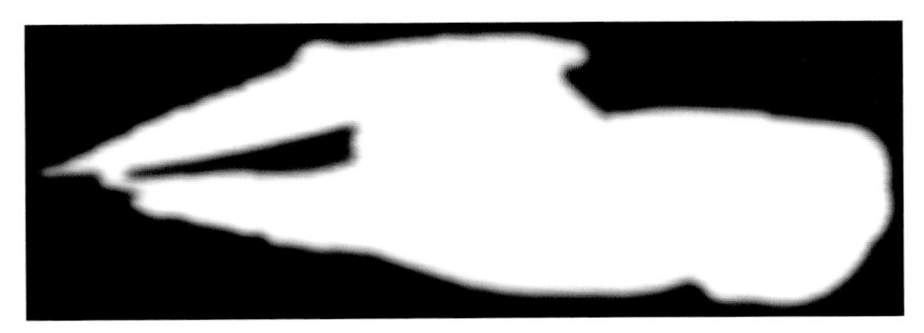

一切设置妥当之后，接下来我们就可以通过控制色阶自由地调整选区边界。处理完选区边界的问题之后，我们还需要清理一下海鸥背部与头部自动选区的小瑕疵。调整完蒙版之后，将图层组混合模式改为正常，显示出黑白两色的画面。从通道面板中复制任意一个通道作为选区载入，接下来不管是以此为基础创建蒙版还是直接抠取海鸥做他用都可行。

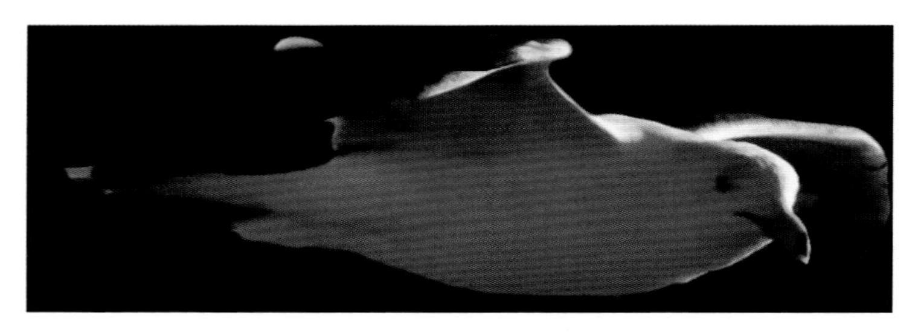

当然了，本小节介绍的技巧并不仅仅适用于海鸥，大家可以参考上述操作对任意需要调整的选区做一些快速的优化处理。

## 使用混合模式绘画

在处理蒙版的时候，我们往往需要进行一些手动调整。说白点就是绘画。正确地组合运用Photoshop中的基本工具，我们很容易就能画出准确的蒙版。通道通常是开始绘制蒙版的基础，再配合进行一些曲线和色阶调整，我们并不需要花太多工夫就能得到细节丰富的蒙版雏形。

如果说曲线或者色阶这样的全局调整主要考验我们设置参数的水平，那么接下来的绘制过程考验的则是我们的艺术创作水平。这张人像的红通道包含了丰富的人物头发细节，所以很适合用作将人物从背景中扣取出来的初始蒙版。复制红通道，我们就得到了一个可供调整的阿尔法通道。

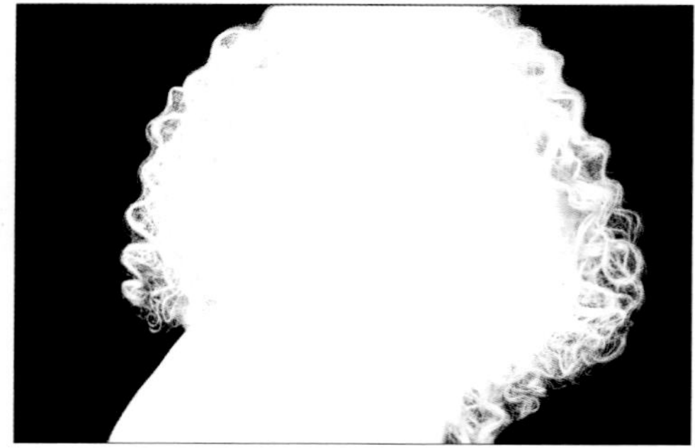

就通道细节而言，它非常完美，但是依旧有优化的空间。选择一款大尺寸柔边画笔，将其混合模式设置为叠加，将不透明度和流量同时调低至25%左右。在这种设置下，当我们将画笔设置为黑色在通道上绘画的时候，通道中原本的白色区域不会受到任何影响，但是比50%黑更深的地方将会被处理为纯黑色。对于细节更为复杂的区域，我们还可以进一步调低不透明度与流量，以便做更细腻的处理。

**注** 完成上述操作之后，一定记得将自己的画笔工具的混合模式重新设置为正常。如果没有更改这个设置，下次使用画笔的时候它可能变得没有那么“听话”，我不希望你因为忘记了更改这个设置而把问题最后怪在这本“破书”身上。

我在卷发的区域简单地刷了几笔，以增强反差，平滑边缘。另外我还在蒙版上的人物边缘位置多花了一些时间压暗背景。接着为了提高处理效率，我直接将画笔的混合模式更改为正常，然后将画面四周的背景部分涂成纯黑色。注意避开模特的头发部分。

处理完背景之后，剩下的操作就变得非常简单了，我们可以使用正常混合模式的白色画笔将人物面部细节部分涂抹成纯白色。对于边缘的发丝部分，将混合模式设置为叠加后进行处理能取得更好的效果。虽然这样会多花一些时间，但绝对值得。

Photoshop里面的所有操作都是这个样子，面对任何问题总能找到好几种不同的解决方法。复制通道之后，首先将其作为选区载入，接着试着使用曲线或者色阶命令进行调整。保持选区依旧为活动状态，然后使用画笔工具对选区做一些加工。这么做可能会导致一些白色杂边，所以更适合配合前文所介绍的技巧将图层混合模式设置为正片叠底。这样一来，我们就能在绘制和调整的时候，直接预览到照片的最终效果。我们可以执行菜单命令“视图 > 显示额外内容”隐藏标注选区边缘的蚁行线。

使用蒙版的目的是让我们的后期处理过程变得更加轻松。我们需要寻找到正确的方法，选择最合适的工具来实现这个目的。本章的目的是向大家演示不同的方法及其效果，而不是向大家推荐所谓能适合各种类型照片的“万能”工作流程。除了前面讲的各种技巧之外，大家也可以花一些时间学习一些其他的选区创建技巧。相信随着技术的发展，未来的各种自动化选区创建技术也会变得越来越丰富、成熟。

假设你经常处理各类人像作品，那么不妨花一些时间研究专门用于选择肤色的方法，甚至值得为此创建一些自动化动作，以提高操作效率、简化操作步骤。如果在网上找一下，你还能发现一些不错的第三方插件，尤其是现在数量众多、功能强大的明度蒙版插件。我个人觉得，如果这些工具可以帮助你更轻松地表达自己的想法，那么这些钱绝对值得花；但同时你只有确切地了解了它们能给你带来什么好处，才能感受到这些第三方工具真正的价值。

# 第4章　减淡与加深

减淡与加深调整是传统暗房操作的基础，我们在数码时代依旧不能忽视它们的作用。而数字工具的出现，给我们提供了无穷无尽的变化组合。

在处理照片的时候，Photoshop为我们提供了很多不同的方法来满足减淡、加深操作的需要，我们可以对画面不同区域进行针对性的提亮与压暗，通过改变局部曝光来实现重塑画面氛围。我们可以根据自己的工作流程和需要达到的具体目的来选择不同的操作方法，同时我们也可以根据工作需要随时在不同的操作方法之间切换。

# 减淡与加深的方法

在Photoshop中执行减淡、加深操作最简单的方法之一就是使用专门的减淡、加深工具，使用快捷键O就可以选择和切换这两种工具。但是，它们属于破坏性处理工具，如果直接应用于照片，就会永久改变画面的像素值。所以这类工具的常见用途是在复杂的合成过程中对素材做一些快捷的小调整。

减淡、加深工具还有一个问题是会导致色偏，因为它们从本质上来说是在色彩加深与色彩减淡模式下工作。使用减淡、加深工具时，勾选上方选项栏中的“保护色调”复选框，可以在一定程度上缓解这个问题，但是依旧避免不了画面的饱和度降低的问题。以下图为例，我们在模特的眼袋部分使用了加深工具修正曝光，但可以看到原本的高光区域由于饱和度降低在校正后变成了灰色。

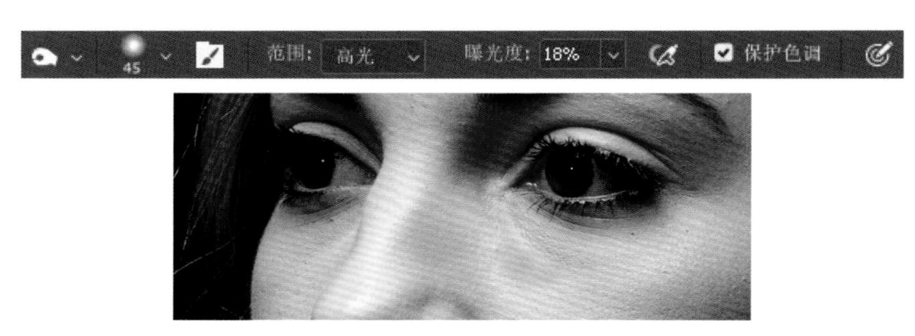


这两种工具均提供了高光、中间调、阴影3个调整范围供我们选择，同时提供了名为“曝光度”的滑块供我们调整工具减淡、加深的强弱程度。当我们选中减淡、加深工具之后，对应选项将会出现在上方的选项栏当中。一般来说，先针对调整的区域设置影调范围，然后将曝光设置到20%左右，就能得到比较自然的局部调整效果。

直接对照片进行调整的时候需要万分注意参数的设置，除了使用撤销命令或历史记录之外，我们没有任何将被修改的像素恢复到原始状态的方法。这一点对于任何破坏性调整工具都一样。除此之外，过度使用减淡、加深工具，还会给画面带来一些明显的瑕疵。

在照片图层的副本图层上执行减淡、加深工具是规避上述问题的一种方法。这样一来如果出了什么问题，我们可以简单地通过降低图层不透明度、使用图层蒙版，或用原图内容替换问题区域的方法来进行修复。但是，使用这种方法会显著增加文件大小。

接下来我介绍的大多数方法都更为灵活，而且不会对文件大小造成明显的影响。除非是为了对局部区域做一些无伤大雅的快速调整，否则并没有太多必须要使用本节介绍的破坏性工具的理由。就我个人而言，我基本上只会用这些工具对蒙版做一些简单的调整，正如大家在“调整通道与蒙版”一节所看到的那样。

## 中性灰

接下来我为大家介绍一个久经考验的主流处理方法：使用一个独立的中性灰图层保存所有减淡、加深调整操作。

**注** 使用快捷键Shift+F5可以直接打开“填充”对话框，我们可以在其中的内容下拉菜单中选择使用黑色、白色、50%灰、前景色、背景色、图案等对画面进行填充。记住，只有在空白图层或活动选区上才能使用该命令。

首先创建一个空白图层，使用50%灰填充，然后将其混合模式设置为叠加。叠加混合模式下，50%灰不对下方内容造成任何影响，暗部使下方内容更暗，亮部使下方内容更亮。这也就意味着在不做任何处理的情况下，以50%灰填充的叠加图层实际上是透明的。如果你喜欢使用减淡、加深工具的话，在这个独立图层上使用它们是很合适的。

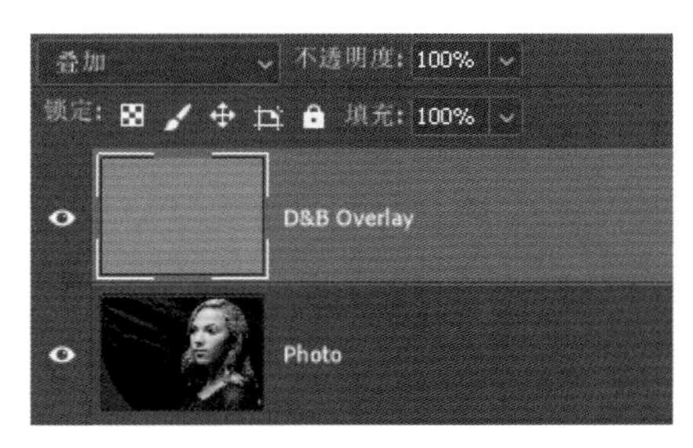


提前使用灰色填充图层的主要目的是以像素内容为基础使用减淡、加深工具。另外还有一种方法是跳过填充灰色的步骤，直接将空白图层设置为叠加混合模式，然后使用较低不透明度与流量的画笔工具以不同深浅的黑白灰在上面涂抹，中灰画笔起到擦除效果的作用。使用较低不透明度与流量的画笔工具，我们可以一笔一画地慢慢建立效果，避免了使用高不透明度画笔工具可能出现的生硬过渡问题。涂抹时，我们可以使用快捷键D将前景色和背景色分别复位为默认的黑白两色，在涂抹过程中可以使用快捷键X交换前景色与背景色。

另外在这种混合模式下，我们还可以通过直接从照片中取色起到一边调整明暗、一边改善画面色彩饱和度的效果。在叠加图层上绘画，使用深色的效果类似于在设置成正片叠底混合模式的图层上绘画，使用浅色的效果类似于在设置成滤色混合模式的图层上绘画，关于这两种混合模式的更多信息参见本书第四篇“参考”中的对应章节。使用这种取色绘画技巧可以避免直接使用黑白两色可能出现的掉色问题，还可以保留更丰富的画面色彩。

以下面这幅肖像为例，如果想要保留原画面中这种浓墨重彩的风格，就必须使用上面所说的取色绘画技巧，大幅度提高暗部的色彩密度，同时保留并略微增强高光部分的影调与色彩饱和度。

即便是使用这种方法，我们依旧需要注意避免较大幅度的调整，以免导致诡异的效果或瑕疵。如果是大的问题，我们很容易意识到，无非就是费时间重新画一遍，但麻烦的是那些我们并不容易在后期过程中第一时间发现的问题。

最后在这里给大家举个有趣的例子，证明这一技巧并不局限于调整画面色彩。我给下图中的玩具枪做了一些简单的颜色调整，然后添加了一个带蒙版的纹理图层。紧接着，我在纹理图层上方添加了一个中性灰图层，并且使用黑色、白色、与枪身颜色对应的颜色为这把玩具枪添加了更多的细节与效果。

## 双曲线

使用双曲线调整图层是我最喜欢的减淡、加深技巧，我可以很轻松地限制减淡和加深效果的强弱程度，避免了使用中性灰图层可能出现的瑕疵和极端变化。除此之外，我们也可以将减淡和加深效果应用于不同的图层，操作十分灵活。

首先，在需要调整的所有图层上方创建一个曲线调整图层，并将曲线的中心点向上拖动，使画面中需要提亮的最暗部分达到我们期望的亮度。将此图层命名为“减淡”，然后使用黑色填充该图层蒙版。

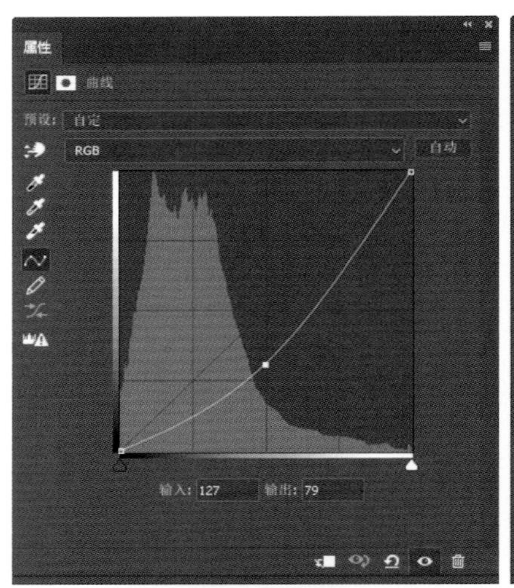


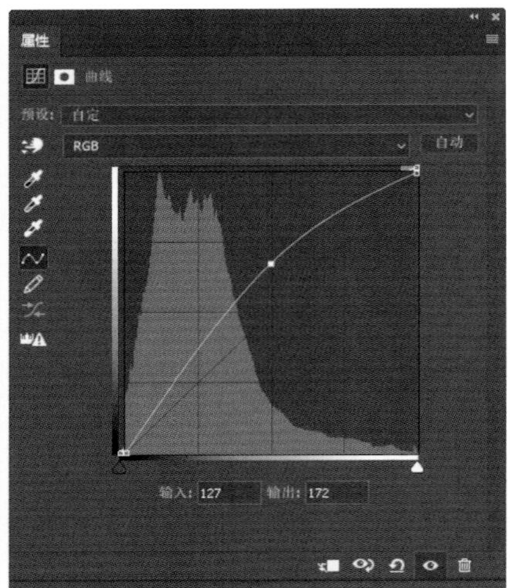


加深　　减淡

**注** 一旦我们使用过“填充”对话框，那么只要不退出Photoshop，之前使用的混合模式、填充类型和不透明度的设置就会被一直保留。使用快捷键Shift+F5或菜单命令“编辑>填充”，我们就会看到上一次使用该命令时设置的参数。

在该图层上方创建另一个曲线调整图层，并向下拖动曲线，使画面中需要调整的最亮部分达到我们期望的暗度。将这个图层命名为“加深”，同样使用黑色填充其蒙版。

为了便于图层管理，我们可以将这两个图层编到同一个图层组，然后将这个图层组更名为“加深&减淡”（双曲线）或者任何其他你觉得上口好记的名称。

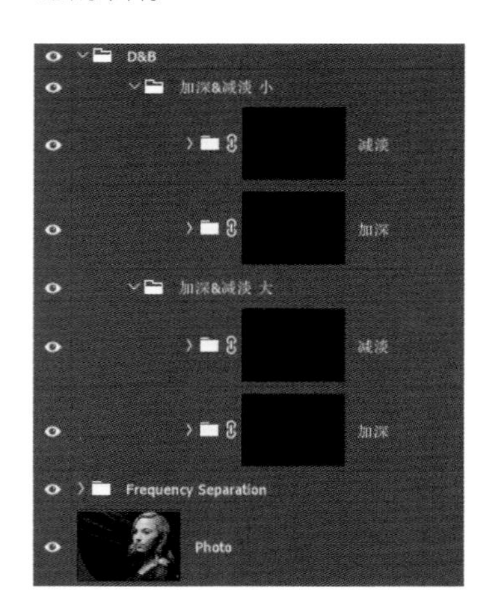

接下来，我们可以使用白色的画笔工具在每个图层的蒙版上需要调整的位置进行涂抹。和前面使用中性灰图层的操作一样，最好使用较低的流量、不透明度设置，并使用软边画笔，以免留下明显的处理痕迹。使用双曲线调整图层意味着我们需要在两个图层上分别进行变暗和变亮的操作。

这种方法有几个优点。首先，我们可以对减淡和加深效果进行独立调整。这样一来如果我们需要削弱任何一种调整效果，只需要降低对应图层的不透明度即可，避免牵一发而动全身。其次，一次只进行一个操作有利于我们更好地将注意力集中在手头的任务上。

## 双曲线操作经验

就一般的工作流程而言，我建议先从塑造整体光影、确定视觉重心之类的大范围调整开始，例如提亮肖像中的人物面部、调整风光摄影作品中的前景、在视觉焦点处添加柔和的晕影效果等。接下来对景物、主体的重点位置做一些提升处理，最后优化细节。

下图展示了加深图层的大面压暗效果蒙版。

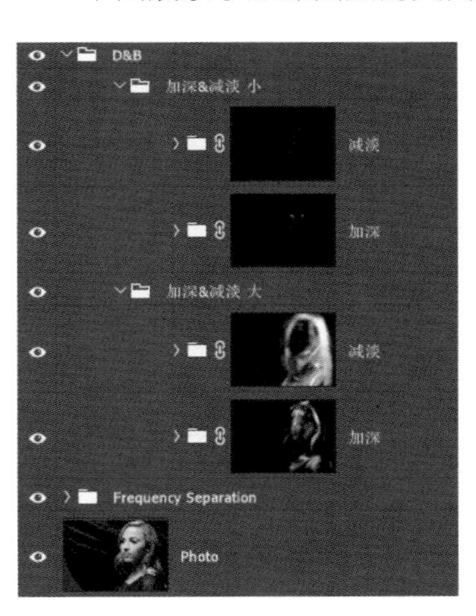

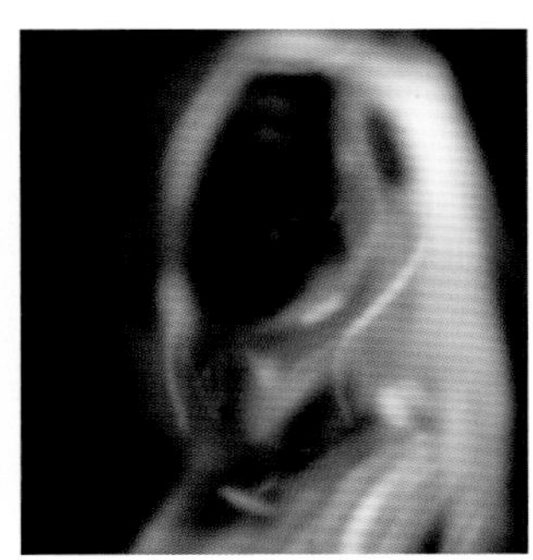

我非常建议大家创建多个双曲线（加深&减淡）调整图层组，以保持不同处理层级之间的独立性、灵活性。以大、中、小细节创建若干个双曲线调整图层组，可以给我们之后的平衡调整带来很大的灵活性。每个双曲线调整图层组，甚至其中的单个调整图层，都可以在不影响其他部分的前提下做独立修改。我们甚至还可以在绘制蒙版后，再根据需要对曲线做进一步的调整。

这个原则同样适用于使用中性灰图层的操作。使用若干个中性灰图层记录调整步骤，而不是用一个图层承载所有的调整。关于更详细的工作流程参见本书第三篇“实践”，其中第8章“实际案例”中的“伦勃朗风格肖像”一节综合介绍了若干减淡、加深操作的实践技巧。

## 一步出片的小技巧

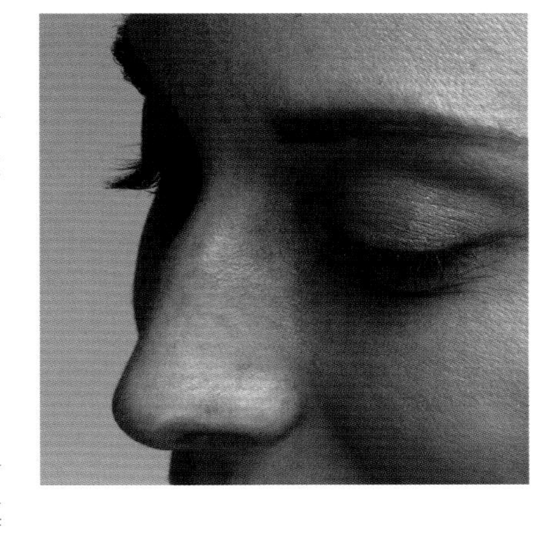

由于Photoshop中包含较多的混合模式，每种混合模式又能延伸出大量的处理技巧，有时我们很容易忘记它们本身就能独立完成一些基本的影像调整操作。其中最常用的4种混合模式如下。

- **正片叠底。**
- **叠加。**
- **滤色。**
- **柔光。**

大多数教程都告诉大家直接复制背景图层，然后将副本图层的混合模式设置为其中之一。正片叠底混合模式会使画面变暗，滤色混合模式会使画面变亮，叠加与柔光混合模式会使画面反差增强。使用这些小技巧能为大多数照片奠定一个不错的开局，本节我们将更深入地讨论这些技巧。

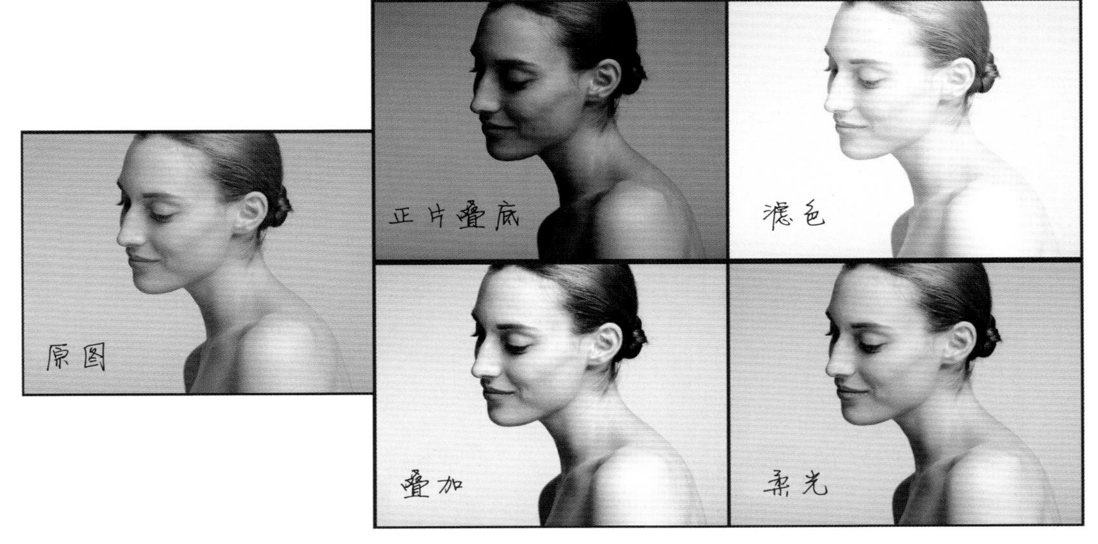


首先，不要复制原本的照片图层，这个操作可以用新建任意的调整图层代替。在不做任何其他改变的情况下，调整图层起到的效果就等于创建了一个包含下方所有内容的副本图层，特别是将它们用作剪切图层的时候。这给我们的调整操作带来了许多灵活性，我们不仅能改变图层的混合模式、不透明度等，达到与创建副本图层相同的效果，此外还可以使用调整图层本身的功能。

添加一个曲线调整图层，不做任何调整直接将其混合模式设置为叠加，就能获得不错的处理效果。但是我们还可以做进一步的调整，充分利用调整图层的优势。例如我首先提高了曲线的左侧，以提亮画面阴影，让整体氛围显得更加轻盈。

接着我在色彩通道中做了一些调整，让画面整体色彩倾向于红色和紫色。曲线中的每个通道都可以独立进行调整，所以我们可以使用这种方法尝试各种不同的色彩变化。

然后，在“图层样式”对话框的高级混合模式部分我用混合颜色带做了一些更细致的调整。拆开阴影部分的三角滑块，让画面暗部影调融合得更加自然。最后，我将图层的不透明度设置为90%，适当减弱了整体效果。

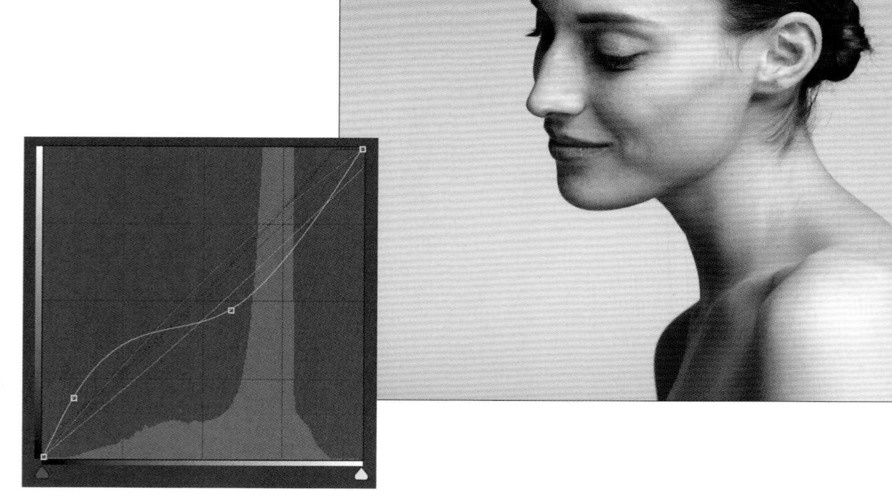

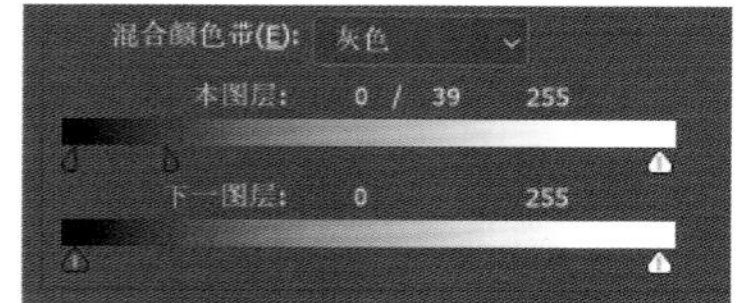

通过这个例子我们可以看到，只需要一个调整图层，就能实现很多使用传统方法需要很多步骤才能达到的效果，而且这种新方法还是非破坏性的。

我们既可以使用这种方法校正画面缺陷，也可以使用这种方法改变画面效果，甚至还可以使用这种方法为一张照片创建多个不同效果的版本。接下来，我们来尝试一下滤色效果。默认状态下它会大幅度提升画面的整体曝光量，所以我们首先在复合曲线中做一些下压处理以恢复高光，然后提高红色与绿色曲线、压低蓝色曲线，给画面加入金色的调子。

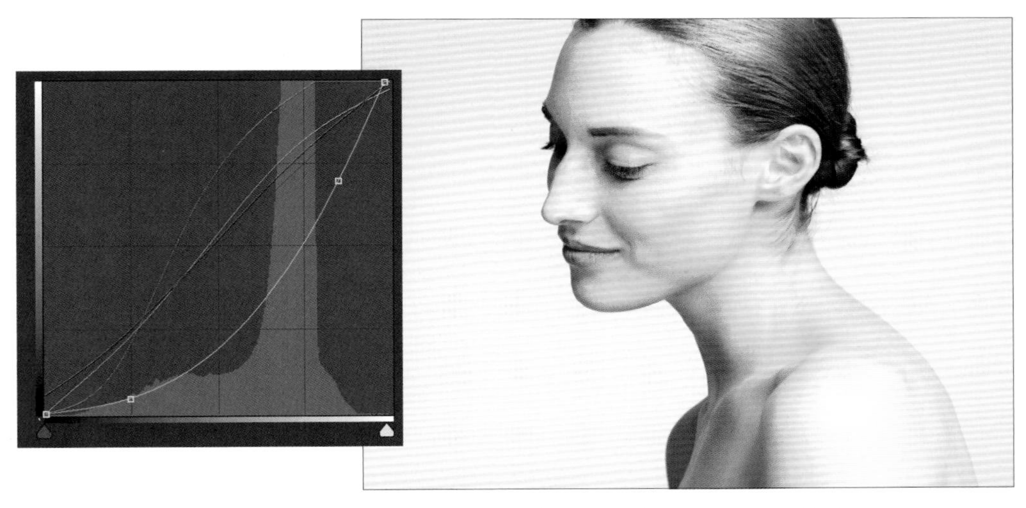

除了阈值、反向和色调分离之外，剩下的调整图层都适用此处介绍的技巧，因为这3种调整图层的效果过于特殊。使用照片滤镜调整图层的时候，需要首先将密度滑块归零；使用颜色查找调整图层的时候则需要记住不能加载任何颜色查找表文件，一旦我们加载颜色查找表文件之后就无法回到未载入颜色查找表文件的状态，所以只能删除该调整图层然后新建一个。

那么如何选择用于混合模式修改的中性调整图层呢？这就回到了那个老生常谈的问题：你究竟要达到什么目的？绝大多数时候，我喜欢使用曲线调整图层，因为它灵活而强大。但是具体如何选择，还是取决于混合模式与调整图层可以起到的共同效果，所以接下来我们来看几个不同混合模式与调整图层结合的例子。

正如你所看到的，4种最常见的混合模式都有它们鲜明而独特的效果，所以我们决定使用某种混合模式的时候，都应该注意所选择的调整图层是否能在某种程度上与其效果配合——这种配合既可以是增强其效果，也可以是弱化其效果。前面介绍的滤色混合模式结合曲线调整图层就是弱化混合模式效果的一个好例子。与之类似，柔光混合模式结合设置为Foggy Night预设的颜色查找调整图层则能营造出一种恐怖片般的氛围。

我们来看本节的最后一个例子，这张照片曝光非常准确，但是有些无趣。为了增强画面反差，我添加了一个设置为叠加混合模式的曲线调整图层，它让画面的中间调显得更加扎实，但同时也导致了高光和阴影部分的

细节丢失。

为了解决这个问题，我打开了“图层样式”对话框，对高级混合模式部分的混合颜色带做了一些调整。

将混合颜色带中的下一图层滑块按上图所示的方式分离，可以给高光和阴影部分添加渐弱的效果，因此能显著减少丢失的细节。

## 实色混合

接下来我们来看一个使用调整图层与混合模式的特殊案例——使用实色混合模式，当图层设置为该混合模式的时候，更改调整图层的不透明度与填充的强弱程度能起到不同的效果。关于形成这种效果差异的具体解释，请参见第四篇“参考”中的第10章“混合模式”。

对于在雾霭天等光线极其柔和、环境反差极低的情况下拍摄的照片，使用这一组合技巧能起到极其惊人的效果。下面这张照片展现的是晨雾中的加利福尼亚州科罗纳多市，原片反差极低，没有什么可用的细节。

添加一个混合模式为实色混合的曲线调整图层，将其填充设置为60%，整个画面的效果立马得到改善，画面整体细节变得更加丰富。

如果你曾经使用过Camera Raw或者Lightroom中的清晰度滑块，那么一定不会对这个效果感到陌生。看过“一步出片的小技巧”一节之后，想必你现在已经意识到这是一个使用混合颜色带来还原暗部细节的好机会。分离本图层部分的混合颜色带滑块，可以还原一部分受到曲线调整图层影响而丢失的高光与暗部细节。

**注** 混合颜色带的黑白滑块位置可以交换，滑块被分开时也是如此，下图就展示了后一种情形。大家可以花一些时间来深入了解这个功能。首先将图层的填充值设置为100%，完全交换黑白滑块，接着尝试任意分割滑块以及各种极端的设置方式，亲身体会该功能的灵活与强大。

接下来，我们可以按照我们习惯的方式对画面色彩与反差做进一步的调整。因为我们已经创建了一个曲线调整图层，所以接下来的操作自然可

以在独立的色彩通道中进行。我想打造温暖、梦幻般的感觉，这就需要在加强红、绿色表现的同时，削弱蓝色的强度。在曲线属性面板中，依次选择每一个通道，并进行适当的修改。如果你到现在还没弄清颜色通道的工作模式，就记住一个简单的原则：首先确定大的色彩方向并在对应的通道中进行调整，然后调整剩下的两个通道。之后我们还会继续讨论这个话题。下图是我调整这张照片时使用的最终设置。

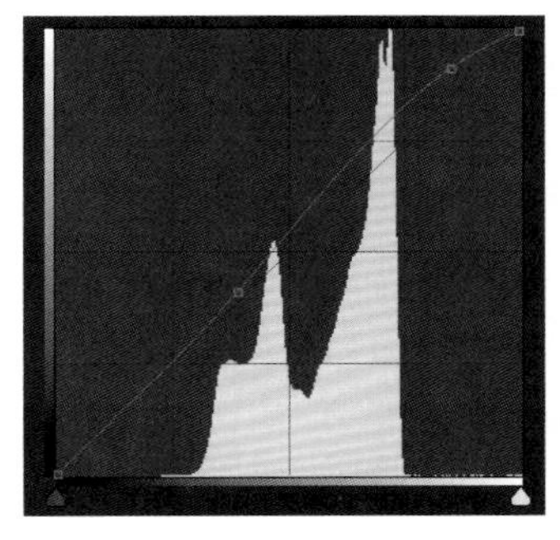

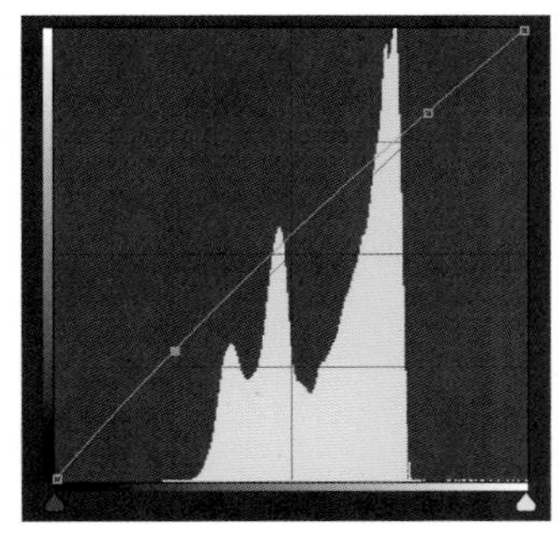

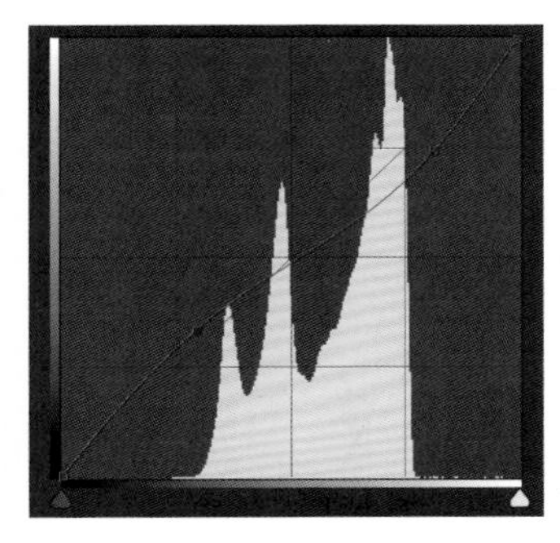

红通道和绿通道的调整幅度并不大，蓝通道的调整幅度相对大一些，是因为我想在深阴影区域保留一些冷色调。我很喜欢使用这一技巧调整照片，因为它能让一些使用普通手法很难“救”回来的照片焕发新的生命力。更重要的是，这一切只需要一个调整图层就可以做到。

接下来我们来看个更为复杂的例子，下面这张照片拍摄于新墨西哥州北部雪地，画面中有不少亮度较高的区域，同时还有类似于雪花这样纯白色的小细节。

为了保留雪地上的纹理，我在拍摄照片的时候已经降低了曝光值，但是我们在后期处理过程中依旧要注意避免高光过曝的问题。另外，这张照片的暗部接近于纯黑色，同样很容易因为过度处理变成死黑的状态。这就意味着，我们需要将处理的重心放在中间调及其偏暗的部分，想要做到这一点需要综合运用我们前面学到的知识。在第3章“选区与蒙版”中，我给大家介绍了一种直观而快捷地选中画面中指定影调范围的做法——使用渐变映射调整图层。

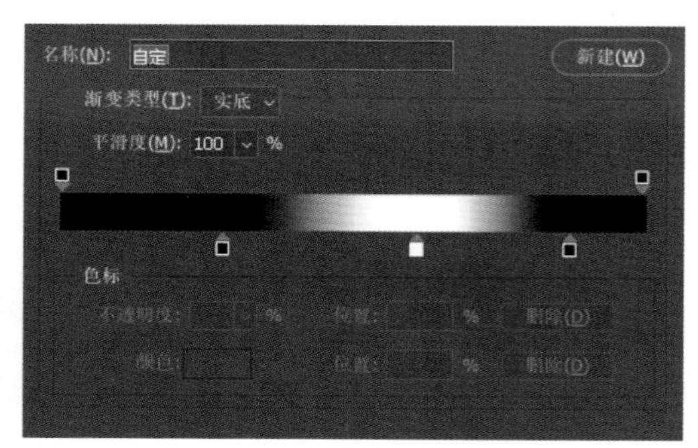

添加渐变映射调整图层之后，我们很容易选中我们想要选择的影调范围。在这个例子中，我们需要选择的目标集中在中间调区域。关闭“渐变编辑器”对话框，打开通道面板，将任意一个通道作为选区载入，然后关闭或者删除渐变映射调整图层。接下来创建一个曲线调整图层，我们当前载入的选区将会自动成为该图层的蒙版。最后将尚未调整的曲线调整图层的混合模式设置为实色混合，填充设置为40%。

这样一来，画面中最亮的积雪与雪花以及岩石周围的阴影部分被蒙版保护了起来，前面的操作主要影响的是中间调部分。现在我们花一点儿时间来聊聊为什么这个操作非常高明。虽然我心中对最终的结果并没有完整的构想，但是我很明确我希望达到这些目的：保护影调范围的高低两端，同时增强中间调的反差并提升其细节表现。确定了调整目标之后，我们就可以使用已经掌握的技巧来创建蒙版并做出合适的调整选择，换成更专业的说法就叫突出视觉重心。

前面已经提到过，属性面板中的蒙版子面板除了提供若干工具方便我们对蒙版做进一步的编辑之外，还提供了密度、羽化之类的设置参数。这样一来，我们不需要对蒙版做复杂的手动处理，仅仅只用借助面板中的选项就能完成80%，甚至更多的操作。更重要的是，密度与羽化选项的调整是非破坏性的，我们可以根据自己的创意需要随时对它们进行调整，甚至还可以配合混合颜色带做更复杂的调整。

使用渐变映射方式创建的蒙版的影调过渡略有些生硬，与此同时我也希望能略微增强前面被我忽略掉的高光与阴影部分的反差。所以我根据这幅作品7400像素 × 5000像素的分辨率确定了36像素的蒙版羽化值来设置平滑过渡，同时将密度降低到80%，使得蒙版外的区域也能略微受到调整图层参数设置的影响。

最后，我添加了一个色相/饱和度调整图层来降低画面的整体饱和度，然后添加了一个设置为Candlelight预设的颜色查找调整图层，并将其不透明度降低到45%以平衡效果。

## 渐变中灰镜

渐变中灰镜是一种非常流行的摄影创作工具，可以帮助我们平衡大光比场景下画面的明暗关系。这类滤镜通常被装在相机镜头前，主要用于日出、日落等天空与地面亮度差距过大的风光场景拍摄。普通的中灰镜就好像太阳镜一样，会削弱所有进入镜头的光线，不过有些劣质产品对于不同波长的光线的削弱程度并不一致。渐变中灰镜顾名思义，是由深色慢慢过渡到完全透明的状态，我们可以将两个部分与画面中的明暗区域对齐，从而达到在同一画面中平衡曝光的目的。事实上，我们也可以在Photoshop中模拟渐变中灰镜的效果，实现同样的平衡画面曝光的目的。除此之外，我们也可以在Photoshop中创建暗角等其他艺术风格。但需要注意的是Photoshop并不具有化腐朽为神奇的能力，下面介绍的在后期处理中模拟渐变中灰镜的操作并不能还原画面中因为曝光问题在拍摄时就已经丢失的细节，其中既包括因为过曝而丢失的高光，也包括因为欠曝而丢失的暗部。

过去我们使用数码后期手段处理日出、日落照片的方法非常简单，假设天空的亮度比前景的亮度高，那么创建一个空白图层，将其命名为"GND"，即渐变中灰镜的英文缩写。使用快捷键D将前景色与背景色复位为默认的黑白两色，选择渐变工具，在上方选项栏中将渐变模式设置为线性，然后按住Shift键从上往下拖动鼠标指针以创建黑白渐变。按住Shift键可以确保渐变方向完全垂直，但如果拖动鼠标指针的角度偏差过大，渐变也可能变成斜45°状态。

将“GND”图层的混合模式更改为正片叠底，上方的黑色部分将会起到压暗天空高光部分的作用，而下方的纯白色部分则不会对画面造成任何改变。降低“GND”图层的不透明度，确保天空与地面最终能得到更为平衡的曝光。虽然这种方法大家使用了很多年，但我一直认为大多数照片使用这种方法调整后都会出现饱和度下降的问题，这种画面效果对我来说过于柔和。

相对来说，我更喜欢根据原片的反差强弱和我期望的最终效果从颜色加深和叠加两种混合模式中选择一种。颜色加深混合模式下，默认状态下的效果非常夸张，但是在降低其填充和不透明度后，其效果表现完全不同。对于这张照片，将“GND”图层的填充降到55%能为天空营造非常漂亮的效果。

有些情况下，我更喜欢直接复制背景图层后调整混合模式，而不是使用渐变改变画面效果。首先复制背景图层，然后将背景图层副本的混合模式更改为正片叠底。为图层创建图层蒙版，然后使用渐变工具创建渐变，遮挡住下方的地面，露出上方的天空。注意，在蒙版模式下，使用快捷键D复位颜色，将得到白色的前景色与黑色的背景色。如果我们之前将渐变工具的模式设置为前景色到背景色，那么渐变的颜色也会跟着发生改变。

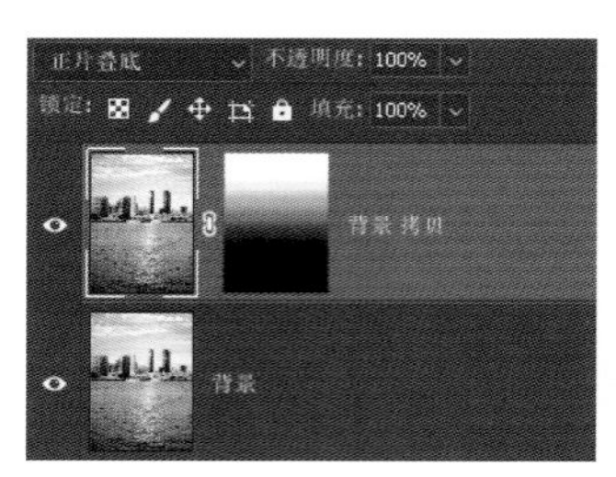

使用这两种方法后，我们都可以根据需要做一些针对性的优化调整。复制照片图层并将其混合模式设置为正片叠底，画面色彩会更加真实，但是很容易导致暗部死黑，所以我们需要格外关注画面中深色区域的瑕疵问题。如果将混合模式更改为叠加，那么除了暗部变深之外也可能导致高光区域过曝，因此叠加更适合用来处理阴雨、雾霾之类的低反差场景照片。

接下来，我们将使用类似于渐变灰的技巧给画面添加一些晕影效果。尽量两种操作背后的原理非常相似，但是想要达到的目的完全不同。渐变灰的主要目的是平衡画面动态范围，而添加晕影效果的目的则是引导观众的视线。

## 创意晕影

创作晕影用到的基本原理和模拟渐变灰效果基本一致，但前者更多被用来表达创意，而后者则主要作为一种技术校正手段。正因为如此，为画面添加晕影的手法更加多变，效果也更为丰富。从严格意义上来说，任何改变画面四周明暗从而实现引导观众视线目的的手法都可以被归为一种添加晕影的手法，只不过有些手法更广为人知。

为了说明这个概念，我们要用到渐变工具，选择前景色到透明渐变，并将渐变样式设置为径向。在应用渐变之前，我们首先需要将前景色复位为黑色，并勾选上方选项栏中的“透明区域”选项以及“反向”选项。在照片图层上方创建一个新的空白图层，从画布的中心向边缘拖动鼠标指针以创建渐变，并将其更名为“晕影”。

在不设置图层混合模式的情况下，我们添加的渐变使画面产生了黑色的暗角。事实上这种死黑的暗角反而更符合传统胶片摄影年代的暗角表现。不过为了演示，我们首先使用快捷键Ctrl+I（Windows系统）或Command+I（mac OS系统）将黑色的晕影图层反向为白色。

关于晕影应该是什么样子，没有任何准确的定义，甚至它也不是非要挡住画面四周不可。也就是说，我们可以根据自己的艺术判断任意调整晕影的形状、颜色、大小等属性。使用白色暗角可以使我们的作品产生复古老照片的视觉效果，配合黄棕色影调尤佳，详细案例可见第5章“颜色与色值”。

接下来我们来看一个更完善的工作流程。我们首先在图层堆栈的最上方创建一个渐变填充图层，在添加渐变填充图层之后将会自动弹出“渐变填充”对话框，该对话框提供了一些基础设置选项。首先将样式下拉菜单设置为径向，接着确保勾选了“反向”选项——如果你是顺着前面操作下来的，目前它应该是被勾选的状态。最后，单击渐变色块打开“渐变编辑器”对话框，将“渐变编辑器”对话框移动到画布以外的位置，以便接下来可以实时查看编辑渐变带来的画面效果变化。

**注** 如果你以前没有使用过渐变预设，并且当前使用的是Photoshop 2020或更高级的版本，那么你需要进行一些额外的操作以导入照片色调预设。执行“窗口 > 渐变”命令，打开渐变面板，单击面板右上角的按钮打开选项菜单，使用旧版渐变命令导入我们在文中看到的预设。

**注** 为什么需要勾选“反向”选项？因为“渐变编辑器”对话框中的渐变默认为渐变带左侧为渐变中心的颜色，而我们需要右侧的透明区域位于渐变的中心。绝大多数系统自带的渐变预设中，都把深色放在渐变的左侧，浅色放在渐变的右侧。勾选“反向”选项，就免除了我们打开“渐变编辑器”对话框后对调深色与浅色位置的麻烦。

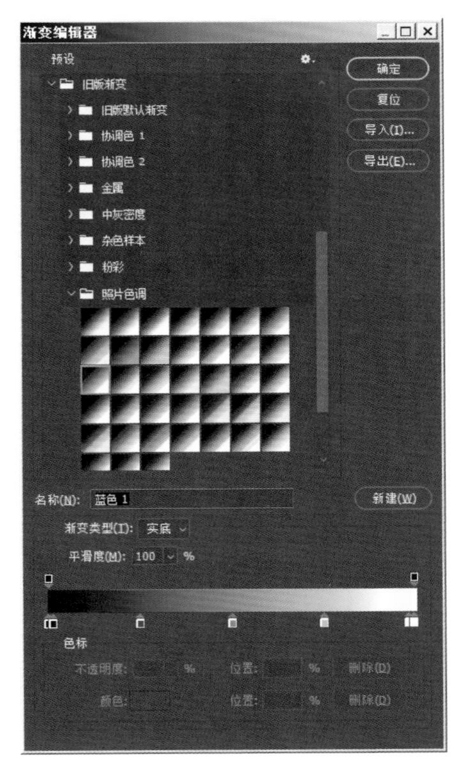


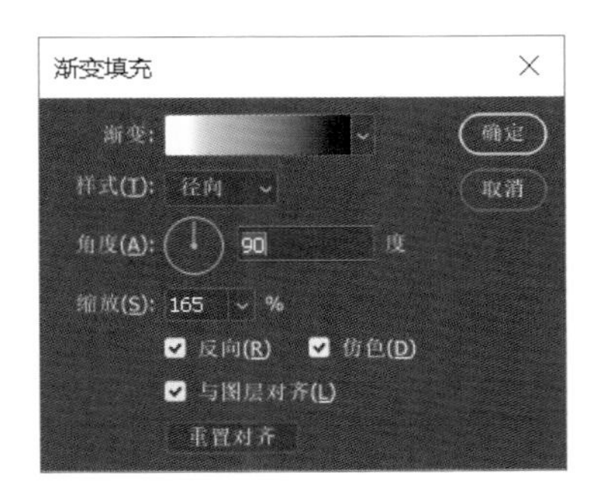


在这个例子中，我使用了来自照片色调预设中的氰版照相预设。因为渐变填充图层需要有一个透明区域，但该预设是100%不透明的，那么我们可以为渐变填充图层创建一个蒙版，或者在渐变中添加透明的部分。为了让后续的调整更加方便灵活，创建一个带透明度的自定义渐变显然更合适。选择渐变预览条上方的色标，即可更改其对应位置的不透明度。在这个例子中，我们希望将渐变的白色部分设置为透明的，所以选择渐变预览条上方右侧的色标，然后在下方的色标选项中将其不透明度设置为0%。

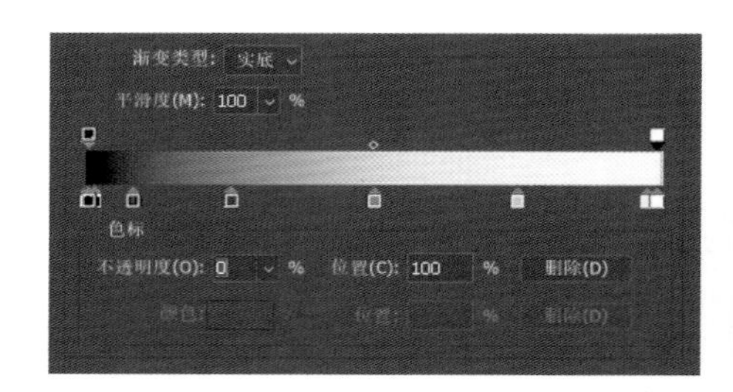

我发现在很多时候我更喜欢通过向左移动色标来控制渐变的大小，这样做能更好地保留原始渐变中的色彩效果。在关闭“渐变编辑器”对话框之前，我单击了“渐变编辑器”对话框中的新建按钮将当前设置保存为预设，这样一来我就能将同样的效果应用于更多的照片。

关闭“渐变编辑器”对话框后，回到“渐变填充”对话框，在这里我们可以通过调整缩放选项对渐变效果做一些修改，使得整体渐变进一步向着画面边缘扩张。到这一步，我们的调整就基本结束了。

在关闭对话框之前，我们还需要更改最后一个设置，即取消勾选“与图层对齐”选项。这样一来我们就可以直接在屏幕上拖动鼠标指针以改变渐变的位置，而不必让晕影中心和画面中心保持一致。如果有需要，也可以试试更改角度设置会对不同的渐变样式带来怎样的效果。把渐变拖动到合适的位置，单击确定按钮关闭对话框。如果需要重新调整渐变的位置，可以双击渐变填充图层的图标，再次打开“渐变填充”对话框。

渐变调整到位之后，我们可以通过更改混合模式与不透明度进一步优化效果。对于本例中的这张照片，我最终将不透明度降低至50%左右，混合模式更改为叠加，以起到进一步压暗深色区域的效果。

虽然这个调整结果看上去很不错，但是我还想继续调整一下渐变的色彩，让画面更加个性化。回到“渐变编辑器”对话框，我将最左侧的黑色滑块更改为RGB值为 255、5、50 的亮红色，然后将上方的100%不透明度滑块向左移动到渐变居中的位置，压缩透明区域的范围，接着对剩下的色标做了一些调整，得到下图所示的最终效果。

因为我对之前的预设进行了修改，所以也可以将修改结果保存为一个新的预设。借这个机会我想和大家聊聊Photoshop 2020之后出现的一个很有用的新功能。在过去，虽然我们可以保存我们创建的渐变样式，并通过渐变面板访问，同时只需单击样式图标就可以将其加载到渐变填充图层中。但问题是“渐变填充”对话框中的具体设置并没有被保留下来，径向样式设置没有，缩放比例也没有。我们在应用已保存的预设时，将不得不对这些设置再次进行修改。在新版本的Photoshop中，我们可以把整个渐变填充图层拖放保存到创意云库中。每当我们想再次使用它的时候，只需要按住Alt键（Windows系统）或Option键（mac OS系统）直接将其从库面板中拖动到画面上，就能立即拥有参数设置与之前完全相同的晕影图层。

当然，我们并不一定非要用渐变滤镜工具来创建晕影，使用画笔工具也完全可行。隐藏或删除我们前面创建的晕影与填充图层，添加一个新的空白图层。选择画笔工具，挑选一款大尺寸柔边画笔，将不透明度降低至30%，流量降低至10%，逐层为画面添加自然的晕影效果。

在画笔模式下按住Alt键（Windows系统）或Option键（mac OS系统）可以临时切换为吸管工具，这时候在画面中的任意位置上单击，即可将其设置为前景色，也就是手动绘制时的晕影颜色。松开Alt键（Windows系统）或Option键（mac OS系统）之后，就可以开始从画面边缘慢慢向内绘制晕影。绘制的时候注意一笔一笔慢慢堆积效果，一方面要压暗画面边缘的干扰元素，另一方面要将注意力引向画面的中央位置。在使用吸管工具的时候注意以画面主色调为主要选色对象，这样更容易得到色彩和谐的画面。

绘画结束后，保持图层依旧为选中状态，接下来可以尝试一些不同混合模式带来的效果。颜色是一个很不错的混合模式，有助于统一画面的色彩表现，将统一的颜色用于多幅作品还能保证系列作品的风格统一。我们在前面“渐变中灰镜”一节中介绍过的颜色加深混合模式也非常有趣，能营造戏剧性的压暗效果。

除了使用取色画法之外，我们也可以根据自己的想法使用与画面风格截然不同的颜色。

记住：添加晕影的目的是通过引导观众的视线来改善照片表现，想要达到这个目的也就意味着画面中应该有一个明确的主体。

## 移除暗角

我们已经花了很多时间来学习如何为画面添加晕影，接下来我们来学习如何移除一种专门的晕影：暗角。对于绝大多数镜头，在全开光圈拍摄的情况下，画面中都会不可避免地出现暗角，加装偏振镜等滤镜之后还会让这个问题变得更明显。过去在Photoshop中，我往往试图通过手动提亮的方法来解决这个问题，但正如大家所预料的那样，这么做既花时间，效果也并不理想。

下面这张照片展示的是一个很典型的暗角画面。

现在我们试着移除画面中的暗角！在照片图层上方创建一个新的空白图层，接着我们需要为这个空白图层添加一个恰好能抵消暗角效果的径向渐变。选择渐变工具，使用前景色到背景色渐变预设，接着按住Alt键（Windows系统）或Option键（mac OS系统）在暗角的最深处单击以将其设置为前景色。为了保证效果，最好先使用快捷键I切换为吸管工具，再在画面上单击取色，因为使用吸管工具时，我们可以调整取样点的大小，避免取色受到画面信息抖动的影响。接着使用快捷键X交换前景色与背景色，使用吸管工具在靠近画面中心的背景位置附近取色。现在上方选项栏中的渐变预览条应该是左边亮、右边暗的状态。记住，我们选择的颜色应该能准确反映当前暗角的颜色。

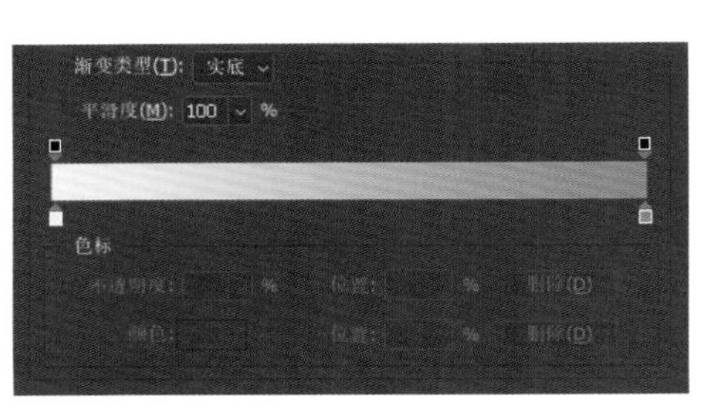

使用样式设置为径向的渐变工具从画面中心向外创建渐变。如果照片原本的暗角过渡非常平滑，那么这个操作应该不难，但有些时候我们可能需要针对暗角的特性做一些调整。

将渐变图层的混合模式更改为划分，现在背景应该变成了纯白色。在划分混合模式下，图层内容越接近白色，对下方图层内容的影响越小。现在，我们为画面主体创建一个蒙版，并降低渐变图层的不透明度，以自然地移除暗角效果。

当然，这是一个非常简单的例子，我们只不过用它来演示移除暗角的技巧。当画面细节更丰富、主体面积更大的时候，操作就变得复杂。例如下面这张照片，是我在与拍摄上面的海鸥照片相同的时间和地点拍摄的。

这张照片中不仅有白云这样的画面细节，同时色彩比较浓郁，所以我们在处理时需要格外小心。画面中心的内容过于复杂，所以与其强行取样，不如直接把这个部分设置为透明的。勾选上方选项栏中的“透明区域”选项，然后单击渐变预览条，打开“渐变编辑器”对话框。确保对应暗角的较深的颜色位于画面右侧，不透明度为100%；较亮的颜色位于画面左侧，不透明度为0%。

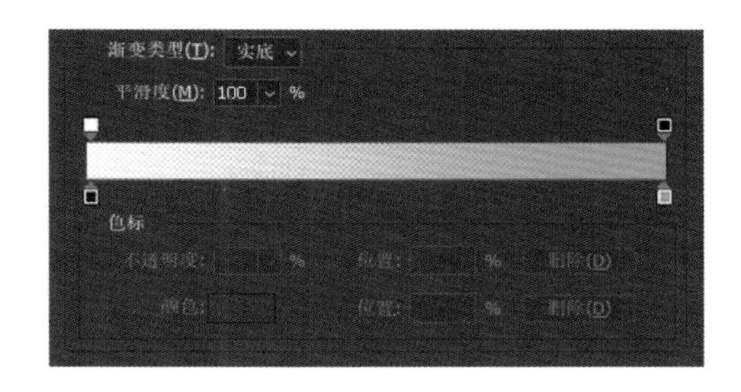

同样，创建一个空白图层，从画面中心向外拖动渐变工具创建渐变。

事实证明，并不只有一种混合模式适合这种场合，关键在于我们需要使用采样颜色提亮对应的区域。那么这样一来滤色、柔光、线性减淡（添加）这类混合模式也同样适用。因为画面中存在大量细节，而且原片饱和度较高，所以我们最终选择的混合模式是60%不透明度的线性减淡（添加），并使用图层蒙版保护了建筑物，使其不被影响。

使用划分混合模式时需要注意的是被调整区域的饱和度下降问题。一般来说，我们可以通过添加一个新图层还原画面色彩或降低图层不透明度的方法来解决这个问题，但是使用这两种方法都可能产生一些意想不到的后果。所以对于晴朗的天空，选择能提亮画面的混合模式可能更加有效，特别是当调整区域的色相相对稳定，只是明度有变化的时候。但如果画面包含云朵或其他复杂元素，就必须使用蒙版保护起来。接下来，我们来看一个更加复杂的例子。

这张照片的暗角非常明显，但是我们并没有什么办法从画面中选择出任何一种有代表性的颜色来创建渐变。在这种情况下，我更倾向于直接使用简单的黑白渐变进行第一步校正。我创建了一个中性灰渐变图层，并将图层混合模式设置为明度，注意即使图层的不透明度被设置为20%，画面整体的饱和度下降问题依旧非常明显。

我首先调整了暗角校正图层的混合颜色带设置，然后使用曲线和色相/饱和度调整图层进一步还原画面色彩。经过上述调整之后，画面从中心到角落的影调得到了有效统一。我们可以把这个调整当作一种极端情况下的高低频调整，高频的调整范围覆盖了整个画面。我们只需要用径向渐变做一点点反向调整就可以解决问题，但这么做的同时也会影响到画面中的高频细节，所以之后还需要弥补一些高频细节的损失。

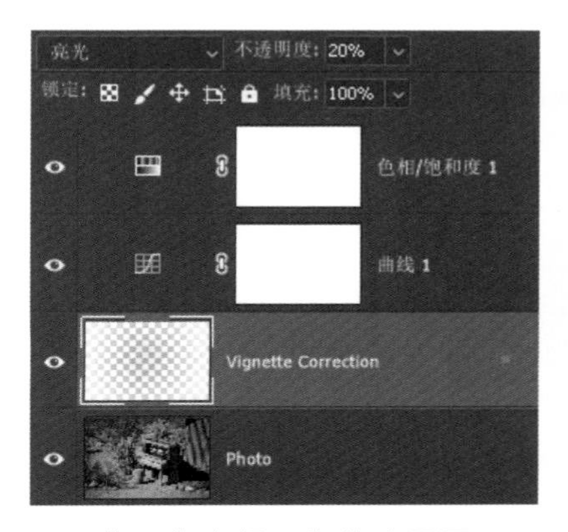

你可能会想，为什么不用Camera Raw中内置的晕影调整功能解决这个问题呢？它确实挺好用。如果你之前从未使用过这个功能，现在正是了解它的好机会。首先将我们需要调整的照片转换成智能对象，接着执行“滤镜>Camera Raw滤镜”命令。晕影位于光学标签页下，默认状态下只有数量这一个选项，单击右侧的三角图标就可以展开中点滑块。

还有一个比使用Camera Raw滤镜更快的解决办法，那就是使用滤镜菜单中的镜头校正命令。这个操作具有破坏性，所以我们在使用之前要么先复制照片图层，要么先将其转换为智能对象。镜头校正命令中的晕影校正命令位于右侧的自定义子面板的中间部分，晕影数量控制晕影的明暗变化程度，中点滑块则控制校正范围的大小与形状。反向调整晕影数量可以起到添加晕影的效果。

尽管使用这些内置的命令在绝大多数时候都能取得理想的效果，但并不能应付所有的情况，例如使用偏振镜之后画面某一个角度亮度下降的问题，以及远近景亮度下降不一致的问题等。和Camera Raw滤镜与镜头校正滤镜相比，上文介绍的方法不仅更加精确，而且掌握之后可以轻松应对各式各样的特殊情况。

## 提亮眼睛

后期处理的一大要诀就是处理好画面中最能吸引观众的细节。提亮画面主体人物的双眼，会使观众产生更有生气的感觉。但是我们在使用这一处理技巧时格外需要注意，处理过度很容易让人产生毛骨悚然的感觉。

在我最开始学习提亮人物眼睛的时候，滤色是我最喜欢的混合模式，但是为了让画面看起来更自然，就需要将处理图层的不透明度降到很低才行。这就意味着在很多时候我的操作并不能算是在提亮眼睛，而是在添加白色并压低饱和度罢了。当我明白了过犹不及的道理之后，我把混合模式换成了柔光，柔光混合模式在强度上并不像滤色混合模式那样夸张，而且能更好地保留画面中较亮颜色的饱和度。

在照片图层上方创建一个空白图层，将其混合模式设置为柔光。使用不透明度为20%，流量为30%，尺寸小于虹膜宽度的柔边画笔为眼睛添加一些光彩。一般来说，画笔颜色可以设置为白色，绘制范围以眼球中原有的高光区域为主，尽量不要影响到原本就较暗的部分。涂画的时候画笔可能影响到皮肤部分，只要参数设置得不高，我们就不用为此过于担心。要记住，我们的目的是自然提亮人物双眼，而不是打造恐怖片的效果。

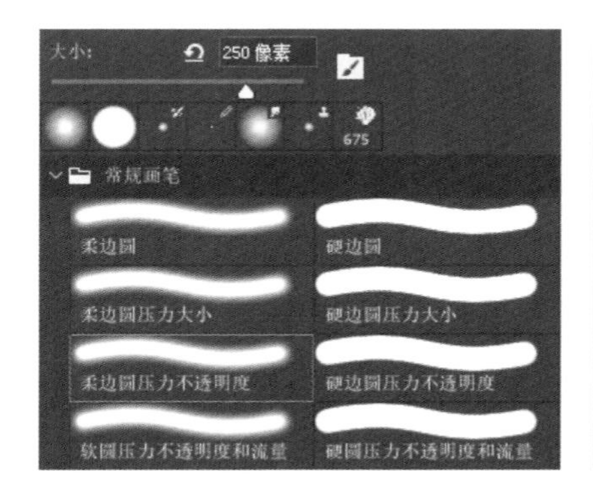

整体亮度调整结束之后，接下来将画笔缩小到刚才的一半大小，将不透明度降低至10%。观察画面中的光线方向以及光线进入眼球的位置，根据进光方向的不同，眼球中应该存在一个暗面和一个亮面，我们需要在亮面上非常小心地处理，增强高光表现，注意避开瞳孔区域。如果觉得效果过于明显，可以将流量也降低至10%重新操作一次。绘制瞳孔高光的时候，画笔设置要弱到单独一笔几乎看不出效果才算是理想的状态。

对于柔光人像来说，高光调整到这个程度基本上也就够了。我们既希望增强眼球的体积感，同时也希望让双眼足够抓人。那么这样一来虹膜上的高光就成了展现眼球立体感与吸引观众注意力的关键。

现在轮到暗部了。将画笔颜色更改为黑色，将其尺寸调整到足够小的程度，然后在虹膜的边缘处慢慢涂抹，逐渐增强其立体感。我们也可以使用这种方法对瞳孔进行处理，但是切记不要让画笔的调整范围覆盖整个瞳孔，做一些适当的调整体现出瞳孔的深度即可。

下眼睑的边缘部分也可以使用这个技巧进行处理，沿着眼球下方的外沿使用黑色画笔涂抹可以让双眼看起来更大。这个技巧还可以用在眉毛上。

创建一个混合模式为叠加的新空白图层，接着使用这个图层还原画面颜色。以眼球中饱和度适当、亮度不是太深的区域为目标取色，然后从瞳孔朝着虹膜外缘使用小尺寸画笔以短小而密集的排线方式绘制出一些光影变化。这是一种非常考验判断力的调整技巧，很容易出错。我们既需要给眼睛加入一些高光，又希望保持画面的真实性，不要让眼睛看起来好像是被额外涂上了颜色。因为虹膜的颜色一般都比较深，所以直接对虹膜取色以后使用叠加混合模式绘制会让眼睛的颜色变得更深一些；但如果人物眼睛本身的颜色比较浅或者人物戴了美瞳，那么也可能越画越浅。总而言之，不管是哪种情况，都只用浅浅地画几下就好。

叠加混合模式的效果要比柔光混合模式的效果更强一些，可以在不造成明显细节丢失或瑕疵的情况下适当提升眼球的饱和度表现。下面是一个使用不同混合模式执行减淡加深操作的实例。

画面中有两组黑白线条，上面一组黑白线条使用柔光混合模式，下面一组黑白线条使用叠加混合模式。仔细观察不难发现，下面一组黑白线条在中间调部分的调整效果更加明显，而上面一组黑白线条则在从黑到白的整个影调范围内有更为一致的调整效果。当我们想要使用减淡加深操作对画面进行调整的时候，可以根据这个特性从两种不同的混合模式中进行选择。

在某些情况下，我们可以使用一种不同的方法得到更为夸张、突出的效果。和手工绘制高光相比，这种方法更加简单粗暴，能让眼球看上去好像玻璃珠一样。

创建一个新的空白图层，将混合模式设置为正常。选择一个硬质圆形画笔，将画笔大小调整到与虹膜相当的尺寸，将流量和不透明度均设置为100%。接着使用明度在55%左右的中灰色画笔在人物的双眼上各画出一个圆点。执行“滤镜 > 杂色 > 添加杂色”命令，给圆点添加一些纹理变化，将杂色分布设置为高斯分布，数量控制在15%～25%。注意不要勾选“单色”选项，这样还能给画面带来一些色彩变化。

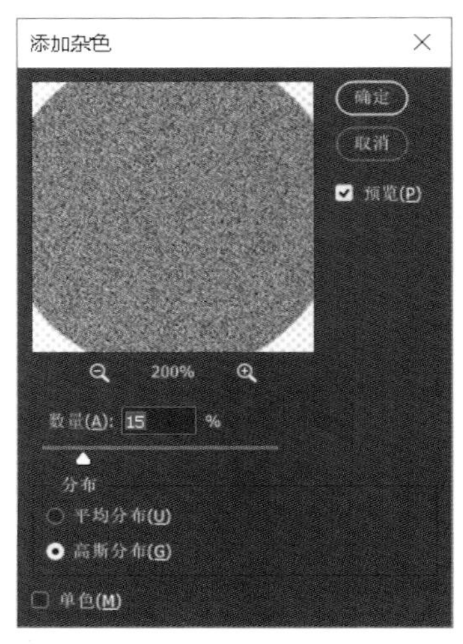


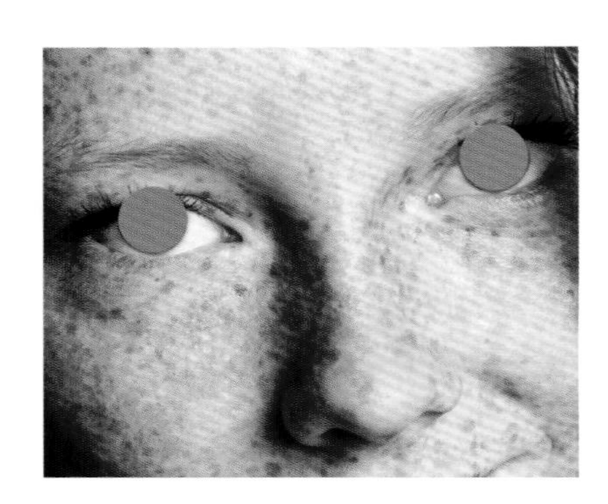

现在，将图层混合模式设置为划分。

结果如左图所示，这也太吓人了。我们要赶快把不透明度调低一点儿。原片的亮度不同，需要的不透明度设置也不一样，我们可以在10%～80%尝试。接着，为图层添加蒙版，使用圆形柔边画笔对虹膜边缘和受影响的上下眼皮做一些处理。如果不想创建图层蒙版的话，也可以直接将画笔的混合模式设置为清除，或者使用橡皮擦工具擦除图层上不需要的部分。另外，如果使用杂色命令添加的色彩效果过于夸张，可以为图层添加高斯模糊滤镜，将模糊半径设置为1像素左右柔化效果。

现在人物的双眼就变得炯炯有神了。使用以上两种方法都可以得到非常理想的处理效果，使用画笔工具绘制光效可以控制高光的形状和位置，而直接画出一个圆点的方法则效率更高。实际上，我们也可以根据需要把这两种方法结合在一起使用。一般来说，将图层混合模式设置为柔光的效果更加细腻，而且能适应不同拍摄条件下的需要。划分混合模式并不一定适合所有的照片，但是我们并不需要花费太多时间就能得到理想的效果。

# 第5章 颜色与色值

如果你想和摄影师找点话聊，也不介意吵起来，那么不妨就聊聊色彩吧。除了器材之外，色彩恐怕就是摄影圈里最有信仰力量的话题了，围绕着它诞生了无数的工具和方法。

如果说“减淡与加深”一章主要讨论的是影调与反差，那么本章我们主要讨论的就是亮度与色彩，以及画面影调与颜色之间的关系。

## 调色

数码照片离不开彩色通道，所以想要玩好数码摄影就应该掌握各种各样控制颜色的方法。在前面我们已经介绍了如何使用包含减淡加深在内的不同技巧对照片进行全局和局部影调调整，那么在本章，我将会向大家介绍各式各样的颜色调整技巧。其中，针对画面全局的色彩调整一般被简称为调色。

虽然调色并不意味着给画面添加一个单一的主导色调，但大多数时候调色操作确实需要赋予画面主导色调。我们可以在各种票房大片中体会到导演是如何使用颜色奠定影片叙事基调和镜头情绪的，典型的例子就是动作影片中常见的青橙对比色和恐怖片中常见的暗蓝色影调。

正因为存在各种各样的色彩搭配方案以及多种将其添加到作品之中的方法，所以我们就更有必要了解各种方法之间的优缺点，以及它们如何影响我们的工作流程和作品表现。

### 纯色填充调整图层

最简单的调色方法之一就是在照片图层上添加一个纯色填充调整图层。这种方法可以给画面添加一个干净、单纯的色彩倾向，特别适合在画面构成元素原本就具有很强表现力的情况下使用。尽管我们可以通过用颜色填充一个空白图层并更改其混合模式实现这个效果，但我更建议使用纯色填充调整图层实现该效果。颜色和色相是这个技巧中最常用的混合模式。在左侧的例子中，我使用了RGB值为16、27、46的深蓝色纯色填充调整图层覆盖在画面上，上面的例子使用了颜色混合模式，下面的例子使用了色相混合模式。

这两种混合模式之间的主要差异在于其影响对象不同。颜色混合模式使用上方图层的颜色，将其与下方图层按明度混合在一起，也就是说最终的画面呈现出带颜色的灰阶变化。在使用颜色混合模式的时候，无论色相还是饱和度，都来自上方图层。我在后面介绍的一些技巧中还将继续用到这个特性。

而在色相混合模式下，下方图层的亮度与饱和度均保留原始状态，只使用来自上方图层的色相。因为中灰调部分饱和度低，所以完全不受到这种混合模式的影响。因此，使用这种混合模式得到的调整结果更自然一些。

对于这两种混合模式，我们可以使用颜色混合模式对黑白照片上色，而使用色相混合模式做一些更加精细的色彩调整，例如统一皮肤色调或者进行数字化妆等。

除了降低不透明度之外，我们还可以基于该基本技巧做一些更复杂的调整。例如创建两个纯色填充调整图层，将其混合模式设置为颜色，然后使用混合颜色带滑块将一个纯色填充调整图层的调整范围限制在阴影区域，将另一个纯色填充调整图层的调整范围限制在高光和中间调区域，从而得到双色对比效果。在下面的例子中，我们在阴影区域中加入了前面用到的深蓝色，然后在中间调及高光区域中加入了RGB值为 187、97、24的亮橙色。

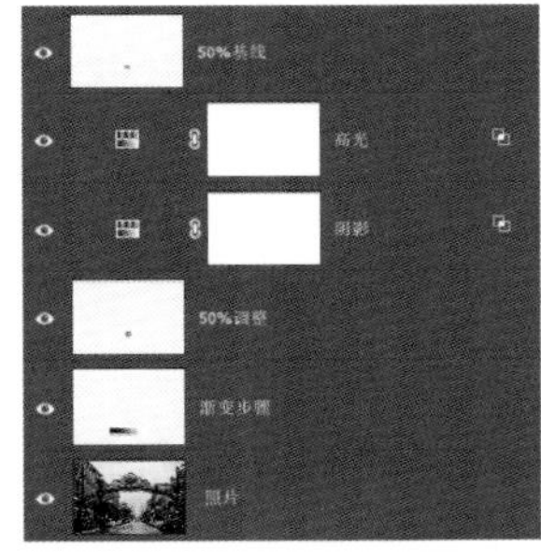


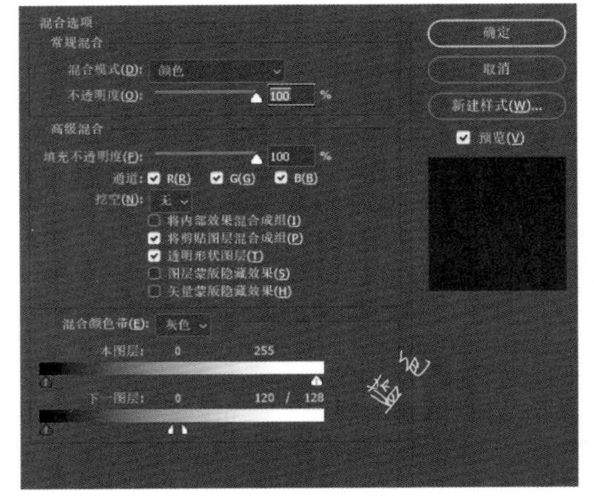


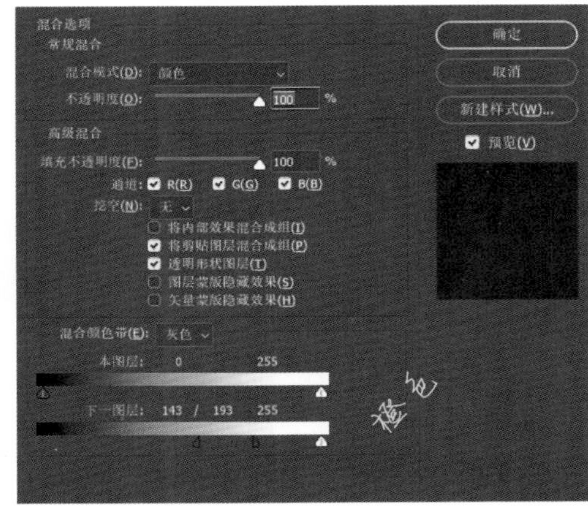

## 色相/饱和度调整

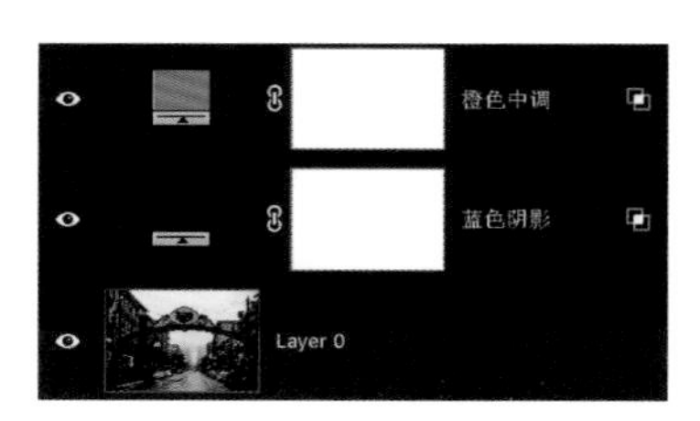


使用色相/饱和度调整图层替换纯色填充调整图层可以对照片色彩做更灵活的调整。在勾选“着色”选项后，使用色相/饱和度调整图层得到的调整效果与使用设置为颜色混合模式的纯色填充调整图层类似。但是因为多了一个明度滑块，所以能在一定程度上起到类似于色阶调整的效果。另外，色相/饱和度调整图层还可以配合混合颜色带滑块针对某一个影调范围进行调整。对于下面这个例子，我使用了257、30、2的HSL参数调整阴影，109、71、5的HSL参数调整高光。需要注意，HSL和RGB虽然同样使用3个参数控制颜色，但它们代表的意义完全不同。

怎样用更加精确的方法控制颜色？和下面的例子一样，我们可以在画面中添加一个临时的灰阶观察层辅助判断。通过这种方法，我们就能在灰阶上更直观地看到双色调调整是如何对画面色彩造成影响的。即便我们使用了更多的HSL调整图层，依旧可以通过这种方式观察。借助灰阶观察层，我们就能更加胸有成竹地调整混合颜色带的参数，还能看到两个或多个调整图层是在哪个影调位置上混合的。

在下面的例子中，我们除了创建了一个灰阶观察层之外，还创建了一上一下两个50%灰色块图层，将调整图层包含在其中。上方图层不受调整图层的影响，仅作为参考；下方的灰色块图层则会被调整图层影响。将它们放在一起进行对比，我们就更容易了解我们所创建的调整图层如何影响画面中间调区域的色彩。

灰阶观察层的本质就是一系列按规律变化的中性灰色块，它们能让我们更直观地判断画面高光、阴影区域发生的变化。在第三篇“实践”的第8章“实际案例”的“创建工作文件”一节中，我介绍了如何自己动手制作灰阶观察层。

## 渐变映射

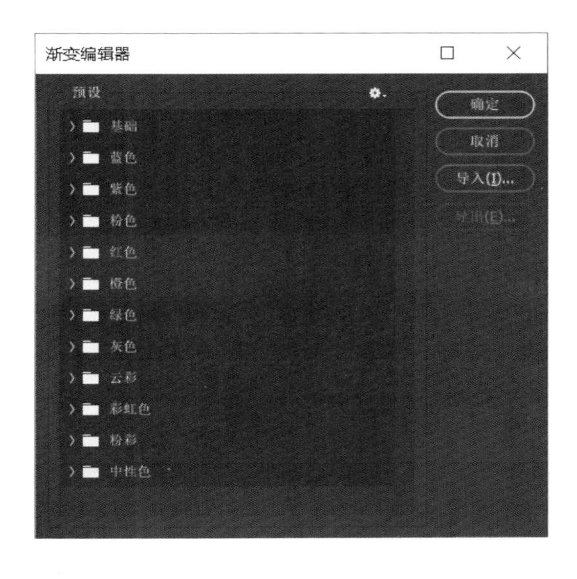


现在我们已经学习了调整画面颜色的基本技巧，那么接下来我们就来看看如何基于配色原则对画面色彩进行调整。使用本小节介绍的技巧，我们可以直接将整个画面影调范围内的内容映射为我们指定的颜色。在第3章“选区与蒙版”的“基于渐变映射创建选区”一节中，我们研究了如何使用渐变映射调整图层将彩色照片转变为黑白照片，从而预览并选择我们所需要的影调范围。在调色的时候，我们同样可以使用类似的技巧。Photoshop 2020之后的版本中出现了大量漂亮的渐变预设，并且按色彩进行了分类。

现在我们来为我所拍摄的这张照片添加一些渐变映射效果吧。对于下方的图层来说，渐变映射只考虑它们所呈现的灰度值，然后将其映射为设置对应的结果颜色。也就是说，你在屏幕上看到的任何颜色都是基于下方图层明度所计算的处理结果。Photoshop首先计算每一个像素点的亮度值，接着根据渐变映射中的设置为其添加对应的颜色。关于这部分的具体实现方法，请参考第一篇中的“Photoshop‘眼中’的影像”一节。下面的例子中，对于左图我使用了渐变预设中的红色03，对于右图我使用了渐变预设中的蓝色30。

需要注意的是，渐变编辑器按照颜色从左到右的方式对画面影调从暗到亮进行色彩映射。也就是说，渐变预览条左侧的色标将会被应用于深色，右侧的色标将会被应用于浅色，如果想要在照片上取得理想的效果就应该按照从左到右、从深到浅的方式安排色标。在旧版的“渐变编辑器”对话框中有一组作做照片色调的渐变就是严格依照这种方式设计的。如果你在自己的渐变预设中没有看到旧版渐变文件夹，可以执行“窗口 > 渐变”命令打开渐变面板，然后单击右上角的菜单按钮，在打开的菜单中选择“旧版渐变”选项，以载入该文件夹。使用渐变映射，可以同时更改下方图层的色相、饱和度与亮度。

我们以“旧版渐变 > 照片色调”预设文件夹中的褐青色渐变预设为基础并稍做修改，就能很快得到一个漂亮的调整结果，为画面阴影区域加入青色调，为高光和中间调区域加入褐色。预设中使用了多个色标来控制整体的输出效果，但是为了达到最佳的调整效果，我们还需要对输入画面的影调进行控制。

在渐变映射调整图层的下方再创建一个黑白调整图层。我们希望让焦橙色的城堡显得更轻盈，并加入更多的棕褐色调。虽然黑白调整图层并没有提供焦橙色滑块，但是我们并不难意识到这个颜色是由黄色和红色组成的，所以同时提高黄色和红色滑块的值就能得到期望的效果。

通过控制不同输入颜色对应的亮度值，我们就能改变它们在使用渐变映射调整图层后所得到的处理结果。使用渐变映射得到的处理结果严格对应下方图层的亮度。换句话说，你可以通过调节输入亮度来精确地控制输出结果。通过改变下方图层的输入亮度值，我们就能改变最终的渐变映射效果。在本章后续的“黑白影调高级控制”一节中，我们还会继续讨论这个概念。

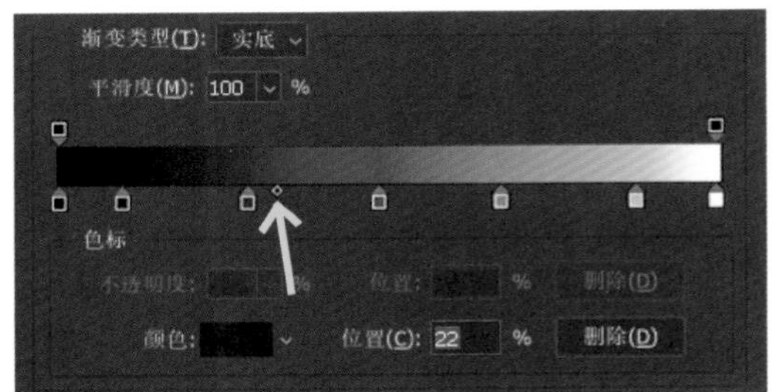


在使用渐变映射工具的时候，我们还可以通过渐变编辑器调整任意相邻两种颜色之间的过渡方式。如果你觉得阴影和高光区域的色彩效果很好，但对中间调区域的过渡分界并不满意，那么这就是该功能大显身手的时候。选择任意色标，就可以看到在该色标与相邻色标的中间位置上出现了一个钻石形状的小标记，拖动这个小标记，就能改变相邻两种颜色之间的过渡方式。

在我们需要处理的照片是一幅高反差作品，而渐变的过渡区域与照片的主要反差区域不一致的时候，这个功能非常有用。

综上所述，渐变映射调整图层是根据下方图层的复合亮度赋予画面新的色彩与明暗；色相/饱和度调整图层则是在下方图层原本色彩的基础上进行调整得到新的颜色；而纯色填充调整图层则是将画面统一为一个特定的新颜色。所有这些调整方式都需要我们投入时间和精力对参数进行适当的调整，才能得到理想的效果。如果我们想将手头上的一大批照片统一到同一个色彩主题之下，而不想把时间浪费在反复的调整上，应该怎么办呢？如果我们很喜欢当前的调整效果，希望将其保存下来以供反复使用，又应该怎么办呢？这时候就轮到颜色查找表大显身手了。

## 颜色查找表

颜色查找表通常被缩写为CLUT或者LUT，通过查找颜色调整图层应用到画面中。查找颜色调整图层的运作方式与有大量参数需要调整的渐变映射、纯色填充或者色相/饱和度调整图层不同，它以原片的颜色和亮度同时作为输入数据，并且根据载入的颜色查找表数据直接为其赋予新的颜色和亮度。颜色查找表文件本质上是一个记载色彩对应关系数值的表格，我们可以将它视为一种预设文件，用在不同的照片上，以获得相同的色彩倾向。颜色查找表中没有记载的对应关系将会以插值的方式进行处理。颜色查找表与上述工具之间存在一个微妙而重要的区别：我们既可以使用它将两个亮度相同但颜色不同的像素朝着两个不同的方向调整，也可以使用它将两个颜色一样但亮度不同的像素朝着同一个方向调整。而渐变映射工具则只能依赖于像素的综合亮度信息赋予画面新的颜色，所以会出现两个颜色不同但亮度相同的画面内容在处理之后变成相同颜色的问题。

顾名思义，颜色查找表是一个实实在在的表格，表格中包含的信息条目数量越多，数据点也就越精确，调整结果中的色彩变化也就越细腻。

应用LUT文件的操作方法非常简单，Photoshop中的颜色查找调整图层本身就自带大量不同格式的预设效果，一些针对经典的电影效果设计，而另外一些则针对专门的特殊效果设计。在添加了颜色查找调整图层之后，只需从3DLUT文件菜单中选择一个预设即可应用其效果。因为颜色查找表本身就记录着输入数据与输出数据之间的一一对应关系，所以没有任何直接的控制参数可供调整。但是我们依旧可以使用混合模式、明度和高级混合模式等选项对调整结果做进一步的调整。下面对咖啡馆的照片分别使用了3种不同的自带预设——Candlelight、Foggy Night和Late Sunset，分别对应烛光、夜景和落日的效果。

建立你自己的LUT文件是让一组摄影作品拥有一致性和主题性的好方法。实际上创建属于自己的LUT文件不仅没有大家想象中的那么困难，甚至还非常有趣。

为了创建一个好用的LUT文件，我们应该首先选择一组特点鲜明的图片或者其中有代表性的某一张图片作为样片。样片中不包含的颜色不会被记录在颜色查找表当中，所以为了凑齐一份完整的颜色查找表这些空缺的颜色就不得不依赖程序插值——换句话说也就是猜色。如果你计划应用LUT文件的所有照片都拥有类似的颜色和亮度表现，那么操作并不难。我们在一张照片上得到满意的调整结果后，就可以将其直接导出为LUT文件并应用到所有其他照片，得到一致的调整结果。但是，如果我们想要得到更具有通用性的LUT文件，就需要多了解一些相关知识。

我建议大家在创建具有通用性的LUT文件之前先想清楚自己想要实现什么样的效果。如果你想要为一组照片创建一个画面效果统一的LUT文件，那么最好以一张照片组中具有大多数照片共性的照片作为样片调整参数，在开始调整之前最好不要对文件做复杂的预处理。以这样的照片作为样片开始调整，才能保证剩下的照片在应用LUT文件之后拥有更一致的调整结果。因为调色操作一般是整个后期处理流程当中的收尾步骤之一，所以前面的操作步骤应该尽可能做到标准化和一致性，以便于重复操作。和普通的调整图层不同，调整文件本身的色彩变化对调整结果会造成较大的影响。也就是说，我们将同一个LUT文件应用于校正过白平衡的照片和相机直出的照片时很可能得到完全不同的结果。

另外在开始创建LUT文件之前，我建议大家首先合并样片文件中的所有图层并创建一个独立的副本文件，然后以副本文件为基础创建LUT文件。

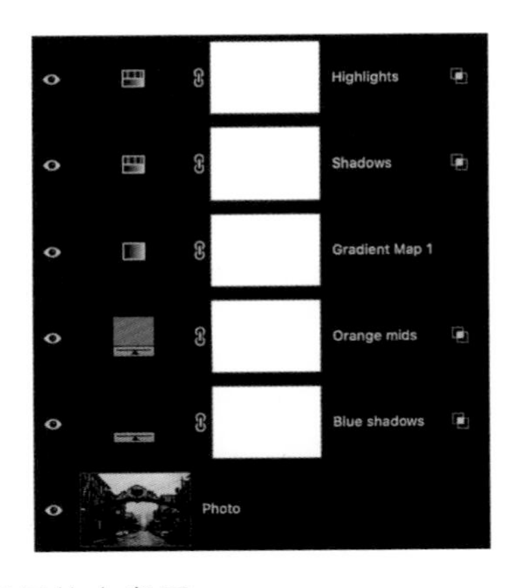


在这个单独的文件中，你可以使用合并后的图像副本作为背景，并在其中添加任何你喜欢的调整图层以控制颜色。当设置用于创建一个新的LUT文件的工作文件时，我们需要记住几件事情。首先，只有背景图层将被用于创建前后对比文件。其次，调整图层的蒙版会被忽略。再次，不透明度，包括由混合颜色带和填充造成的不透明度变化，都将被转换为对颜色的实际影响。一般来说，整个工作文件除了背景图层之外都应该由服务于最终效果的调整图层组成，不应该有任何的内容图层。我建议大家在创建过程中确保一切调整操作都直接通过调整图层本身的设置参数完成，在极少数情况下搭配混合模式与不透明度设置。尽管在某些特殊的情况下，我们可能希望通过一个混合模式设置为颜色的图层搭配另一个混合模式设置为明度的图层来共同实现一个效果，但事实上绝大多数操作完全都可以通过用心设置调整参数独立完成。

## 商用LUT文件

在为商业广告或视频制作创建LUT文件的时候还需要考虑到一些额外的技术问题，这儿并不涉及，一方面它们超出了本书的讨论范围，另一方面，它们也超出了我的经验。如果你对色彩准确性有严格的要求，那么可以在制作LUT文件的时候购买一张来自知名色彩实验室的标准色卡作参考，例如IT8色卡或者ColorChecker色卡等。但是对于绝大多数LUT文件的应用场合来说，以合理挑选的样片作为参考就已经足够了。一张理想的样片应该已经将色彩空间设置为工作色彩空间，画面影调覆盖整个灰阶，包含三原色与三间色，以及我们需要调整的主要颜色。严格来说，调色并不仅仅是在后期处理流程接近尾声的时候为画面添加一个LUT文件，还需要在拍摄过程当中或开始编辑文件的时候确保画面色彩准确、影调平衡。

Photoshop生成LUT文件的基本原理是将最终呈现在画面上的颜色与背景图层中相同位置的图像颜色一一进行对比，以此为基础总结出最后的颜色查找表，换句话说，表中记录的变化是从上到下所有调整图层效果的总和。对于表中空缺的部分，Photoshop会用一种类似于曲线的算法根据已有信息计算出对应的值。之所以我会说“类似于曲线”，是因为前面已经提到过，这里面还存在一些复杂的插值计算，而曲线只是在空白区域进行平滑过渡而已。虽然最终的颜色查找表中包含了所有可能的颜色，但并不代表原始样片中包含其中所有的颜色。

如果某个商业项目需要你用颜色查找表准确地再现某一种输出颜色，那么这时候你就需要更加精确的操作。首先这意味着样片中需要有一个覆盖完整色相、饱和度、明度范围的色靶。一般来说除了加入全色谱之外，我们还会加入一些需要重点考虑的色块。之所以加入全色谱，是因为我们想要在对比生成颜色查找表的过程中可以提供每一种颜色的前后对比；而之所以加入需要重点考虑的色块，则是因为这样做我们可以在调整过程中借助信息面板等参考工具精确控制它们的调整值。

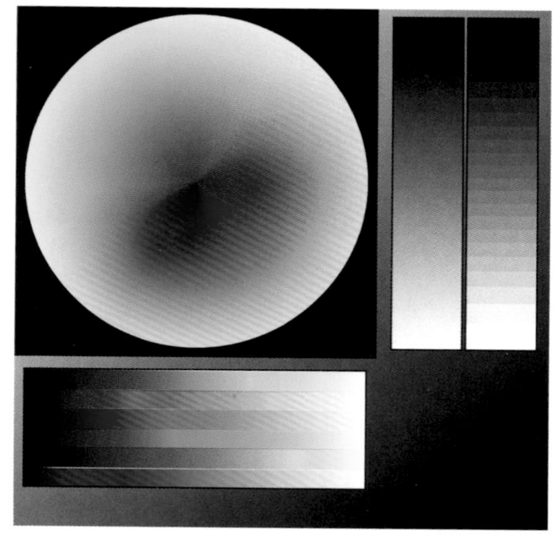

关于创建左侧这幅图像的步骤请参见本书第三篇“实践”的第8章“实际案例”中的“创建工作文件”一节。注意，为了减少图像中的色彩断层，提高LUT文件的精度，这个工作文件被设置

为16位模式。这张基本的色靶图足以应付绝大多数RGB应用环境的需要，能保证你的LUT文件覆盖所有的色彩和应用情景，是一个优秀的调整起点。

绝大多数情况下，画面中至少应该包含16级灰阶色靶以及16~32个重点颜色的色靶，重点颜色是我们要调整的关键色。根据具体工作需求的不同，我们可能还需要往画面中加入一些更具有针对性的颜色，例如肤色、特定的产品专色，以及围绕关键色产生饱和度和亮度变化的颜色等。我们可以从现成的商业色靶中选择对应的颜色，也可以从我们自己的作品中取色创建色靶。虽然全光谱与全色渐变能对预览调色风格起到重要的作用，但是我们还是应该将注意力更多地放在对实际工作至关重要的那几种颜色上。首先使用样片执行全局调整，然后在必要的时候根据关键色的变化做一些微调。

好了，现在我们已经完成了整个调整图层堆栈的创建，接下来是时候将其导出为LUT文件了。或许你会觉得不可思议，这实际上是整个流程中最简单的步骤。

执行“文件>导出>颜色查找表”命令后，系统就会弹出一个“导出”对话框，我们可以在其中填写颜色查找表说明——注意它不等于颜色查找表的名称，其内容包括版权信息以及是否使用文件扩展名等。不过真正对LUT文件的质量起决定性作用的，还是下面的品质和格式选项。

网格点决定所使用的LUT文件的精度，最高可以设置为256，不过我觉得大多数情况下将精度设置为64即可，这对于16位文件来说也足够了。将网格点后方的下拉菜单设置为高，系统会自动将该值设置为64。虽然网格点的值设置越高也就意味着精度越高，但是对于处理照片来说意义不大，只有处理高位深图像或者高清晰度视频的时候才能显出其用武之地。另外，品质设置越高也就意味着LUT文件的体积越大。

选择合适的格式需要借助经验，一般对于处理RGB图像来说，3DL格式或者CUBE格式都是不错的选择。3DL格式的通用性更好，CUBE格式则在视频领域使用更为广泛。如果你想要处理LAB格式的照片，那么也可以使用ICC配置文件格式导出，这样就适用于任意色彩空间了。关于不同格式的更多信息请参见第四篇“参考”中的第9章“调整图层”。

## 替换颜色

替换颜色是产品摄影领域非常常见的一项操作，也是很让人头疼的一项操作。该操作最大的难点在于让替换之后的颜色看上去真实，这需要对细节进行精心处理，尤其是表面质感的保留、对反光的穿帮进行处理、全片的饱和度统一等。

首先，我们从最简单的使用颜色或色相混合模式配合画笔工具直接更改对象的颜色开始讲起。这项操作只需要创建一个混合模式设置为颜色的空白图层，然后使用混合模式设置为正常的画笔工具，并使用需要的颜色在图层上对应的位置上色即可。颜色混合模式使用上色图层中的色调和饱和度信息，将其与下方图层中的明度信息结合在一起。如果将图层混合模式设置为色相，则可以保留下方图层的饱和度和亮度信息。无论使用哪一种混合模式，归根结底其目的都是使更换之后的颜色并不会出现亮度或色值上的明显偏差。

使用颜色混合模式的调整结果一般来说更为夸张，因为它会改变当前画面的饱和度水平。而色相混合模式因为同时保留了下方图层的饱和度信息，所以在更改颜色之后的效果一般来说看上去更加自然。但成也萧何，败也萧何，正因为色相混合模式保留了下方图层的饱和度信息，所以使用色相混合模式为黑白照片上色时起不到任何效果：原图不存在饱和度，也就无从体现任何的色相变化。

在下面这个例子当中，我使用第3章“选区与蒙版”中介绍的色相/饱和度调整方法选择了人物身上穿的毛衣，然后以这个选区作为蒙版创建了一个纯色填充调整图层，使用颜色混合模式得到了另外两个版本的照片。

使用这个方法改变画面颜色相比在一个新的空白图层上直接上色更加灵活、快捷，但是当我们需要混合多种颜色，配合混合模式或者笔触方向、纹理变化等更具表现力的效果时，绘画上色的方法则更胜一筹。

当然了，还有些情况需要更复杂的人工干预，尤其是在进行较大幅度的色彩变化的时候。在正式探讨这个话题之前，我们首先来看一个不常见、不得不说且很极端的案例，在这个例子中，使用颜色混合模式得到的处理结果非常糟糕。

我首先创建了一个蓝色方块图层，接着在这个图层上方又创建了一个黄色方块图层，并将其混合模式设置为颜色。

我们来回忆一下在第1章“基础知识”的“Photoshop‘眼中’的影像”一节中谈到的内容，Photoshop使用了一个视觉感知模型来展示RGB颜色。在这个例子当中，RGB模式下蓝色的亮度值约为28，而RGB模式下黄色的亮度值接近220。所以当黄色叠加在一个视觉亮度如此低的颜色上面的时候，显示效果并不如我们的预期。最终在重叠部分我们得到的是一个RGB值为32、32、0的深土黄色色块。为了还原重叠部分黄色的视觉亮度，我们必须对下方的蓝色部分的亮度进行单独调整。

大家可以尝试一下这个操作。首先创建一个以空白图层，在空白图层中创建一个RGB值为0、0、255的蓝色方块，然后在上面添加一个新的空白图层，并在图层中创建一个叠加在蓝色方块上方的黄色方块，其RGB值为255、255、0。将黄色方块图层的混合模式改为颜色，就得到了上面的结果。

之所以使用空白图层创建方块，是为了让我们接下来的选区操作变得更加容易。首先按住Ctrl键（Windows系统）或Command键（mac OS系统），在图层面板中单击蓝色方块图层的缩略图以创建选区，接着按住Alt+Shift+Ctrl键（Windows系统）或Shift+Command（mac OS系统），单击黄色方块图层的缩略图，得到两个选区的交集选区，也就是两个色块的重叠部分。

保持该选区为活动状态，在两个图层之间添加一个色相/饱和度调整图层，当前选区将会自动成为调整图层的图层蒙版。

在属性面板中将调整图层的明度滑块向右移动到+85～+90的位置，直到某个点上黄色的亮度变得与原始图层完全一致，就好像没有调整过混合模式一样。

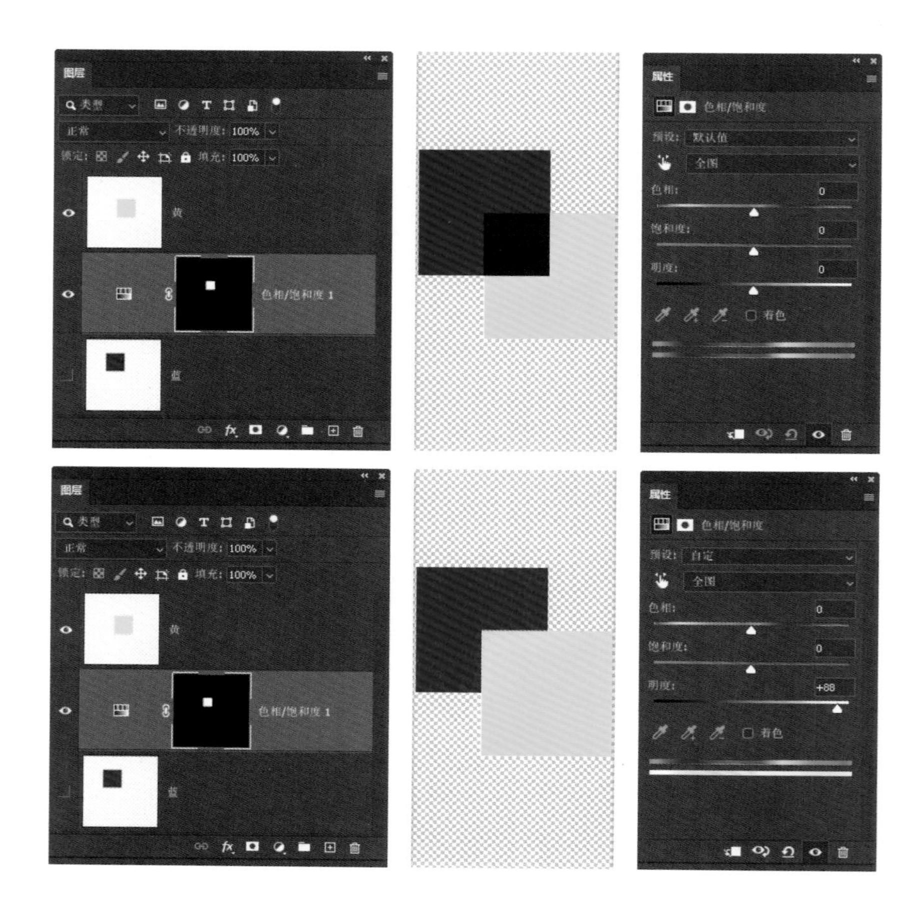


这个例子旨在说明下一个技巧的实用性，我希望通过这个例子让大家意识到有时我们需要进行一些预处理来获得我们想要的效果。一般来说，在更改目标区域的颜色之前我喜欢尽可能地先对目标区域进行去饱和处理，这么做让我之后可以任意尝试不同混合模式的效果，也能较快地意识到类似上面演示的蓝色方块明度较低的问题。提前降低饱和度，可以让我们直接从亮度合适的灰度图片开始进行更改颜色的操作。

首先创建一个蒙版，将效果限制在我们希望的调整范围内。我建议大家在这儿使用黑白蒙版，而非带有灰度变化的比例蒙版，关于比例蒙版详见后文说明。替换整个对象的颜色意味着我们希望同时改变整个对象背光面与受光面的颜色。如果我们希望添加一些额外的颜色来模拟彩色灯光的效果，或者模拟双色调的效果，那么这时候比例蒙版可能更符合我们的需要。使用黑白蒙版意味着我们的替换颜色操作将会被完整应用到整个调整区域上，这样一来我们就很难应用之前所学的技巧，从而实现真实的效果。

为了之后更加方便地使用当前的选择范围，我们可以将其保存为阿尔法通道。

## 比例蒙版

本书中所说的比例蒙版指的是类似于通过直接复制颜色通道得到的包含纹理细节和影调变化的蒙版。比例蒙版中带有灰度的变化，而黑白蒙版则在需要调整的区域直接使用纯白色填充。使用黑白蒙版改变画面颜色可使得填充颜色跟随调整对象的亮度变化而变化，不受蒙版本身的密度变化影响。正如你在前面所讲的黄色方块和蓝色方块的例子中看到的，低亮度导致的结果并不等同于缺少颜色，而蒙版中的灰色区域则会真的减少对应区域的颜色。

你有几个方法来降低目标区域的饱和度，具体选择哪一种取决于个人喜好。最简单的方法是将阿尔法通道作为选区载入，然后创建一个色相/饱和度调整图层，把饱和度滑块一直拖到-100。使用这个操作可以在着色后重新调整原始调整范围的色彩多寡，从而实现更加丰富的调色效果。而我最常用的方法是将选区应用到蒙版，然后创建一个使用50%填充的纯色填充调整图层，并且将图层混合模式更改为颜色。

在去饱和度图层准备到位之后，再创建一个新的色相/饱和度调整图层，将其剪切到我们在上一步创建的去饱和度图层。在右侧的例子中，正如刚才所说，我选择了自己常用的灰色填充图层。将色相/饱和度调整图层剪切到已经添加过图层蒙版的去饱和度图层，可以直接将调整范围限制在与其相同的蒙版范围内，这样一来我们就利用已经做好的蒙版减少了工作量，同时也减少了蒙版的数量。

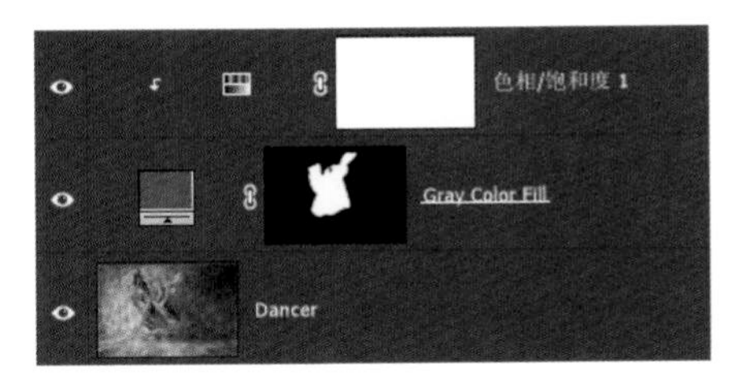


图层准备好后，只需勾选“着色”复选框并调整色相滑块就可以开始改变画面的颜色。显然，我们可以通过这种方式将选定区域调整成任何我们需要的颜色，而接着调整饱和度和亮度还会带来更大的调整可能。谁不希望有更大的调整空间呢？

对于某些棘手的图片，我们在调整参数的时候可能需要更仔细一些，想要营造同一张图片的不同色彩变化时同样如此。色相/饱和度调整图层为我们提供了一个良好的基础，我们还可以在此基础之上继续调整。在色相/饱和度调整图层上方添加一个色彩平衡调整图层，这样一来我们就能针对阴影、中间调和高光区域的色彩做更细致的调整。

接下来给大家介绍一个特别的调整方法，我们可以在色相/饱和度调整图层的下方添加一个曲线调整图层，添加曲线调整图层后我们需要重新将所有图层设置为剪切图层。在使用曲线调整图层着色之前，首先调整画面的影调反差，根据所需要调整对象的原始色彩和材料质感的不同，使用这种方法在某些情况下可以得到更加真实的效果。一般来说，对于较深的颜色或者饱和度较高的颜色，在着色之前往往需要压低反差；而对于较浅或者饱和度较低的颜色则需要提高反差。另外因为不同材质存在光泽度上的差异，所以最终我们还是需要依靠自己的双眼做出判断。

到了这个阶段，一切看上去井然有序：去色图层为后续的调整提供了一个良好的起点，并通过图层蒙版限定了接下来的所有调整范围；后续的调整图层改进了画面反差，便于对画面进行整体着色，并进行更细致的微调。为了提高后期处理过程的可重复性和灵活性，我们可以将所有调整图层合并为图层组，并将图层蒙版复制为图层组蒙版。这个操作非常简单，按住Alt键（Windows系统）或Option键（mac OS系统），将图层蒙版从去色图层拖放到图层组文件夹中即可。

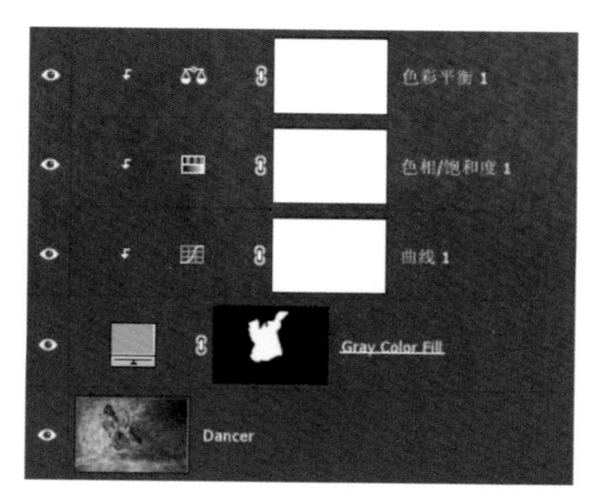


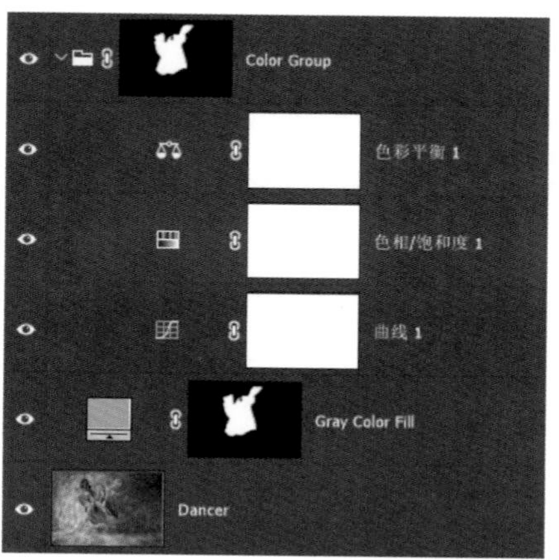


将所有调整图层合并成图层组的原因有两个：首先，我们可以用一个图层组蒙版限制图层组内所有图层的调整范围；其次，我们很容易通过复制整个图层组来创建其他色彩调整效果。如果你需要多个不同颜色版本的话，只需要复制图层组并更改调整图层的色彩设置即可。为了便于识别，最好同时将图层组名称更改为对应的颜色名称。

**注** 将所有内容放在一个图层组中后，我们可以很轻松地将它们添加到库中以便重复使用。复制图层组，将其命名为“颜色替换”，然后将图层组中的所有调整图层均复位为默认设置，并移除图层蒙版。接着，打开库面板，然后将处理后的图层组拖动到库面板中。我为自己经常使用的调整图层组创建了一个专门的自定义库。

## 将画面调整为特定颜色

现在我们来看一个实际的案例。在该例中，我们计划将画面中的舞蹈演员的衣服颜色逐一替换为右侧所有色靶的颜色。

我选择了5个不同的色靶，将它们统一放在色靶图层，接下来我将使用这5种颜色为画面中舞蹈演员的银色服装上色。色靶图层被放在了所有调整图层的最上方，以免使用调整图层时不小心更改了它们的颜色。我首先创建了一个没有做过任何调整的颜色替换调整图层组，接着将其复制了4份，并将每个图层组的名称更改为其对应的颜色名。

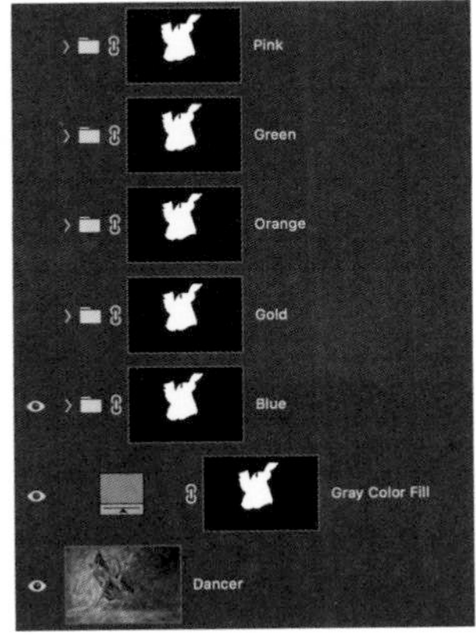


对于接下来的上色操作，不同的人有不同的处理方法，作为一个轻微的色弱患者，我给大家谈谈我的处理方法。我喜欢依赖数字对画面进行调整，这种做法可以弥补我眼睛的不足之处。这样做虽然听上去有点儿复杂，但是习惯了以后你会发现其效率很高。

我们首先回顾一下文件状态，其中包括5个颜色替换调整图层组，一个添加了蒙版的去色图层，以及最上方的5个色靶。所有色靶均针对中性灰设定，我们的目标是通过调整图层组中的图层参数使得画面中的中性灰尽可能地接近色靶的颜色。

我们在画面中添加一个单独的圆形中性灰图层作为参考，该图层位于去色图层与颜色替换调整图层组之间，图层整体应该位于待调整的区域范围内，这样一来添加过蒙版的调整图层组才会同时影响到这块中性灰参考色靶。在开始调整参数之前，首先将目标色色靶移动到中性灰色靶旁

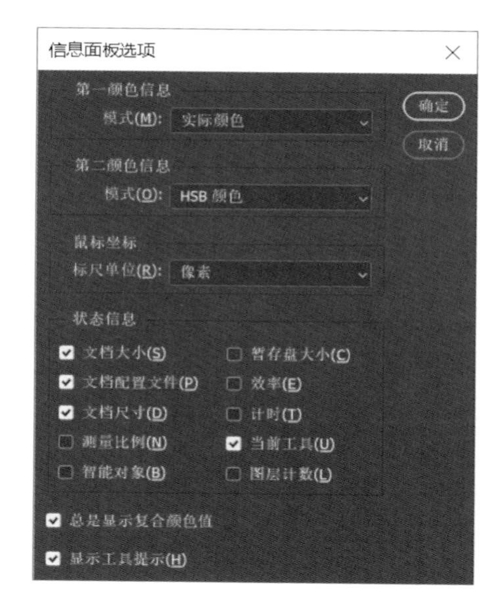


边，以便参考。如果你觉得这样做比较麻烦，也可以在中性灰图层上方再创建一个空白图层，然后使用画笔工具直接在空白图层上涂上目标颜色。

当图层全部准备好之后，接下来我们需要做一些工作区的设置。首先执行“窗口 > 信息”命令打开信息面板，确保我们在进行调整时能轻易看到它。我个人比较喜欢把它放在属性面板附近，这是我们用来对色相/饱和度调整图层的参数进行修改的地方。先打开信息面板右上角的面板菜单，再打开“信息面板选项”对话框，勾选“总是显示复合颜色值”选项。这样一来，我们使用颜色取样器吸取的值就会始终显示在画面中，以免我们在调整颜色的时候还需要反复查找。

返回文档，选择颜色取样器工具，单击我们想要匹配的色靶以创建第一个取样点，这个颜色样本现在应该已经移动到了中性灰色靶旁边。单击中性灰色靶以创建第二个取样点。注意信息面板现在将显示出 #1 和 #2 两个读数，默认状态下它们以 RGB 值的形式显示，但色相/饱和度的调整需要依赖于 HSL 读数。单击每个读数吸管图标右下角的三角图标以打开读数模式菜单，选择 HSB 颜色。虽然 HSB 模式并不等于 HSL 模式，但考虑到这儿并没有提供 HSL 颜色选项，所以也可以接受。根据信息面板的读数，当前 2 号取样点的色调为 0，饱和度为 0，亮度为 50%。

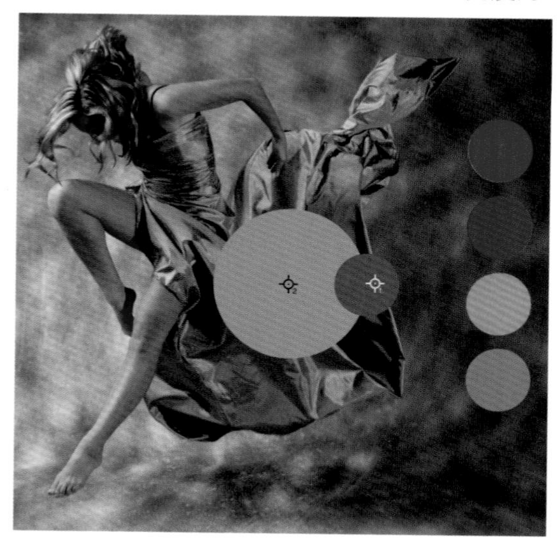

## 明度VS亮度

在Photoshop中，明度和亮度并不是一回事。这就是为什么我们需要HSL和HSB两个不同的选项，但这两种模式中的色相和饱和度是一样的，只不过我们在屏幕上看到的总亮度有一些差异。通常来说这并不算什么问题，只不过色相/饱和度调整图层只提供了明度选项，而可用于读出的色彩空间只提供亮度读数。为什么会这样呢？

亮度是将每个颜色通道的灰度值加起来得到的综合照度，而明度则是通过RGB值综合计算出来的值，在“Photoshop‘眼中’的影像”一节中，我们具体探讨了这个话题。虽然本书并不打算和大家讨论具体的计算公式，但是我会告诉大家如何使用滑块直接调整它们，而且实际上这一点非常容易做到。

现在，我们终于做好了匹配颜色之前的准备工作。选择色相/饱和度调整图层，确定勾选了“着色”选项。直接将信息面板上的1号取样点读数中的色相和饱和度值输入到相应的色相、饱和度区域，暂时不考虑明度。接着在信息面板上查看2号取样点的数值，包括明度在内的所有数值应该都发生了变化。然而，它们可能与1号取样点的数值并不完全一致，而且两个色靶的颜色也不完全一致。显然目前的效果并不符合我们的预期。

这并不算什么大问题，因为我们本来的目的就是先达到近似的效果，然后使用其他更精确的工具达到完全一致的效果。接下来我们要做的就是通过微调3个滑块使得2号取样点的读数与1号取样点的读数尽可能一致。我们从亮度滑块开始，观察信息面板中的数值，而非属性面板中的数值。将2号取样点的亮度值与1号取样点的亮度值进行比较，然后将色相/饱和度调整图层属性面板中的亮度滑块向需要改变的方向拖动。

整个调整过程看上去很复杂，但实际上就是把从上到下的滑块左调调、右调调。我们所做的无非就是一边调整色相/饱和度调整图层属性面板中的3个属性滑块，一边观察信息面板中的读数变化。对于初学者来说，他们很可能觉得永远都不可能让两边的数值完全相同，因为每调整一个滑块，剩下的两个滑块的数值也会跟着发生变化。

当你觉得两个读数的数值已经相当接近，或者对这种无止境的反复调整感到无聊的时候，接下来可以打开曲线调整图层做一些直观的调整。对于深蓝色，我希望其表现出更强烈的光泽感，所以我使用曲线提高了画面的对比度，带来更亮的高光表现。在调整曲线的时候，注意在曲线中央位置创建一个控制点，这样有助于保持参考色靶的颜色稳定不变，但实际上它还是会出现一些小变化。

最后一步是用色彩平衡来处理画面中不完美的细节，使用色彩平衡意味着我们可以同时调整画面的高光与阴影的色彩倾向。对某些材料来说，如果我们给高光适当添加一些色彩倾向或者反光，效果看上去会更加真实。虽然这样做可能会让色靶的取样读数发生变化，但同时可以增强作品的真实感。在这个例子中，我给高光部分增加了一点儿黄色，如果必要的话在调整后我可以回到色相/饱和度调整图层重新做一些调整。

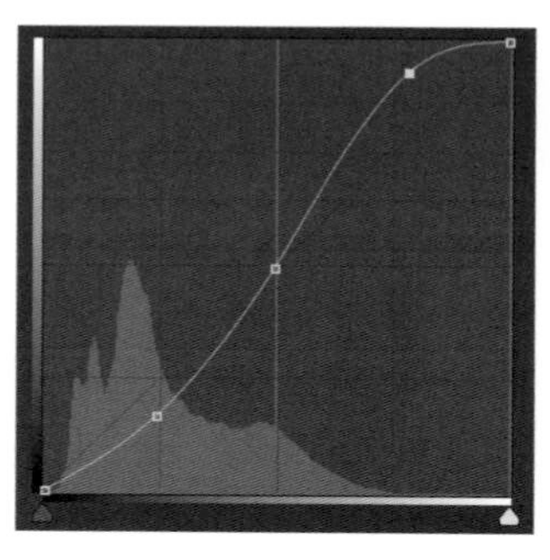

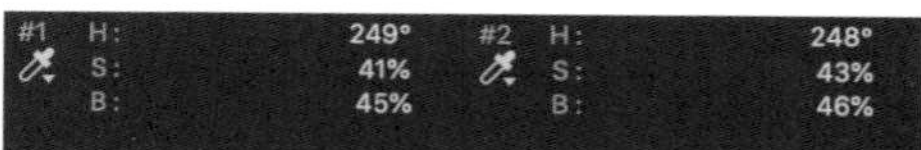

使用这种调整方法，我们需要具有耐心，因为我们可能要对每个调整图层的每个参数经过好几次反复调整才能得到精确或者理想的效果。不过经过几次尝试之后，整个流程就会变得流畅得多。有些时候，虽然我们已经让作为参考的中性灰色靶与目标色靶之间达到了完全一致的颜色，但从美观的角度出发我们依旧需要做一些改变，这种情况再正常不过。究竟什么样的调整才算是精确，完全由作为修图师的我们说了算；或许有的人更喜欢数值上的绝对精确，但相应的结果可能并没有那么讨人喜欢。

如果想要继续进行调整，我们可以关闭当前的色彩匹配图层组，接着将新的色靶移动到作为参考的中性灰色靶旁边，然后重复上述步骤。

在后面的“匹配颜色”一节中，我将介绍另一种调整方法。说了这么多你可能想知道，为什么不简单地对每个样本颜色使用一个单独的纯色填充调整图层解决问题？简单地说，你可以尝试一下这种操作。它确实是改变物体或画面颜色最快的方法。但是，学习一些更高级的方法可以给你带来更大的灵活性。很多情况下你都需要给同一种效果带来更多可供选择的变化，例如客户正坐在你边上的时候。虽然使用纯色填充调整图层的操作步骤更简单，但使用多个调整图层能带来更多的选择，同时在调整时我们还会看到调整不同选项产生的画面变化。

## 移除色罩

当画面中存在明显的主色调的时候，往往会因为光线或者反光等影响相机的自动白平衡设置，从而导致偏色。另外，印刷材料的老化也会使得扫描的照片文件出现偏色问题。幸运的是在数字世界中，我们可以利用色彩和光线的加成特性，轻松地消除偏色。

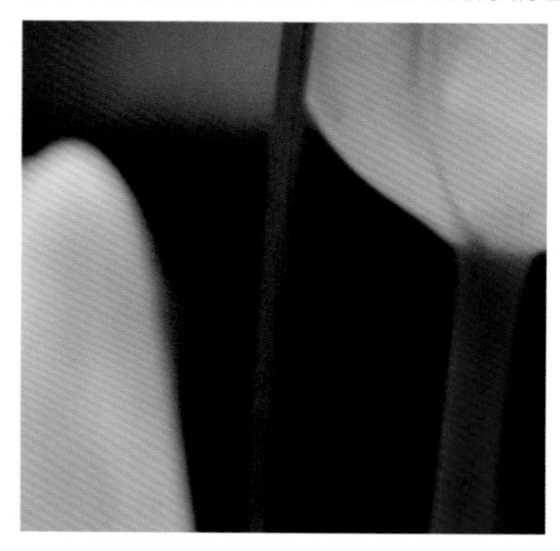

简单来说，消除偏色的方法就是往画面中加入与偏色色相相反的颜色，通过这种手段来达到相互抵消的效果。我们可以通过这个方法来解决各种各样由于环境因素所导致的画面偏色问题，例如在水下拍摄的照片、在餐馆的环境光中拍摄的照片，以及风光摄影作品中的远景色差等。

在实际操作中，解决这个问题的方法有很多种。第一种方法主要用来解决全局色偏或者影响到画面中绝大部分区域的色偏。针对偏色的色彩创建一个全局调整，就能很轻松地得到理想的效果。但是这种方法很多时候并不足以解决全部的问题，所以当你发现它的局限性的时候，就需要开始学习新的工具。

第二种方法需要你具有更强大的观察力，但是其本质依旧基于互补色之间的相互抵消关系，只不过我们会将高光、阴影、中间调等分开进行处理。另外，我们还会根据画面不同内容的固有特性做一些局部处理，例如来自纯色表面的反光等。

首先复制需要校正颜色的图像图层并执行“滤镜 > 模糊 > 平均”命令，我们将得到一个代表图像中主导色调的纯色图层。将这个图层更名为“色罩”，保持图层为选中状态，使用快捷键Ctrl+I（Windows系统）或Command+I（mac OS系统）反向图层颜色，这就是我们希望用来中和画面色偏的补色。

将”色罩“图层的混合模式设为颜色，并降低图层的不透明度。我们需要根据色罩与待校正颜色之间的相对亮度差异来调整不透明度，确切的不透明度值对每张图片来说都是不同的。如果在调低不透明度之后依旧觉得效果过于强烈，可以尝试将图层混合模式更改为色相。对于上方这张大峡谷的照片，因为它的色偏非常严重，所以我使用了50%的不透明度设置。

很多时候，我们会发现10%~20%的较低的不透明度设置就已经足够了。依旧是这张照片，我只想去除画面远处的偏色，所以我为“色罩”图层添加了一个简单的渐变蒙版，只将校正效果应用于画面的上半部分。

不过有些时候仅仅只做色彩校正是远远不够的。还是以这张大峡谷的照片为例，在校正偏色问题之后，画面依旧缺少冲击力，所以我在“色罩”图层的下方添加了一个曲线调整图层，用一个基本的S形曲线提高画面反差。紧接着，在“色罩”图层上方添加一个色相/饱和度调整图层，并将其剪切到“色罩”图层。平均模糊实际上计算了图像中所有像素的平均值，通过这种算法计算出完美值也有可能得不到你想要的结果，所以我们可以偶尔对它做一些调整。因为“色罩”图层的不透明度已经被我们压得很低了，所以即使对剪切的色相/饱和度调整图层做一些大幅度的调整也不会对画面造成过大的影响。在这个例子中，我将色相调整为-68，饱和度调整为+65。

在一些极端的情况下，我们需要做更加夸张的调整。在下面这张夜景照片中，可用的色彩信息很少，而且画面以黑色为主，所以使用一个简单的平均模糊图层显然远远不够，最终得到的图像沉闷、近乎单色。为了处理这种类型的照片，我们还需要一个混合模式设置为颜色加深的色罩图层。首先添加色罩图层，并尽可能地将其调整到最佳状态。接着复制该图层，将其移动到原始色罩图层的下方，并将其混合模式设置为颜色加深。在有些情况下，我们只需要更改复制后图层的混合模式即可，不需要继续调整不透明度。不过一般情况下，使用这种方法调整之后画面会变得更暗，所以在颜色调整结束之后，我们还需要对反差与细节做一些调整。

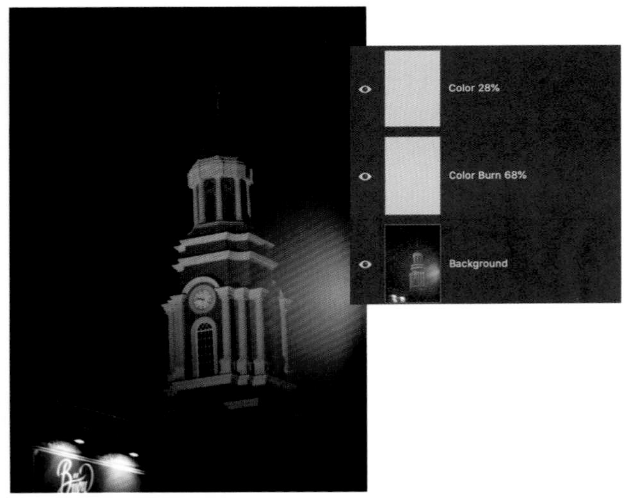


如果你觉得只需要对色罩图层中的阴影或者高光区域进行校正，可以双击色罩图层的图层名称，打开“图层样式”对话框，并使用下方图层的混合颜色带设置将调整范围限制在高光或者阴影区域。调整混合颜色带设置的时候，按住Alt键（Windows系统）或Option键（mac OS系统）可以分离滑块，从而得到更加平滑的过渡。以下面这张郁金香的照片为例，混合模式分别设置为颜色和颜色加深的两个色彩校正图层被放在了同一个图层组当中，然后我们使用图层组蒙版控制了调整范围。一部分蒙版被应用于郁金香本身，而另一部分蒙版则被应用于局部背景，以便与郁金香形成反差。

我们可以根据需要选择这种具有针对性的局部调整方法。首先选择有问题的区域并将其复制到一个新图层中，然后添加平均模糊滤镜。这样会得到一个以实色填充的新图层；重复若干次相同操作，我们就得到了一批

可以用作色彩校正的参考色靶。正确地创建选区非常重要，只有选对了颜色，我们才能拥有好的起点来进行后续的色彩校正工作。

每次我们新建一个图层并执行平均模糊命令，都必须再次回到背景图层才能创建新的选区，否则的话我们选择的就是新建的平均模糊图层，而非原始画面中的内容。

想要调整阴影部分的色差，可以尝试使用魔棒工具，将其容差设置为低于16的较小值，并取消勾选选项栏中的“连续”选项，使得使用魔棒工具时可以同时选中整个图像中的所有近似值。另外，也可以参考第3章“选区与蒙版”中的“基于渐变映射创建选区”一节，了解另一种快速选择问题区域的方法。

当我们为需要调整的区域创建了一个合理的选区之后，使用快捷键Ctrl+J（Windows系统）或Command+J（mac OS系统）将选区复制为新图层，接着重复我们刚才学习的基础步骤：执行平均模糊命令、反向、调低不透明度。注意，因为我们复制的内容并没有覆盖整个画面，所以我们还需要执行高斯模糊命令，以免图层边缘位置留下明显的痕迹。

其他类型的色彩问题恐怕需要用到绘画技巧才能解决。对于肖像，可以参考第三篇“实践”的第8章“实际案例”中的“高低频”一节以及本章的“替换颜色”一节。

最后需要格外说明的是，上述操作的目的是获得一个色彩相对准确、没有偏差的中性结果，以便为后续的调整提供更理想的基础。我们通过本节所介绍的操作得到的绝非最终结果，而只不过是一张解决了画面中绝大多数偏色问题的照片。一旦我们有了一个更为标准的起点，接下来我们可以参考第2章“有用的信息”中所介绍的“鹰爪功”，将所有图层合并为一个新的图层，然后在此基础之上进行细节调整，以实现合成或调色等不同目的。

## 匹配颜色

从一组照片中发现配色方案是为其他照片获取调色灵感的一种好办法，但是如果不下一番功夫则很难得到理想的结果。幸运的是，Photoshop提供了一个很简单的方法，几乎能从包括照片、绘画、设计文件在内的任何图片文件中获取配色灵感并应用到我们的照片中。

接下来我们给上图中灰色的森林加上下面这幅参考图中的绿色影调。

首先我们将参考图复制或者导入需要调整的照片文件中。参考图的分辨率并不需要太大，如果其分辨率太大，我们反而需要将其缩小到合适的尺寸。为了方便后续的处理，我们需要能在画面中看到待处理照片中最亮和最暗的部分。

这一招对具有类似反差和影调范围的图像效果最好。在这种情况下，参考图与待处理照片的光线效果应该基本一致，处理之后的两张照片甚至会看起来仿佛属于同一系列作品一样。

在参考图与原图图层之间添加一个曲线调整图层。

这儿我们需要注意一个小细节——图层面板中的当前处理对象。默认情况下，在我们创建调整图层之后调整图层的蒙版将会被自动选中，这也就意味着接下来我们的操作将会以空白蒙版为对象进行，这样得到的结果显然是错的。确保我们已经选中了调整图层的图标，然后按住Alt键（Windows系统）或Option键（mac OS系统），单击属性面板中的自动按钮，打开“自动颜色校正选项”对话框。

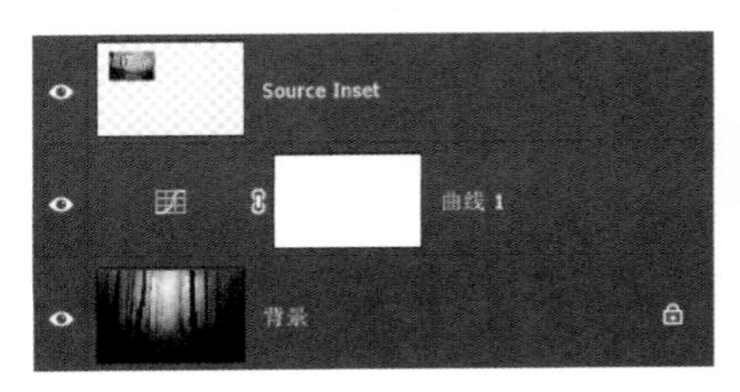


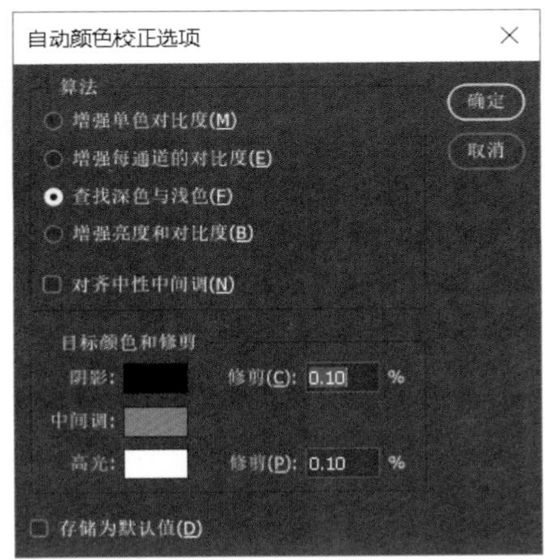


在对话框中，选中“查找深色与浅色”选项，这样就能启用下方的目标颜色和修剪选项。将对话框移动到合适的位置以便我们能看到下方画面中的高光和阴影部分。单击阴影色块，然后在参考图中单击我们能找到的最暗的区域。它不一定是黑色的，在大多数情况下，如果它不是黑色的反而效果会更好。用同样的方法完成中间调和高光部分的设置，同时打开上方的对齐中间调设置。我们的目的是选择照片中有代表性的颜色，我们在做出判断的时候需要谨记这一点。选择完成之后单击确定按钮关闭对话框，当Photoshop询问我们是否要将新的目标颜色存储为默认值时，单击否按钮。

**注** 如果在使用吸管工具的时候发现无法正确取色，那么很可能是因为我们没有在图层面板中提前选中调整图层的图标，而是选择了图层蒙版缩略图。另外，一定要确保参考图图层在曲线调整图层的上方，这样才能避免更改设置的时候画面效果随着发生变化。

根据我们对选择点的判断，我们应该能得到一个非常相似的处理结果。虽然我们很可能还需要使用曲线等工具做一些小的调整才能得到完全一致的结果，但是实施以上步骤已经能为我们节约大量的时间。

想要将这一技巧用于肖像，我们就需要将到目前为止所学到的技巧综合起来，包括蒙版和混合模式设置等。以左图为例，我想在照片中使用伯纳迪诺•卢伊尼和安德里亚•索拉里创作的《抹大拉的玛丽亚》（图片使用CC0授权，来自沃尔特艺术博物馆）的色彩风格。我并没有使用整张图片的颜色，而是以肤色为主。

因为效果仅限于人物的皮肤部分，所以我们首先需要创建一个快速选区，把珠宝、衣服和背景排除在选区范围之外，但记得保留人物的头发。创建选区后添加曲线调整图层，Photoshop会自动将当前选区转换为图层蒙版，然后使用黑色画笔在蒙版上将双眼遮挡起来。接着按照前面介绍过的操作提取油画中人物的肤色，得到的结果是不自然的黄色。

接下来轮到混合模式大显身手了。将曲线调整图层的混合模式设置为颜色，整体效果看上去会自然许多。

如果我们想将这种色彩风格应用在其他的照片上，应该怎么办？即便我们保留了参考图，但因为每一次去色的点多少都会有些差异，所以如果从头来过很难保持每次效果的一致性。不过还好，Photoshop为我们提供了许多解决方法。

第一种方法是直接将曲线调整图层拖动到库面板中，将其保存为库文件。这可能是最快速的解决方法，而且它将保留我们对曲线所做的任何修改。

第二种方法是在曲线调整图层下方添加一些灰色参考图。它们可以是中性灰色靶，也可以是灰色渐变条。我个人更倾向于使用灰色渐变条，因为我们很难准确判断一个调色组合与一系列灰阶之间的关系，而平滑的灰度渐变则可以让我们轻松地对需要的色调进行采样。一旦你使用“自动颜色校正选项”对话框进行了颜色匹配调整，灰度渐变就会根据我们的取样颜色发生变化。我们可以将新的彩色渐变保存到库文件当中：首先将带有灰度渐变条的整张照片合并到一个新的副本图层，然后按住Ctrl键（Windows系统）或Command键（mac OS系统），单击渐变条图层的缩略图，将渐变图层的范围载入为选区，然后使用该选区将合并副本图层中应用曲线调整效果的渐变条复制到另一个新图层中。把新的彩色渐变拖到库面板，这样我们就有了一个渐变颜色样本。将渐变保存到库文件中之后，我们就可以删除前

面创建的那些临时图层。

还有一种经常被忽略的方法，那就是直接从取色器框中读取颜色并将其保存到库文件中。使用吸管工具选择一个色靶作为前景色，然后在库面板中打开项目库，单击底部的添加元素按钮，选择前景色即可。一旦将色靶保存到库文件中，我们就可以直接使用它们在其他文件中创建颜色样本。

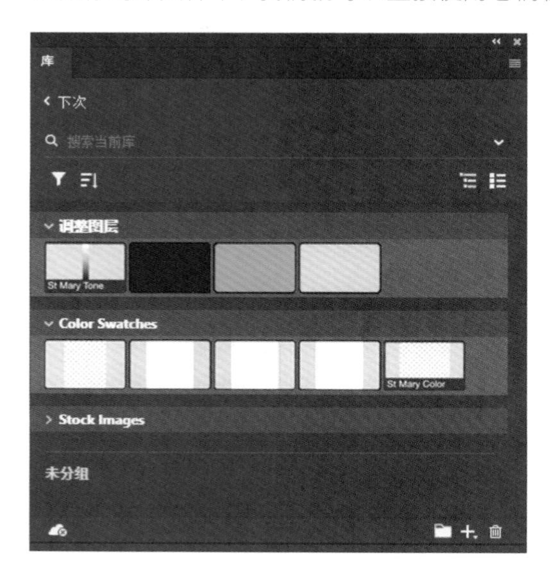


## 选择哪种方法

为什么这儿介绍的方法是保存颜色而不是调整后的曲线？虽然把曲线调整图层拖到库中非常容易，但它并不能直观地告诉我们它所对应的颜色，所以你必须依赖良好的库文件管理和命名习惯才能准确找到需要的配色曲线。将需要的配色方案保存为更直观的内容可以帮助我们更容易地快速识别需要使用的颜色。当然，将配色方案保存为色靶或者渐变也有其缺点，那就是我们必须在使用时重复相应步骤才能重现其效果。特别是将颜色保存为独立色靶的情况下，我们需要通过库面板逐一加载颜色并在主文件中创建一个填充，才能重复使用相应的配色方案。

所以最终选择哪一种方法实际上取决于我们的工作流程。如果你针对每一个项目都会创建独立的库文件，那么将配色方案直接保存为曲线当然是最自然的选择。而如果你喜欢在所有项目中共用一个通用的库文件，那么将其保存为色靶或者渐变则更方便日后查找选择，特别是将其保存为渐变的时候。

使用曲线是将配色方案或色彩主题从一个作品转移到另一个作品的最快速的方法，但它并不适用于合成类的作品。为此，我们需要更多的控制选项和一些可视化的辅助手段。例如下图是一张合成的图片，模特的色温比背景低得多。

虽然我们可以直接对这张照片进行色彩校正处理，但这样做很难让我们意识到画面中的细微差异。配合混合模式和调整图层的小技巧，我们就能让这些差异变得更加明显，从而避免瞪着眼睛寻找画面中的问题。在图层面板的最上方添加一个50%灰的纯色填充调整图层，将其混合模式设置为明度，这样我们就可以在不受到任何影调干扰的情况下直接观察画面中的色彩分布。接着，在纯色填充调整图层上方添加一个色阶调整图层，并将黑白点设置在靠近中灰点的位置，以增强画面反差。不要移动中点，否则亮度变化会影响我们对色彩倾向的准确判断。色彩倾向的明确性是我们在这个阶段最需要关注的问题。

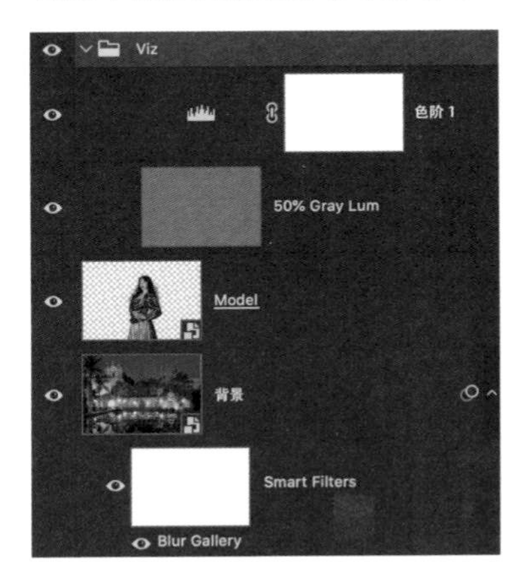

将这两个观察层合并为一个图层组，并将图层组更名为“**观察层**”。这样一来，我们就很容易通过开、闭这个图层组在观察效果与实际效果之间切换。对于这张图片，我们在模特图层上方创建一个可选颜色调整图层，并将其剪切到模特调整图层，这样就能确保我们在该调整图层上进行的所有操作都只针对模特进行。另外，在属性面板中将可选颜色的模式从相对更改为绝对。

可选颜色调整图层的工作方式就好像是在混合油墨。菜单中提供的每一种颜色都对应着青色、洋红色、黄色和黑色滑块，以供我们调整四者在其中的比例，这4种颜色也是我们在印刷时使用的标准油墨颜色。在着手调整之前，我们首先需要观察一下模特与背景之间的色彩差异。

特别需要注意的是，模特阴影部分的青色要比中间调和背景暗调部分的青色明显得多。另外在皮肤的高光部分也有一些青色和蓝色。这并不难理解，原片在室外环境下拍摄，反射了来自天空的蓝色和青色；而现场的主要光线则来自温暖的人工光源，在画面中主要表现为洋红色和黄色。我通常建议从中性色开始调整，但对于这张照片来说，阴影部分的偏色显然更加明显，所以我们首先在可选颜色调整图层属性面板的颜色下拉菜单中选择黑色。

对我来说，这是一个反复的过程，也就是说我会在中性灰、黑色和白色之间反复调整若干次。尽管这儿的调整不涉及亮度变化，但是在调整过程中我们往往会参考前景与背景之间相似亮度区域的色彩倾向来做出调整方向的判断。模特的衣服和头发有大面积的黑色区域，我们将把这些区域与背景中的阴影区域进行比较。在调整时，我们不需要尝试精确的色调匹配，而是应该以“合理的相似”为目标。对于合成工作来说，很多时候颜色匹配只是大的工作流程中的一部分，之后我们可能还需要做局部的简单加深以及全局的调色处理，这些都会对色彩匹配产生影响。

当黑色达到“合理的相似”效果之后，接下来我们开始针对白色进行调整，目标同样是移除高光部分的青色色偏。最后，对中性色做一些全局性的调整。在这个过程中，我们可以打开观察层，确定画面效果已经达到平衡的状态。记住，这个调整并不要求完美。

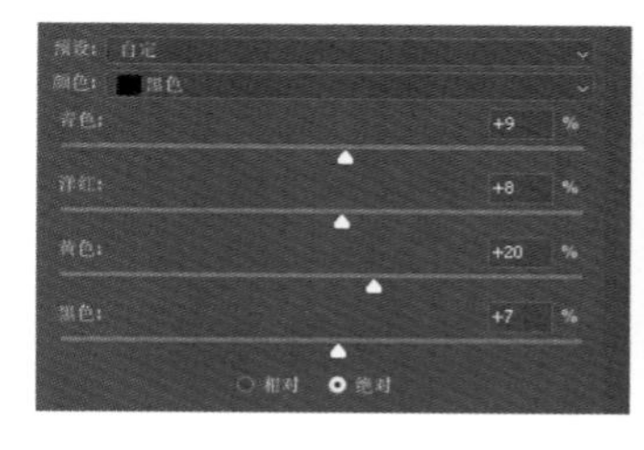

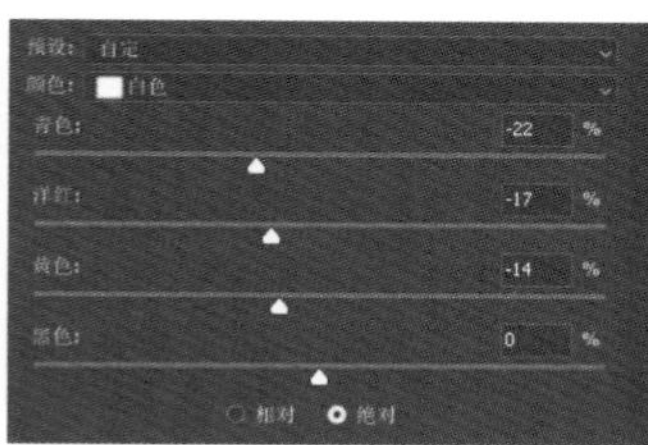

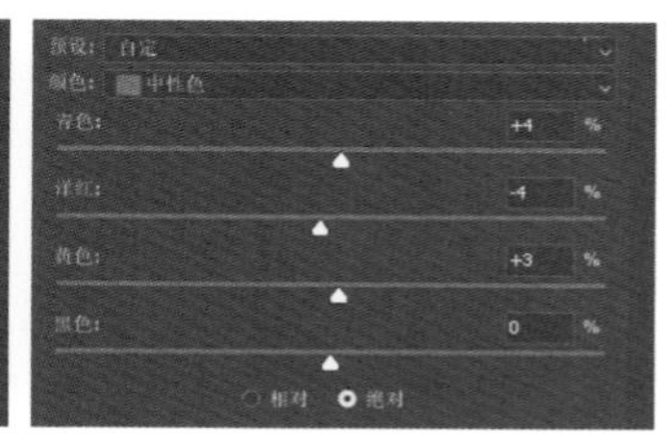

在调整的时候，时刻切换观察层查看效果是一件非常重要的事情，我们既不希望调整过头，也不希望遗漏了某些关键的影调部分。必要的时候，我们可以在调整结束之后通过降低可选颜色调整图层的不透明度来弱化效果。除此之外，我们也可以使用色彩平衡调整图层代替可选颜色调整图层，前者在某些情况下用起来更方便，只不过功能并没有那么强大。此外，使用色彩平衡调整图层能更好地保留原始画面亮度，使用起来也更为直观，因为我们是在一对对互补色之间直接做出选择，而不是面对一堆数字在脑海之中组织它们的相互关系。

## 渐变区域控制

在第3章“选区与蒙版”的“基于渐变映射创建选区”一节中，我们就已经介绍了如何使用渐变映射工具直接在画面中选定色彩范围。如果将这个想法发散，那么我们就能通过将其设置为明度混合模式而对不同影调范围做直接的控制，这样做就将渐变映射工具转变为强大的区域曝光工具。我们先来复习一下前面的内容。

渐变映射工具和颜色查找表有一些相似之处，它基于画面的亮度值为其赋予新的色彩变化，而颜色查找表则可以基于色彩赋予画面更复杂的变化。要知道，我们在Photoshop的界面中看到的每种颜色都是若干个颜色通道效果的组合，每种颜色对应的亮度值同样取决于颜色通道的组合。我们可以想象，一个给定的输入亮度值如何被转化为渐变映射中一个新的指定值。

“渐变编辑器”对话框中的渐变预览条直观地展现出了渐变映射工具依据画面复合亮度赋予的从暗到亮的新色彩。左边代表亮度为0%的区域，所有颜色通道均为黑色；右边代表亮度为100%的区域，所有颜色通道均为白色。尽管我们并不能指定确定的输入值，但是可以通过“位置”对话框以百分比的方式精确调整每个色标在渐变预览条中的位置。

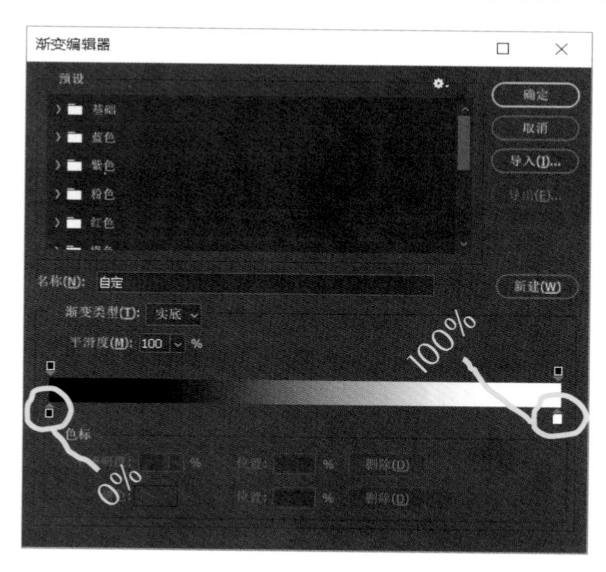

渐变预览条的每个位置代表一个绝对亮度值，而不是图像的实际亮度范围。添加色标是告诉Photoshop我们想让这个绝对亮度值在画面中呈现出什么样的效果。例如，在50%的位置放置一个亮蓝色的色标，将导致画面中所有亮度为50%的区域被转换为亮蓝色。

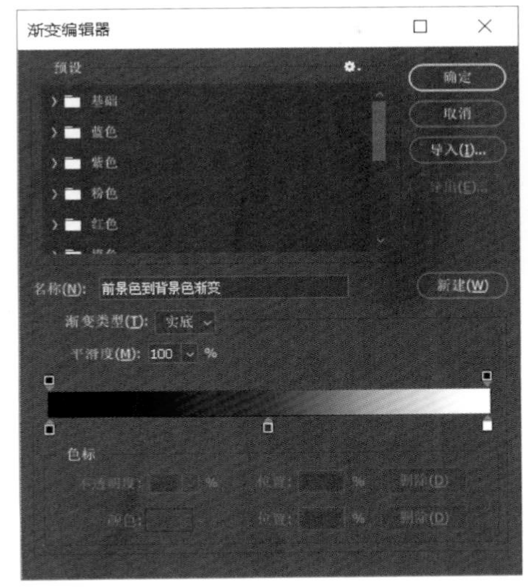

通过这种方式，每个色标均被映射到一个对应的亮度值。当映射到标准的黑白渐变预设时，其结果就是一个基于复合亮度的黑白转换。对于没有纯黑色或纯白色的图像，渐变两端就找不到任何对应的画面内容。在从黑到白的渐变中间有一个中间点对应两者的平均色，在这种情况下即为50%灰。如果我们将渐变映射调整图层的混合模式设置为明度，那么它的表现效果将有些类似于色阶调整图层的效果。将黑色滑块或白色滑块向中间拖动就会造成画面的反差增强。

用更平实的话来说，将黑色滑块向右移动会使更多的阴影变成纯黑色，将白色滑块向左移动会使更多的高光变成纯白色。

在接下来的3个例子中，我使用渐变工具创建了一个从黑到白的标准渐变，然后应用了3种不同参数设置的渐变映射调整图层。请注意渐变映射调整图层对应的“渐变编辑器”对话框的控制点位置以及它们如何影响画面中的渐变效果。

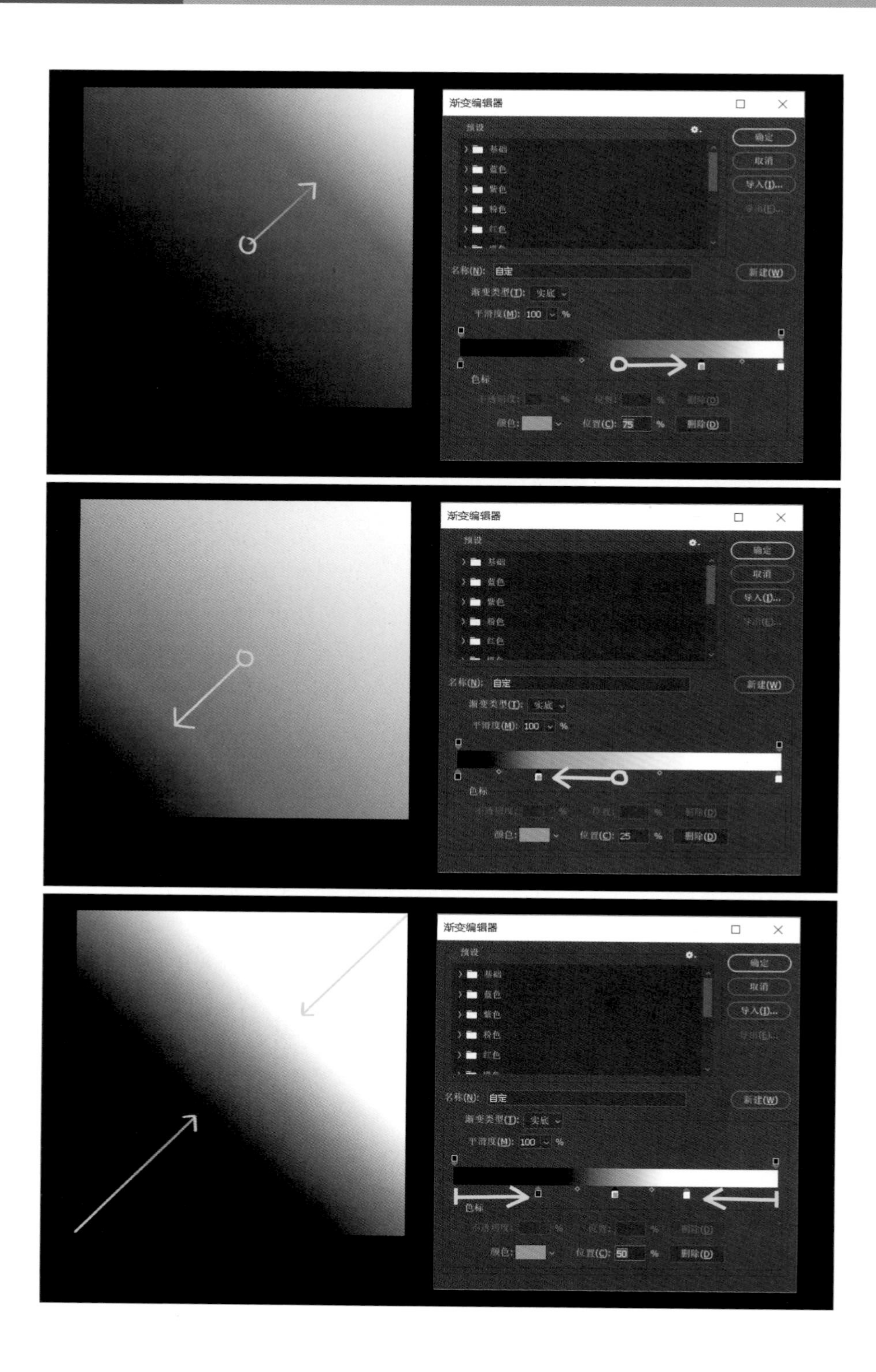
渐变编辑器
预设
确定
取消
导入(I)...
基础
蓝色
紫色
粉色
红色
名称(N): 自定
新建(W)
渐变类型(T): 实底
平滑度(M): 100 %
色标
颜色:
位置(C): 75 %
删除(D)
渐变编辑器
预设
确定
取消
导入(I)...
基础
蓝色
紫色
粉色
红色
名称(N): 自定
新建(W)
渐变类型(T): 实底
平滑度(M): 100 %
色标
颜色:
位置(C): 25 %
删除(D)
渐变编辑器
预设
确定
取消
导入(I)...
基础
蓝色
紫色
粉色
红色
名称(N): 自定
新建(W)
渐变类型(T): 实底
平滑度(M): 100 %
色标
颜色:
位置(C): 50 %
删除(D)

与色阶调整不同的是，我们可以在渐变预览条上增加更多的色标。如果我们注意分配与百分比位置值相匹配的灰度值，例如在25%的亮度位置上创建一个25%的灰度色标，就可以精确地将特定影调的亮度值调整到任意我们期望的新亮度值上。

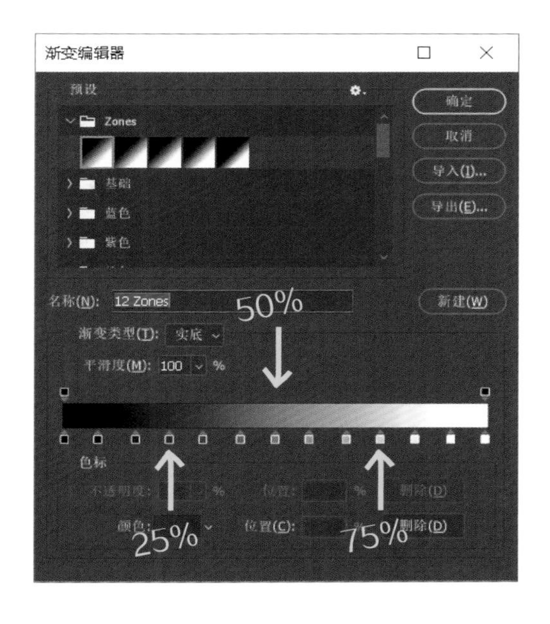


右侧这张图片是对安塞尔 • 亚当斯区域曝光法的模仿。每一个色标对应区域曝光法中的一个区域分割点。每一挡之间的区域可以被压缩或扩大，从而改变区域之间的关系。通过这种方式，我们可以对图像的整个色调范围进行认真细致的控制。这个方法我是从本书的编辑洛奇 • 贝利尔那儿学到的。这真是一个天才的技巧，大家觉得呢？

但有趣的事情还不止于此。将渐变映射调整图层的混合模式设置为明度之后，我们还可以使用这种方法对彩色图片进行类似的影调控制。这就好像打了鸡血，吃了一顿满汉全席，然后还喝了许多咖啡之后的超级色阶，唯一不同的是它不会因为打了鸡血或者喝了咖啡手抖。

## 注意保养

在对“渐变编辑器”对话框中的色标进行微调的时候，你或许会因为手指和手腕的反复操作而变得疲劳。无论你使用的是手写板、鼠标还是触摸板，都有可能发生这种情况。我强烈建议你研究一些符合人体工程学的解决方案，比如使用鼠标滚轮控制位置，甚至可以购买Monogram Console或Loupedeck之类的专门硬件。关于使用Photoshop工作时的硬件配置，详见本书第一篇“绪论”第1章“前言”。

实际上，创建属于自己的区域曝光法渐变预设非常简单。首先选择最基础的黑白渐变预设，然后沿着渐变预览条在对应的位置添加色标，并打开色标颜色设置面板，在面板的HSB设置中为色标添加与位置对应的亮度值，即B值，并将H与S的值归零。所需的位置与亮度值对应如下。

0%　8%　17%　25%　33%　42%　50%　58%　67%　75%　83%　92%　100%

你应该已经注意到这里一共包含13个色标，也就是说我们在黑白两点之间一共添加了11个可供调整的挡位。因为Photoshop不允许在这个对话框中使用小数，所以我们只能使用近似值。大家并不一定非要按照此处提供的数据填写，但这组数据确实是整数情况下分布最均匀的方式，而且其中有一半的色标定位准确。使用这个方式创建色标，我们得到了12个可供调整的独立区域。如果大家愿意的话，也可以直接以10%为增量创建自己的版本。

我建议大家在创建自定义渐变之后在渐变菜单中将其存储为预设。可以给它起一个有趣好记的名称，例如“神奇的黑白滤镜”或者“神奇的超级区域渐变”等。当然了，也可以起一个“区域控制渐变”之类的名称，虽然无聊，但也实际。这样一来，我们就可以随时通过预设调用这个渐变，而不需要每一次都从头创建。

使用这种方式控制画面曝光非常直接，接下来我们看两个例子。第一个例子很简单，我们使用该自定义渐变可增大画面的局部反差。

这面墙的曝光和影调平衡都控制得不错，所以只需要进行一些小范围的修正。对渐变色块做细微调整，让一些在原片中糊成一团的区域看上去更有层次感。整个调整虽然幅度不大，但得益于精确的数值控制，我们可以很容易地对某个影调范围内的反差进行调整。最后，我们将渐变映射调整图层的混合模式更改为明度，以免对画面颜色造成影响，毕竟我们的目的只是调整部分影调范围内的反差表现。

正如大家看到的调整之后的渐变预览条，它和一条普通的黑白渐变预览条几乎没有任何区别。我将黑白两色滑块略微朝着中间移动了一些，然后将阴影部分的色标拉得更开了，以增大影调范围内的反差。记住，将任何一个黑色色标向右移动将会使得原本的颜色变得更深，而将白色色标向左移动则会使其变得更亮。渐变预览条上的色标既是调整的控制点，同时是调整的限制边界，相比曲线工具，可以有效避免出现影调错位颠倒的问题。

综上，这个技巧非常适合与其他调整操作搭配使用。就个人而言，我比较喜欢把它放在最后一步进行。

对于第二个例子，在拍摄下面这张荷花的照片时，为了保留花瓣上的细节，整体曝光略有些欠缺，导致画面整体看上去不够通透。后期处理的时候我首先添加了一个色阶调整图层来增大画面整体反差，接着使用曲线调整图层做了轻微的细节对比增强。这个基础打好之后再进行区域影调控制，就可以对还剩下的不足做精确的调整。最后，为了统一画面，我还用渐变填充工具添加了一个小暗角。

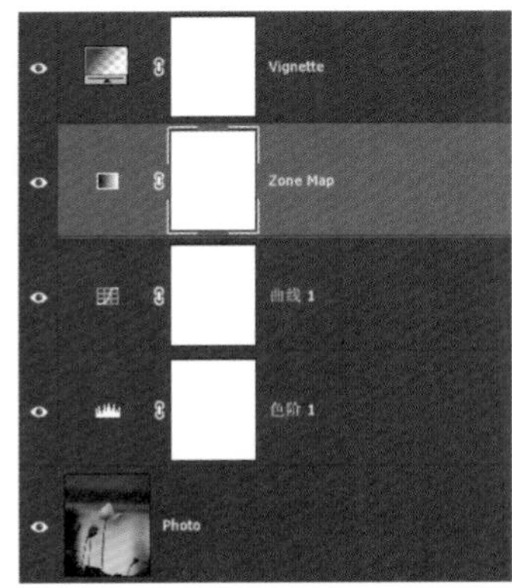

使用这套区域渐变工具调整画面的方法有很多，但我建议直接用眼睛观察结果，而不是追求影调的精确数值。使用这种渐变调整方法能够让我们对画面影调做非常细微的调整控制，它有很多优点，但与此同时大家还是需要小心。如果对个别滑块的调整幅度过于夸张，往往会导致色调被严重压缩，或者在图像的平滑过渡区域出现带状的色彩破裂条纹。要记住，我们的目的是有选择地压缩和扩大影调范围，而不是对着一堆数字做游戏。

一般来说，我喜欢用这个技巧对画面做小的对比度调整，以分离那些影调非常接近的细节，比如明亮天空中的云。这个技巧还有一个妙用，就是通过将所有滑块均推向同一方向来改变画面的整体色调。

当然了，这个技巧的用武之地远不止上面列举的这些。还记得我们前面将它比作打了鸡血的色阶命令吗？针对性地创建少数挡位就可以让我们对不同区域做更大幅度的调整。下面这张照片拍摄于圣迭戈巴尔博亚公园，它的中间调部分的反差略有些欠缺，所以我在25%、50%和75%的位置上分别设置了对应灰度值的色标，然后将中间调色标左移以提亮整体画面。

事实证明，创建适量的预设确实能显著提高我们的工作效率。虽然上面的例子大多使用明度混合模式将调整限于影调，但同样这些渐变也可以用来直接将照片处理为黑白效果，而且效果显著。正如大家即将在“黑白影调高级控制”一节和之前在“调色”一节中看到的，使用渐变映射调整图层可以有效地对画面影调进行各式各样的调整。

## 黑白影调高级控制

黑白影调高级控制是我最喜欢的黑白转换技巧之一，它不依赖滤镜或第三方插件，而且可以轻松地实现强大的控制性。另外这个技巧相当灵活，因为我们甚至不必使用所有的元素。而且这个技巧可以让彩色图像调整工具参与到黑白转换中，从而让Photoshop中的一切工具几乎都能派上用场。

下面这张照片拍摄于新墨西哥州北部的山丘地带，在狭窄的色调范围内隐藏着一些有趣的细节。使用基本的线性黑白渐变转换并不能得到理想的效果，使用默认的黑白调整图层得到的结果也同样不够理想。

幸运的是，我们知道Photoshop将颜色视为通道亮度值的组合，所以我们可以用它们来控制不同颜色在黑白转换之后对应的灰度值。在本书前面，我举例说明了两种不同的颜色即使在色相和饱和度上有差异，但是可以映射到相同的灰色值，因为它们拥有相同的亮度表现。如果我们在将照片转换为黑白效果时同时考虑到颜色的饱和度与色相，就能实现更加丰富的影调变化。

首先创建黑白调整图层。在这一步，我们需要先确定大的色块在转换为黑白效果之后的影调关系。因为整个转换过程完全取决于每个人的喜好和审美判断，所以我在这儿主要想谈谈我为这张照片做出的判断和选择，而不是具体的参数设置。这里的重点是让大家了解我在创作最终作品时的思考过程，这样大家就可以在自己的工作中使用类似的思路和方法。

这张照片最困扰我的就是大多数画面细节变化都发生在一个狭窄的颜色范围内。在处理过程中，我尝试把这些变化和纹理一起刻画出来。所以在处理过程中我最关心两点，一个是如何压暗天空，另一个是如何有效利用画面色彩的微小差异。在黑白调整图层中，我降低了蓝色滑块的值，直到天空几乎变为纯黑色，然后压暗青色来强化效果。

之后，根据画面的色彩分布对不同滑块做一些基础调整。至此，预处理工作就算告一段落，这也就是我所说的确定大色块的影调关系。我们并不能寄希望于黑白调整图层的滑块能直接帮助我们分离画面中的细节影调，但它们对于设置主要色调区域和建立整体反差关系是有用的。

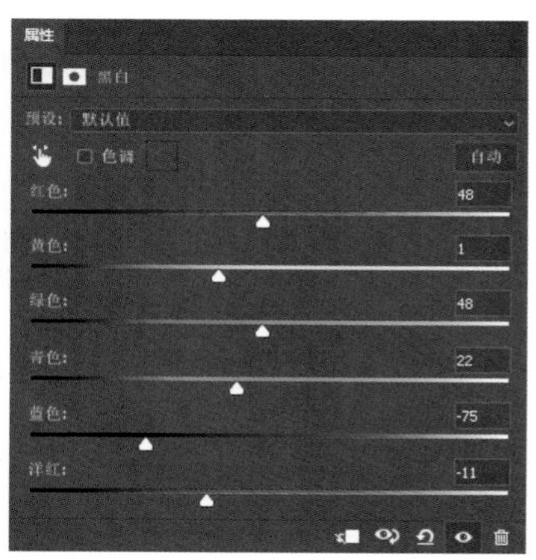

## 为什么是中性灰?

从中性值开始调整有助于我们更轻松地确立画面中的主体视觉元素，并且能为调整阴影与高光建立合适的参考点。一般来说，摄影师在指定画面阴影与高光的时候更倾向于使用中性灰作为参考标准，而不是简单地指定亮度水平。根据经验，最好的调整起点是将影调集中在整个动态范围中央1/3的位置时。

当然了，追求艺术的过程中永远伴随着经验不适用的问题。我们在处理自己的照片时，首先应考虑画面中包含最重要细节信息的区域，它们是我们处理的基础与核心，紧接着使用其他内容（例如影调或者颜色）围绕着画面重点作为支撑内容展开。这是一种普遍性的调整思路，并不仅限于将彩色照片转换为黑白效果。

为了精确控制被黑白转换命令所处理的色相，我们需要在黑白调整图层下创建一个可以对颜色进行更精细控制的预处理图层。可选颜色调整图层是个非常好的选择，它将原色和间色按照印刷油墨的构成方式分解为青色、洋红色、黄色和黑色。在使用可选颜色调整图层调整画面色彩的时候，我喜欢首先调整中性色，然后调整阴影、高光和其他独立颜色。

压暗黄色可以增强中间山峰水平层次之间的反差，提亮洋红色则能够还原更多阴影处的漂亮细节。

虽然我们只做了一些简单的调整，但现在画面的整体反差已经得到了极大的改善。接下来我们来处理白色，向右移动洋红色滑块的同时向左移动黄色和青色滑块，可以让中间沉积物的层次变得更加分明。最后我们对黑色做了一些更轻微的调整。由于阴影区域有很强的洋红色色罩，为了改善这个问题，我单独从下拉菜单中选择了洋红色，降低了其中黄色的比例。这么做可以还原阴影区域的细节，而不会对其他区域造成影响。

至此，黑白影调高级控制也就告一段落，但这并不意味着我们的调整就此结束。我们还可以在这两个图层的下方再添加一个色彩平衡调整图层，通过一些全局调整改变不同区域之间的色彩关系。这是一种非常微妙的处理，它影响了互补色之间的平衡。我们增加一种颜色，也就意味着减少了这种颜色的补色。在此之前我们的所有操作都局限在某个具体的颜色上，色彩平衡调整图层为我们基于色彩之间的相互关系进行调整提供了可能。

接下来的调整虽然用的还是基本的影调调整技巧，但是都依据个人的细节喜好来进行。记住一点，Photoshop中的信息都是沿着图层堆栈从下往上流动的，但我们在这儿的调整方法是自上而下的。每个调整图层都是对画面局部的优化调整，类似于我们在处理人像时所做的减淡加深操作。

最后，我使用略加修改的深褐色调渐变预设给画面做了上色处理。深褐色调渐变预设位于“渐变编辑器”对话框预设菜单中的“旧版渐变>照片色调”文件夹中。

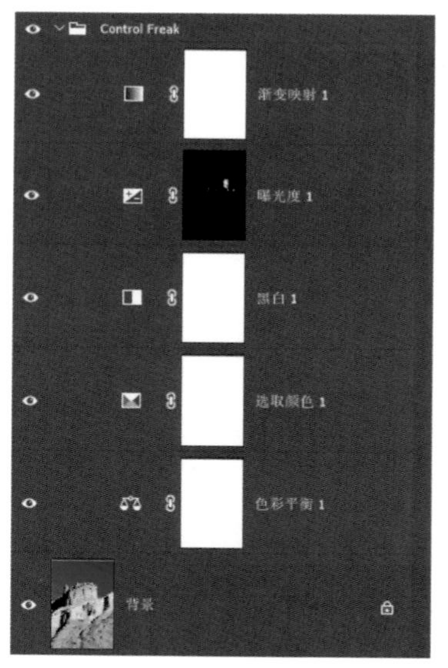


聊到自下而上的调整方式，我们也可以在黑白转换调整之后做一些局部调整。在第4章“减淡与加深”中，我介绍了一些方法，这儿我想向大家介绍一个新的方法：使用曝光调整图层。当然了，大家也可以使用任何自己喜欢的方法。我多此一举不过是为了证明一个观点：在Photoshop中，任何事情都可以用很多不同的方法来完成。因为我只想给画面增加一些阴影，所以只使用了一个曝光调整图层，曝光度设置为-1.5挡左右，这样就添加了一个全黑的遮罩，然后我手动绘制了一些阴影轮廓。

最后的图层堆栈包括5个调整图层，每个调整图层都提供了非破坏性的调整操作，以各自的方式为画面的最终效果贡献了力量。我们首先使用黑白调整图层完成了从彩色到黑白的转换；然后使用可选颜色调整图层在色彩成分层面上细化不同色彩对亮度的贡献；接着使用色彩平衡调整图层控制不同色彩之间的关系；最后用渐变映射调整图层完成色调调整，用额外的曝光调整图层对局部细节做了减淡加深处理。

我将所有这些调整图层还原到默认设置并作为预设保存在了我的库文件中，这样下次遇到需要将彩色照片转换为黑白效果的时候，我就可以直接将它们拖到我的文档中。这种方法提供了无穷无尽的灵活性，单单只是渐变映射调整图层就提供了数不清的玩法。这就是为什么我管这一节的技巧叫作高级控制。

# 第6章 观察层

如果你经常眯着眼睛、前后移动着脑袋、盯着屏幕几分钟不眨眼睛，试图找到自己作品中还需要完善的细节，那么本章的内容一定能彻底改变你的工作方式。本章的内容很短，但学会这些技巧能让你避免头疼脑热和眼睛疲劳，并简化你的整个后期处理工作流程。

观察层是一系列的临时图层，我们可以在工作中把它放在适当的位置以改变图像的显示效果，但这些效果并不会应用于最终作品。观察层有两种主要用途。首先是增强图像的某些特征，使其在画面上显示得更加清晰，甚至到夸张的地步。这类观察层通常采用加强对比，或者分离特定部分影调属性的方法消除分散注意力的画面元素，让我们的注意力更加集中。其次是改变我们对于画面的认知方式，使用观察层不仅可以改变作品的呈现方式，还能减轻我们因长时间盯着画面而产生的视觉疲劳。有时这两种用途是重叠的，比如反色观察层或者去色观察层等。

最常见也是最典型的使用观察层的方式是将它们放在同一个图层组中，然后将其置于图层面板的最上方。有时候我们也会将观察层与特定的图层或图层组搭配使用，例如在做一些合成或者调色工作的时候。但绝大多数情况下我们都把它们放在图层面板的最上方，以便随时使用或者移除。

根据观察层的不同使用方式，你可能会发现有必要经常切换这些观察层作为调整之后的检查方式，而不是在工作时让它们一直处于开启状态。在使用观察层的同时，请确保图层面板一直处于打开状态并位于Photoshop界面的最上方。与此同时还需要注意我们当前所选择的图层，以免在错误的图层上执行操作。另外还有一个很好的预防措施——锁定整个图层或图层组，这样我们可以改变图层或图层组的可见性，但不可以改变其参数或蒙版。

## 为图层命名

我一直建议大家为自己的图层命名以便于管理它们，但在具体到观察层的时候，还有些额外的问题需要注意。为它们命名的时候，你应该根据自己看到的结果或使用它们的方式来命名，而不是根据它们所涉及的混合模式或调整内容命名。在前面的例子中，我们将灰色填充图层的混合模式设置为颜色，但其目的却是观察画面的明度信息分布。反过来，将该图层的混合模式设置为明度的时候，我们的目的却变成了观察画面中的色彩信息。所以当我们在工作中使用观察层的时候，最好的办法就是根据使用图层的目的或效果为其命名。

最后，注意我们在常规的调整图层上所使用的工具，其中一些工具（如克隆图章工具等）有选择取样来源或调整目标的选项。如果我们将其设置为对所有图层生效的默认设置，并在观察层可见的情况下在需要修复的图层上工作，那么最终会影响画布上当前可见的所有内容——其中包括观察层，而不是只影响我们真正想要调整的部分。换句话说，当我们在观察层可见的情况下进行调整操作的时候，请确保根据实际情况将那些可以跨图层生效的工具的调整范围设置为当前图层或当前和下方图层。

## 反向观察层

反向调整图层可能是使用最方便的一个观察层。使用这个调整图层作为观察层可以让我们以稍微不同的方式检查自己的作品，它可能会帮助我们挑出各种本来被隐藏或遮挡的细节。虽然这个特殊的调整图层并没有起到什么实际的技术参考作用，但它说明了一个道理：改变我们所看到的东西，可以帮助我们刷新自己的审美疲劳心态，用全新的眼光查看自己长时间面对的作品。

这个调整图层没有任何控制选项，效果基本等同于观看当前照片的底片状态。反向调整图层同时颠倒了画面的颜色和亮度，很多时候我们会将它与其他观察层一起使用，特别是通过快速切换来寻找一些容易被忽视的问题时。另外我们也可以考虑将反向调整图层与“编辑 > 变换”子菜单中的画布翻转和旋转命令搭配使用，以检查画面构图与视觉平衡。

## 明度观察层

我们可以通过添加一个设置为颜色混合模式的中性色图层作为观察层来暂时移除画面颜色。为什么要这样做呢？回想一下，两种颜色可能有相似的亮度值，所以移除画面中的所有色彩信息并以灰度模式显示可以让我们更好地观察画面构图，同时也可以帮助我们评估各种颜色的相对亮度。这对为画面添加或移除暗角以及为突出画面内容而执行的局部减淡加深操作都非常有用。使用这个技巧时，我们最好适当地缩小画面的显示比例，以便在全局状态下判断局部的问题。

如果你更喜欢使用调整图层代替常规图层，那么也可以用设置为黑色、白色或任何其他低饱和度的灰色的纯色填充调整图层。因为颜色混合模式将背景图层的颜色替换成了当前混合图层中的颜色，所以只要我们使用的填充图层使用了中性色，无论明暗，其效果都是一样的。

将明度观察层与反向观察层结合起来，这样就更方便我们观察画面中的各种构图细节。创建反向观察层并不非要使用反向调整图层，我们在中性色填充图层下面创建一个曲线或者色阶调整图层，将其黑白调整点的位置颠倒也可以实现反向画面的效果。而使用这两种调整图层，在反转画面的色彩与亮度的同时，我们还可以使用它们控制画面反差，因此其功能更加强大。

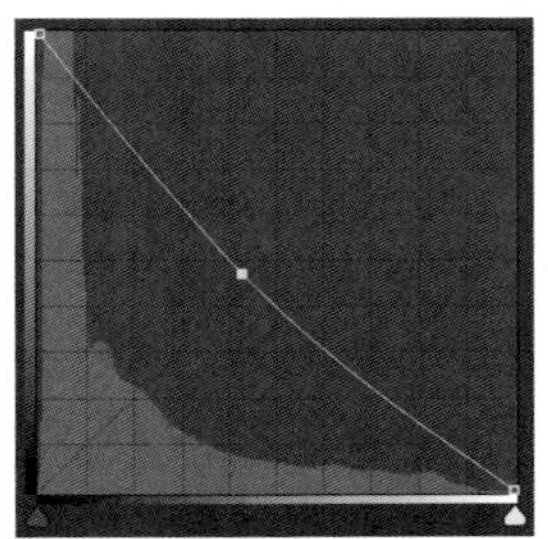

要想得到一个反转的色阶调整图层，需要将输出部分的黑白滑块颠倒。输出滑块位于输入滑块的下方，即色阶调整图层属性面板中直方图下面的一道不起眼的黑白渐变色带。我们只需要将黑色滑块移动到最右侧，将白色滑块移动到最左侧即可。

我之所以更喜欢使用色阶调整图层而不是曲线调整图层作为反向调整图层，是因为我发现在创建色阶调整图层之后，将其混合模式设置为实色混合可以得到超高对比度的观察效果，接着通过来回调整输入部分的中灰滑块，就能直观地看到画面中对比区域的变化。这是另一个有助于改进画面构图的可视化观察方法。通过分离不同的影调范围，我们就能更容易挑出反差不均衡的区域或可能分散观众注意力的画面细节。

## 彩虹观察层

日晒负感曲线最适合用来极端放大画面反差，从而让原本不被注意的细微渐变差异变得明显，在用来处理平滑背景或调整画面色彩过渡的时候用处极为明显。因为彩虹观察层的效果过于夸张，所以在使用时需要频繁切换图层的显示与隐藏状态。

创建彩虹观察层的方法非常简单，首先新建一个曲线调整图层，然后在曲线上添加4个控制点，并将其交替拖动到曲线的上下边沿位置。

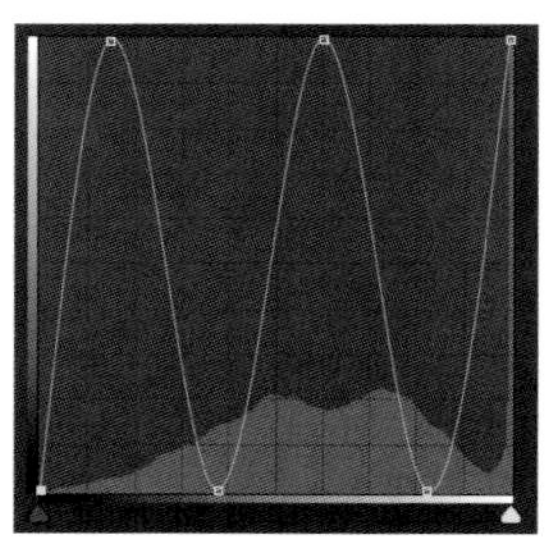

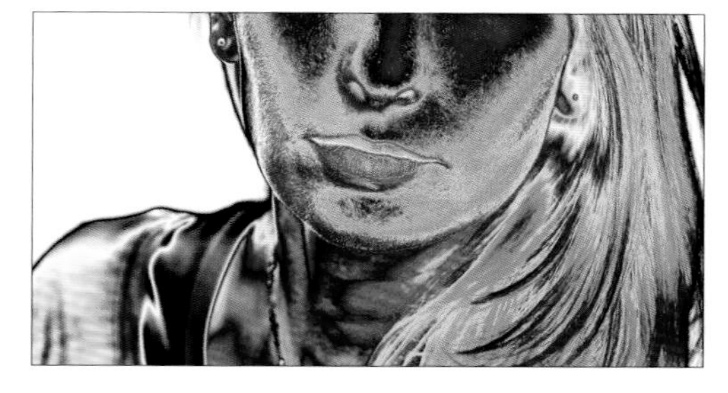

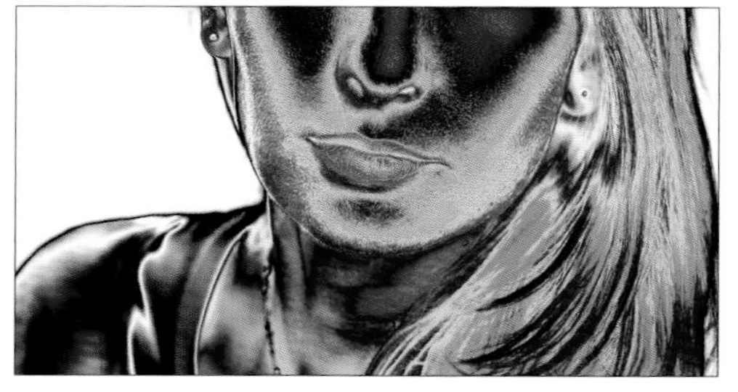

在创建完彩虹观察层曲线之后，我们可以通过单击曲线调整图层属性面板右上角的图标打开面板选项菜单，然后选择存储曲线预设命令将其保存为预设。在上方这个例子中，我使用了彩虹曲线来帮助判断模特皮肤上的影调过渡是否平滑。

在彩虹观察层的上方添加一个明度观察层，就能更好地帮助我们判断应该如何对画面进行减淡加深操作，以得到更平滑、细腻的结果。我们可以通过切换彩虹观察层的显示与隐藏状态来检查调整进度。注意由于曲线的形状，我们所看到的观察层效果并不直观，或与调整区域原本的色彩影调表现并不一致。例如当我们在彩虹观察层处于激活状态下进行减淡加深操作时，画面的变化很可能与我们所选择的工具效果并不完全对应，那么我们很可能会因此而错误地做出完全相反的判断。正因为如此，所以我们在刚开始使用彩虹观察层的时候可以首先短暂地打开图层并确定需要处理的区域，然后关闭该图层并使用我们选择的工具在工作图层上进行调整操作。当调整到一定程度的时候，我们可以重新打开彩虹观察层来检查刚才的调整质量。这需要一点时间来适应，可一旦我们掌握了彩虹观察层的使用方法，做细致的色彩和影调调整就会变得格外容易和快速。

## 色彩观察层与色相观察层

与去除颜色以观察画面明度信息分布类似，我们也可以反过来移除画面明度信息以单纯地观察画面色彩分布。这样做的好处是排除了影调对于我们判断的影响，因此我们更容易观察到画面细微的色彩变化，这对于美妆类照片的后期处理能起到特别的帮助作用。在图像上添加一个中性灰图层，将其混合模式设置为明度。直接使用这种方法创造的色彩观察层效果并不明显，所以我们可以再添加一个色阶调整图层来增强画面对比。在色阶调整图层中，我们可以将黑色滑块设置为100，将白色滑块设置为155，以此作为起始效果，中性灰滑块保持不变。如果觉得增强之后的效果太刺眼，也可以适当降低色阶调整图层的不透明度，或者调整黑色和白色滑块，直到一切在视觉上获得平衡。记住，我们的目的是更清楚地观察画面色彩分布，而不是实现某种特殊的画面效果。

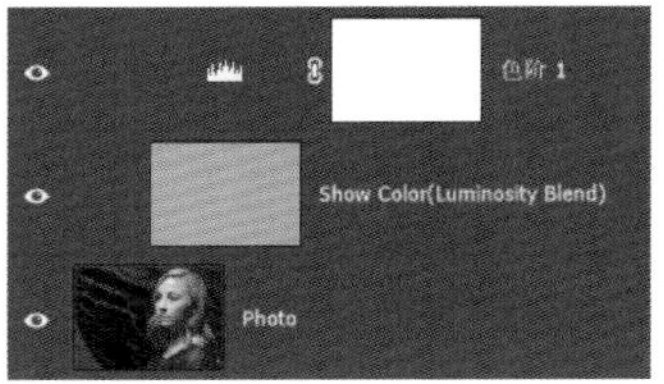

为了更准确地判断画面颜色色相，我们可以为画面添加一个色相观察层。添加一个空白图层，将其混合模式设置为饱和度，然后用任何完全饱和的颜色填充。只要我们选择的填充色是完全饱和的，那么它就会替代下方图像的饱和度。如果你不太确定使用哪种颜色，那么可以打开拾色器，将RGB值设置为 255、0、0，即完全饱和的大红色。但实际上具体使用哪一种颜色并不重要。

在这种状态下，所有颜色均被调整到最大饱和度的状态，但明度依旧被保留为原始状态，因此非常适合观察不同影调下的色彩倾向统一性。我们可以在图层堆栈上方创建一个渐变色靶，然后配合色彩平衡工具在这种状态下统一画面不同影调的色彩平衡。

需要注意的是，色靶必须放在所有色彩调整图层的上方，但同时位于色彩观察层的下方，毕竟我们并不希望色靶的颜色随着调整画面的变化而发生改变。这个方法特别适合检查美妆、产品颜色和合成元素色差。

## 阈值观察层

坦白说，我很少使用这个观察层，用到它大多是为了辅助判断直方图上的极限值所对应的画面元素。阈值调整图层只提供了唯一一个调整选项，让我们指定一个亮度值，并以此为界创建一个高反差图像——低于阈值的内容变成黑色，而高于阈值的内容则变成白色。将滑块向右拖动，可以检查画面中的极端高光或者“热点”；将滑块往左拖动，则可以检查画面中的死黑区域以及暗部分布。

我觉得将重点区域以白色显示在黑底上的方式更加方便，所以一般来说我更习惯用阈值观察层检查画面高光。如果使用阈值观察层查看阴影部分，则会在阈值调整图层上方再创建一个反向调整图层，从而将阈值结果的明暗颠倒。

不过还有一个更灵活的用法，那就是将阈值调整图层设置为正片叠底或者滤色混合模式。使用正片叠底混合模式可以让下方的画面内容透过阈值结果的白色区域显示出来，当我们需要以画面明暗为标准创建选区的时候可以使用这种方法动态地观察画面。这里再强调一次，将图层混合模式设置为正片叠底时露出来的是高光部分。当我们确定适用于创建蒙版的阈值设置之后，接下来有两种方法将当前的阈值范围转换为选区。

方法一：保持阈值调整图层的混合模式依旧为正片叠底，选择魔棒工具，将其容差设置为2，取消勾选“连续”选项，然后在画面中的黑色区域单击将其全部选中；接着使用菜单命令“选择 > 反选”或快捷键Shift+Ctrl+I（Windows系统）或Shift+Command+I（mac OS系统）执行反选命令反向选区；创建一个新的图层或调整图层，当前选区将会自动成为该图层对应的蒙版，接着我们可以在属性面板中调整图层蒙版的羽化滑块以消除边缘的锯齿感。

方法二：将混合模式设置为正常，并将当前画面保存为新的阿尔法通道。这样一来我们就能根据自己的需要使用任意工具对通道进行调整，并在需要的时候将其载入为蒙版或选区，这是我更喜欢的方法。

**注** 如果你并不需要创建图层蒙版，那么你也可以将混合模式设置为叠加，这样就能同时观察按阈值设置划分的高光与阴影区域。

如果你希望在将阈值调整图层的混合模式设置为滤色的情况下只显示画面中亮度低于阈值设置的部分，这也不是不行，但需要使用一个特殊的技巧：在阈值调整图层的上方创建一个纯黑色填充图层，打开填充图层的图层样式设置菜单，在混合颜色带部分将下方图层的黑色滑块移动到250的位置。这样一来我们就得到了高光被黑色屏蔽，只有阴影部分露出的画面。在这种情况下，我们还可以通过将阈值调整图层的混合模式在正片叠底与滤色之间切换的方式来实现高光、阴影的显示状态切换。将全部调整图层设置为一个图层组方便管理。如果同时包含了反向调整图层，记得只在以黑白模式显示的状态中打开该图层以切换显示模式。

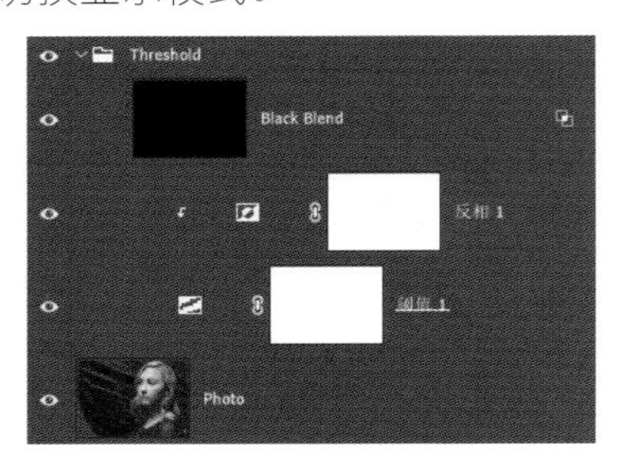

# 饱和度观察层

饱和度是一个很难直接从画面中判断的色彩属性，尤其对于肤色来说。一个经典的办法是使用可选颜色调整图层创建一个饱和度观察层来了解画面的饱和度分布状态。创建可选颜色调整图层，在颜色下拉菜单中将所有颜色下的黑色滑块设置为-100，然后将白色、中性色和黑色中的黑色滑块设置为+100。

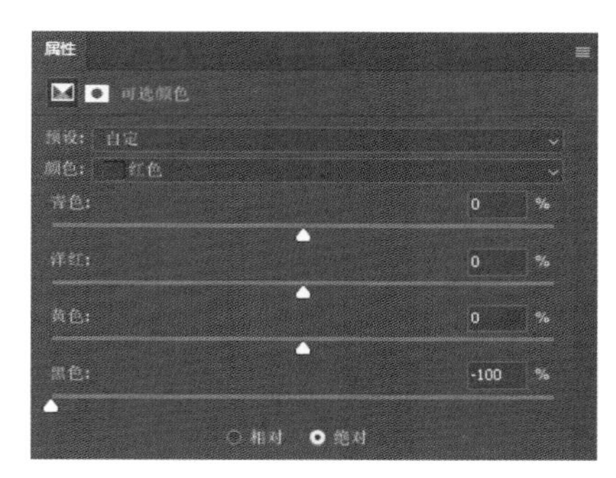


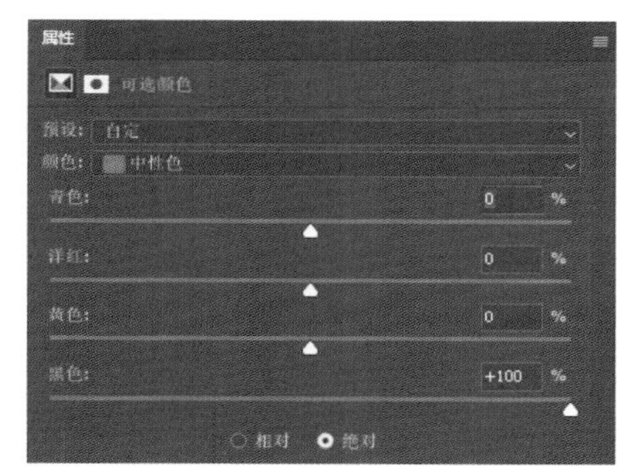


可选颜色按照减色法模型将RGB图像视为颜料的集合。在印刷流程中，每种颜色都是由青色、洋红色、黄色和黑色油墨组合而成的，可选颜色通过滑块控制每种虚拟颜料的混合或密度。从每种颜色中去除黑色油墨，也就等于只留下了每种“纯粹的”彩色油墨。而中性色中的黑色油墨则被调整为最大密度状态，这使得彩色油墨无法穿透显示出来。

我们得到了以灰度呈现的画面，其中白色区域代表饱和度高的部分。接着在可选颜色调整图层上方添加一个反向调整图层，并将这两个调整图层合并为图层组，混合模式设置为明度。这样一方面我们可以看到高饱和度颜色与白色的对比，更加符合我们的直觉判断；另一方面，我们也更容易控制整体效果的显示与隐藏。

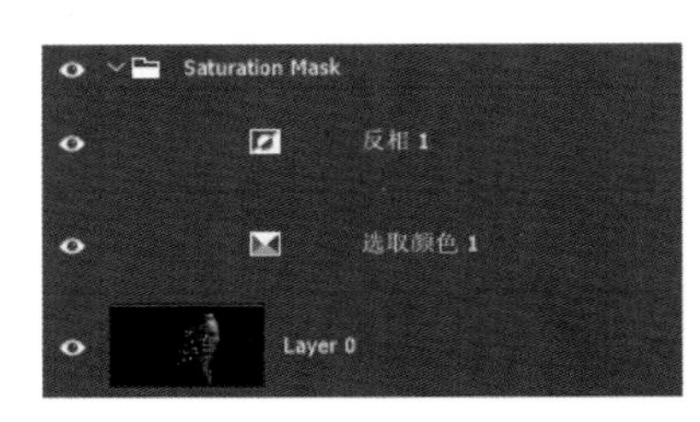

我们可以将饱和度观察层用于所有需要执行颜色调整的场合之中，例如色相/饱和度调整或色彩平衡调整等。

**注** 如果大家觉得上面介绍的这些观察层很有用，可以把它们集中放在一个叫作“观察层”的图层组中，将其设置为适当的起始状态，并删除所有观察层或观察层组的图层蒙版。接着，将“观察层”图层组设置为可见状态，其中每个独立观察层或观察层组设置为不可见状态，最后将整个“观察层”图层组作为一个项目拖到库面板中。

当我们需要观察层的时候，只需要在库文件中使用右键单击观察层，选择置入图层命令，整个图层组就会被放在我们的图层堆栈中以供随时使用。这比在每次调整时分别创建观察层和调用预设容易得多。

# 第7章　效果

是时候让我们从枯燥乏味的知识学习中歇口气来学习一些有趣的后期效果了。

我是从特效开始学习Photoshop的，直到今天我依旧很享受在Photoshop中添加特效的过程。这是一些非常有趣的尝试，而且我发现这有助于加深我们对滤镜功能的理解。虽然Photoshop中的很多滤镜拥有悠久的历史，并且带有很多令人遗憾的局限性，但它们仍然为艺术家提供了足够的创意空间。

虽然本章讨论的不少内容显然超出了混合模式和调整图层的范畴，但是并不违背本书的写作初衷——帮助大家更深入地了解这些工具。在实际案例中展示这些工具和技巧的使用方式有助于大家理解它们在后期处理的完整工作流程中所扮演的角色。希望接下来的这些效果案例能激发大家探索更多的可能。

## 奥顿效果

奥顿效果在数字后期领域已经存在了相当长的一段时间，但实际上它可以追溯到传统暗房年代一个叫作迈克尔·奥顿的人。在传统暗房中创作奥顿效果需要相当复杂的暗房技术以及烦琐的操作步骤，幸运的是Photoshop不仅允许我们轻松实现这种效果，还可以帮助我们创造出丰富的变化。这种效果提供了一种梦幻般的视觉表现，对于幻想类的题材和静物来说都非常适合。如果画面中原本就有一些高光，那么使用这个效果再合适不过。尘土飞扬的小路、多云的风景以及闪闪发光的静物使用这个效果处理之后都能散发出格外的魅力，虽说人像也是如此，但操作不好就很容易具有上世纪艺术照的庸俗感。

我们先从基础的操作方式开始，我在20多年前就已经学会了这套模式。复制背景图层，执行高斯模糊命令，根据照片的实际像素尺寸确定模糊半径，模糊半径一般为15~50像素。模糊之后的画面应该在高光、阴影、中间调区域都有面积足够大的色块，但并不至于让场景元素完全无法识别，大家可以参考下图理解我们想要得到的模糊效果。在这一基础上进行接下来的设置，就会让画面中的景物周围出现漂亮的光晕。当我们对模糊效果感到满意后，应用滤镜并再次复制模糊图层。将上方图层命名为“模糊变亮”，下方图层命名为“模糊变暗”。

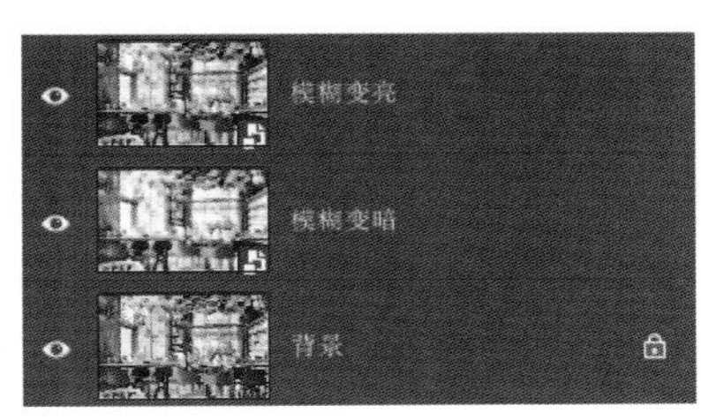


暂时关闭“模糊变亮”图层的可见性，并将“模糊变暗”图层的混合模式设置为正片叠底。这样一来，画面将会变得更暗，与此同时出现了脏兮兮的模糊效果，这些问题会在接下来的步骤中得到处理。回到“模糊变亮”图层，将其设置为可见，并将其混合模式设置为滤色，然后使用快捷键Shift+Ctrl+U（Windows系统）或Shift+Command+U（mac OS系统）移除该图层的色彩信息。目前看起来画面状态并不理想，但这还不是我们想要的最终效果。

最后，将两个图层的不透明度均设置为50%。如果有必要，还可以按照第2章“有用的信息”中介绍的方法使用混合颜色带选择性地控制图层在阴影与高光部分的效果。最后画面中出现围绕着明亮的高光和反射体的梦幻般的柔和光晕，这就是经典的奥顿效果。

想要获得经典的奥顿效果，操作非常简单，那么我们可以在此基础上进行改进吗？当然可以，而且如果愿意放弃使用多个图层控制效果的灵活性，我们甚至可以只用一个副本图层加上应用图像命令来获得与经典的奥顿效果略有差异、但讨更多人喜欢的效果。

回到原文件，和之前一样首先复制背景图层，然后在执行高斯模糊命令之前先执行“图像>应用图像”命令，在“应用图像”对话框中将“混合”模式设置为“线性加深”，然后将图层设置为合并图层或背景图层。我们在这儿可以通过选择不同混合模式得到不同的效果，而且大家稍做尝试就会发现这是一个颇具主观性的选择，大家可以根据自己的喜好使用最适合自己作品的混合模式。

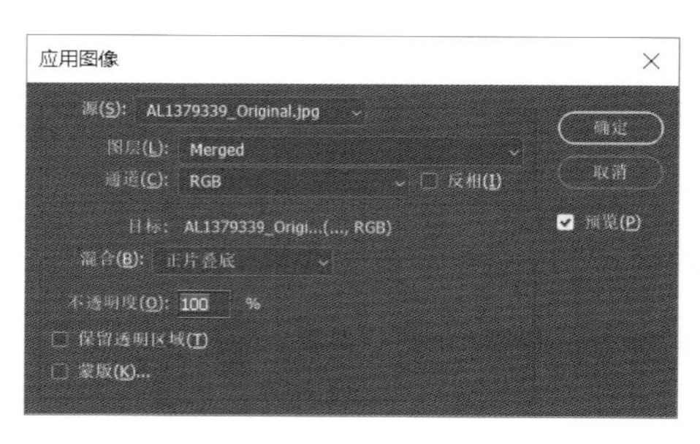

现在，我们已经得到了线性加深后的背景图层副本，接着添加较大半径的高斯模糊，并将图层混合模式更改为滤色。这样得到的效果并没有经典的奥顿效果那样夸张，所以基本上不需要调整不透明度或者混合颜色带的选项。

接着我们做进一步的调整以恢复部分高光细节。为模糊图层添加图层蒙版，在蒙版为当前选择状态的情况下执行应用图像命令，将混合模式依旧设置为线性加深，将图层设置为背景图层，勾选“反向”选项并应用调整。这样做后，系统将会使用图像自身的灰度信息反向创建蒙版，因此高光区域的细节得以保留，但高光边缘依旧呈现出漂亮的柔光效果。

现在我们回过头来想想这个效果是如何实现的。首先使用线性加深混合模式将原始图像的副本与其自身混合在一起，得到了原始图像的压暗版本。然后对结果进行高斯模糊处理，其作用是让高光部分扩散创造出发光区域，所以模糊半径的选择对于最终效果至关重要。最后将混合模式设置为滤色，恰好抵消了设置为线性加深时的画面压暗效果，同时将模糊发散的高光区域与原图的高光区域混合在一起。由于我们已经提前加深过画面，因此最终得到的处理结果的亮度相对于原图来说只出现了少量的变化。

如果我们在调整过程中改变一些设置，例如使用不同的模糊方式，添加一些额外的调整，或者更改应用图像与模糊图层的混合模式，都能得到有趣的变化。下面这幅添加了奥顿效果的肖像的前半部分基础操作与上面类似，但是在执行高斯模糊之后我使用色阶命令适当增强了模糊图层的反差，并将混合模式从滤色更改为叠加，最后使用色相/饱和度调整图层适当压低了模糊图层的饱和度，设置值为-25~-50。最后得到的结果整体影调更暗，高光与色彩则显得更加突出。

我们也可以在模糊处理之后使用滤镜添加一些有趣的纹理。在下面这个例子中，我在执行高斯模糊命令之后执行“渲染>云彩”命令，给画面添加了一些雾气，然后执行“编辑>渐隐云彩”命令，将混合模式设置为柔光，使得云彩效果扩散到模糊效果之中。最后，将模糊图层的混合模式设置为滤色，注意高光区域周围出现了仿佛烟雾一般散开的朦胧光晕，它看起来几乎像雾。用本书编辑的说法，这就是“20世纪80年代艺术写真风格”的最佳例子。

当然，大家还可以尝试不同的混合模式组合。例如将应用图像的线性加深混合模式更改为正片叠底混合模式等。如果喜欢更夸张的效果，还可以试试实色混合混合模式搭配扭曲滤镜或者路径模糊滤镜的设置。不过这样得到的结果可能与奥顿效果相去甚远。

## 雨水与氛围感

我喜欢使用Photoshop提供的滤镜以程序化的方式有机地生成各种纹理。也就是说虽然整个过程中的操作步骤是固定的，但是我们可以通过利用这些步骤中的随机性，来生成五花八门的效果。这是个非常有趣的过程，我可以花几个小时调整不同的设置和参数，以得到各种不同的结果。围绕本书介绍的内容，我们可以把这种探索当作一种熟悉数字工具的过程，从而锻炼大家解决问题的能力。

生成雨、雪和其他大气效果是图像处理中的一个常见操作技巧。照片中的雨由朦胧的条纹组成，通常没有颜色，明暗不一。大多数教程都是通过在黑色图层中添加杂色、应用动感模糊滤镜，然后将图层混合模式设置为滤色、柔光、线性光或亮光等来模拟雨点效果的。

这样做的问题在于Photoshop直接生成的杂色在整个画面中的分布相当平均，并且其像素大小并不与图像中的特征像素大小相适应。这意味着当我们使用的图像分辨率越高，使用这种方法得到的“雨点”越小。另外，雨点分布看起来也缺乏变化。那么接下来我们就从让雨点大小产生变化这个目的开始进行尝试。

有一种方法是使用高斯模糊命令将噪点混在一起，然后通过控制影调得到大小不一的色块。但实际上使用这种方法很少能得到理想的结果。作为一个控制欲极强的人，我更喜欢有确定性的做法。

执行“滤镜 > 像素化 > 晶格化”菜单命令，添加晶格化滤镜。晶格化滤镜只提供了一个单一控制选项来控制“单元格”或者说晶格的大小。晶格化滤镜通过将单元尺寸半径内的像素组合在一起从而生成小尺寸的多边形，并对多边形内的像素RGB值进行平均处理，最终得到由不同单色晶格组成的画面。当我们从一个充满噪点的图层开始进行处理时，这些随机的像素晶格创造出的单元格就可以作为各种效果的基础。另外，单元格的边缘线条更鲜明，所以之后应用动感模糊滤镜的时候效果会更自然。

左图是用纯黑色填充一个图层，使用“滤镜 > 杂色 > 添加杂色”命令添加大约20%的高斯单色杂色之后使用10像素晶格化滤镜处理的结果，所处理的图片大小为2900像素 × 3500像素。关于参数，我们之后还会继续讨论。

这样一来，我们就得到了用来生成雨点效果的种子文件。接着应用动感模糊滤镜，将角度设置为-85°，使得雨点呈现出自然飘落的效果，距离设置为100像素。

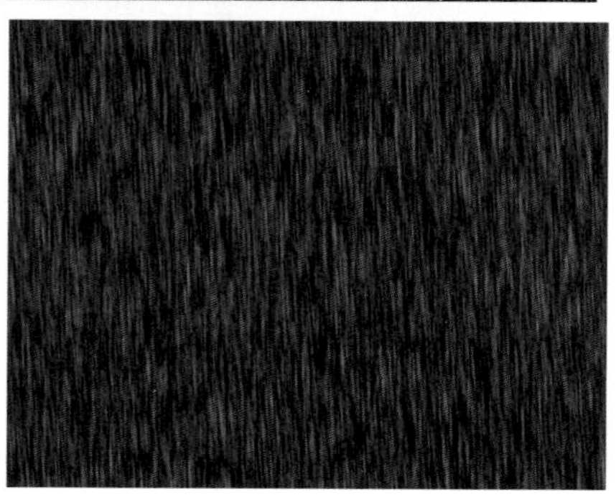

我们使用添加杂色命令添加的杂色效果会直接影响之后晶格化滤镜所生成的晶格。一般来说较少的杂色会导致颜色较深的晶格，因为每个晶格中包含的白色像素较少。给黑色图层添加更多的噪点意味着使用更多的随机生成像素覆盖了画面中原有的黑色，也就等于添加了更多的“非黑色”像素，所以较亮的晶格数量会更多一些。

为了得到有纵深感的雨点效果，我们需要多创建几个雨点图层。与其每次都添加一遍全部滤镜，不如先创建一个黑色填充图层，然后使用“滤镜 > 转换为智能滤镜”命令将其转换为智能对象。那么接下来我们只需要调整滤镜参数并创造对应的盖印图层副本即可。

在命名为“雨水基础”的智能对象图层上，依次以如下顺序和参数添加滤镜。

- 添加杂色：数量20%，高斯分布，单色。
- 晶格化：单元格大小10像素。
- 动感模糊：角度-85°，距离100像素。

## 注意边缘区域

Photoshop直接生成的效果总会有一些不足之处，在画面边缘表现得尤为突出，所以想要达到更理想的结果，有经验的修图师往往会在生成素材之后适当放大画面，使其边缘区域超出画布边界。虽然也有些教程建议大家在开始制作素材的时候就把画布设置得大一些，然后在创建素材后裁除掉边缘，但是我觉得这种做法很容易被人遗忘。另外在处理雨点这样的内容时，除了放大画面之外，还可以适当加入一些旋转或者透视变形效果。鉴于这些效果本身的特性，画面并不会因为小幅度的扩大、旋转与扭曲就导致细节出现明显的损失。

接着使用快捷键Alt+Shift+Ctrl+E（Windows系统）或Option+Shift+Command+E（mac OS系统）将我们使用智能对象图层生成的黑色背景雨点素材盖印到一个新的副本图层上。关闭智能对象图层的可见性，然后将雨点图层副本的混合模式设置为滤色，并将其命名为“雨点1”。这个效果只是为了让我们看看Photoshop直接生成的雨点是否符合画面主体的需要，所以我们可以自由探索各种参数与设置。我个人喜欢在第一步首先生成一个不会出错的版本，所以当前的雨点比较稀疏。

目前，雨点效果不错，但是雨点看上去好像漂浮在画面人物上方。在尝试了各种混合模式后，我选择了叠加混合模式，它除了为画面添加雨点效果之外，仿佛还加入了一些戏剧化的光影效果。确定混合模式之后，紧接着我对“图层样式”对话框中的混合颜色带做了一些修正，通过调整下方图层的阴影滑块还原了一部分暗部细节。

**注** 应用雨点效果的另一个常见问题是画面对比度低。创建雨点效果之后，我们可以直接对该图层应用色阶调整来提高对比度。使用快捷键Ctrl+L（Windows系统）或Command+L（mac OS系统）调出“色阶”对话框，并进行必要的调整。虽然这是一个纯粹的主观操作，但我还是建议大家不要把亮度设得太高，因为你可以更容易地通过降低不透明度或填充来弱化效果。另外请记住，直接对一个图层进行调整是一种破坏性操作，无法撤销。

现在，帽子和外套看起来已经被雨淋湿了。关闭“雨点1”图层，重新打开“雨点基础”智能对象图层，调整滤镜以得到更多的雨点。这时我们可以提高杂色数量，使用更大的单元格设置，以及更长的动感模糊距离。重复盖印副本图层操作，将得到的新图层命名为“雨点纹理”。

我之所以在这一步不讨论具体的参数设置，是因为这个效果是否恰当取决于画面的实际情况和个人喜好。如果你不喜欢这个结果，就删除图层再来一次。把“雨点纹理”图层看作整体氛围营造过程中的中景部分，之前创建的“雨点1”图层是前景。为了让大家觉得整个画面中到处都有雨点落下，我们还需要用一些内容填充画面。对于中间纹理部分，我使用了线性减淡（添加）混合模式，并将填充设置为40%，然后在人物面部添加了蒙版。

下图是将两个图层都打开之后的效果。

在现实生活中，相对于距离相机镜头较近的雨点来说，距离相机镜头较远的雨点的运动模糊程度往往更轻，我们甚至还能看到一些较为清晰的雨点。所以接下来我们来创造一些类似的细节。为了实现这个效果，我们需要将运动模糊距离减少到原始模糊距离的一半，甚至更少，并将杂色的数量控制在10%左右。再创建一个新的盖印图层副本，并将其命名为“雨滴”。

将“雨滴”图层的混合模式设置为变亮，因为这些雨点距离相机镜头更远，不会出现在人物前面，所以我们还需要创建一个蒙版将人物整个挡住。

我们将根据“雨水基础”图层创建的所有图层合并为一个图层组，并将其命名为“**雨**”。

现在，我们试着对整个效果再做一些额外的调整。通过降低图层的不透明度来降低雨点的亮度非常容易，反过来我们可以通过色阶命令提高雨点的亮度，从而在视觉上达到让雨看起来更大的效果。在创建“雨水基础”图层的新副本之前，首先在智能对象图层上方添加一个色阶调整图层并将其剪切到智能对象图层。调整图层为你提供了另一种方法来改变应用滤镜之后的智能对象的影调，从而改变雨点的视觉密度或者视觉数量。首先调整中点滑块，观察其对画面的整体效果的影响。如果需要增强画面反差，还可以将黑点或白点滑块向中间移动。除了前面提到的改变晶格化滤镜的单元格大小之外，这也是改变雨点数量的一种很好的方法。

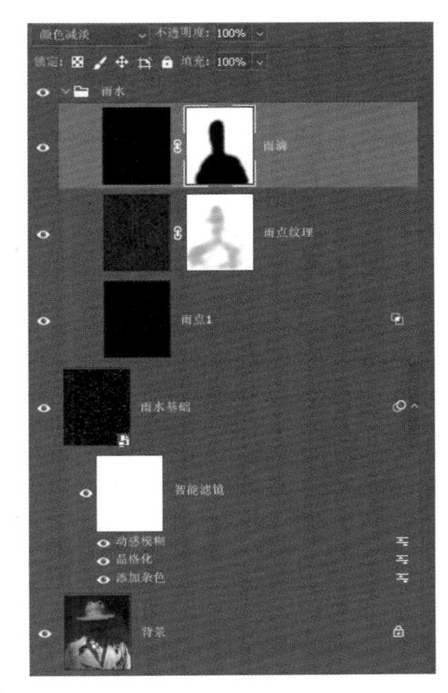


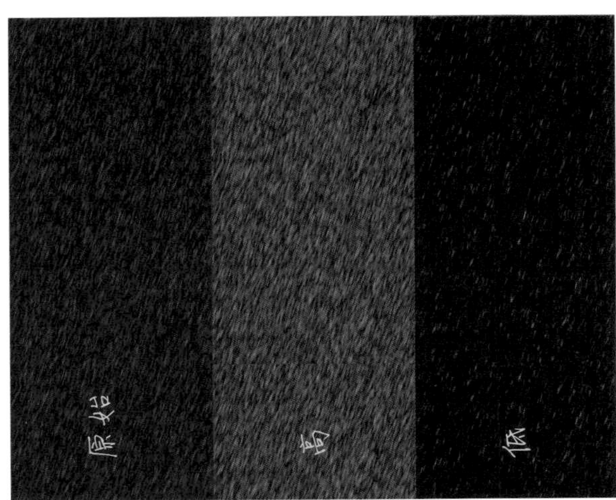


因为我们使用的是智能对象图层，所以可以将智能对象图层的混合模式设置为滤色，然后预览当前设置与已有雨点图层搭配在一起的效果。这个技巧可以让我们有机会在创建快照图层之前比较各种设置。在我们得到最合适的参数组合之后，首先将智能对象图层的混合模式设置为正常，然后使用快捷键执行盖印副本图层的操作。由于色阶调整图层也被剪切到智能对象调整图层，因此并不会对整个画面造成影响。

创建更多不同的雨点效果能让我们在画面中营造出更加丰富的层次感，从这个角度来说使用智能对象的方法绝对能节约我们大量的时间。对于一些纵深较大的图片，我们很可能需要通过更改动感模糊的方向、距离以及杂色的数量，创建4~5个不同大小、强弱的雨点图层。

下面是一个更类似于雪花或者雨夹雪效果的例子，我创建了4个雨点图层，远处的背景几乎变成了灰蒙蒙的一片，而前景则是大块的湿雪。

最后，我们可以创建雨点画笔，使用画笔工具直接在画面中添加雨点效果。特别是在我们需要创建水花或者加入一些局部雨点的时候，使用画笔工具可能更加方便快捷。

# 黑白漫画效果

黑白漫画效果是我在试图为阈值调整图层找到合适的用武之地时产生的灵感。由此可见，任何一种工具总会有超出它设计初衷的用途。简洁是应用这个效果的关键，我们应该像对待绘画而非摄影那样看待这个技巧。在调整过程中，注意构图和平衡，以及纹理的密度和线条的粗细如何影响画面的整体感觉。

阈值调整图层判断各通道的复合亮度，并使所有处于设置阈值以上的画面内容变成纯白色，剩下的画面内容则变成纯黑色。下图是在渐变效果上使用阈值之后得到的结果。来回移动阈值的设置滑块可以改变黑白分界线的位置，由此我们很容易看出为什么Adobe公司把这个调整选项称为“阈值”，它就是对该设置效果的客观描述。关于Photoshop如何计算各通道的复合亮度，详见本书第1章“Photoshop‘眼中’的影像”一节的结尾部分。

为了提升该效果的艺术表现力，我们需要使用各种画笔对画面边缘做一些手工处理。处理时注意留下画笔的笔触质感，而不要将它们全部涂成黑色。细致的黑白交错会使人产生纹理丰富的感觉，这是我们力求实现的效果。另外，保留适量的空白细节也能给画面带来一些层次感。

为了使用阈值调整得到我们想要的效果，我们需要对画面的色彩和影调数值进行小心翼翼的调整。在这个过程中，我们需要以Photoshop如何将颜色转换为亮度值的知识为基础，在阈值调整图层下面创建一些额外的调整图层来控制输入阈值调整图层的数据。

如果我们使用的照片中原本就包含大量的视觉元素，那么我们首先要做的就是尝试降低画面的杂乱感，这样才能更好地让阈值调整图层发挥作用。我们可以通过直接为照片图层创建蒙版来实现这个目的，也可以在照片图层上方创建一个混合模式设置为滤色的白色填充图层，然后使用黑色在该图层上涂抹，以露出下方的内容。

在处理过后的照片图层上方创建阈值调整图层，调整阈值色阶滑块，得到接近我们预期的结果。如果无论如何调整参数，结果都不理想，可以一次专注于一个元素——比如本例中的头发，然后使用绘画笔工具将所有元素组合在一起。目前我们得到了一个还不错的处理结果，但是还可以在阈值调整图层的下方添加一个黑白调整图层对效果做进一步优化。别忘了前面说的，阈值调整图层以画面的复合亮度作为基础输入数据，所以我们可以在应用阈值之前手动处理一下画面。

如果想要对画面做更加细致的控制调整，而黑白调整图层提供的颜色滑块不能满足要求，那么我们可以在阈值和黑白调整图层的下方添加更多的调整图层，总体来说这部分的操作思路有些类似于我在“黑白影调高级控制”一节中介绍的处理思路。还有一个更直接的方法是直接在阈值调整图层下面添加一个空白图层，使用50%灰填充，然后将其混合模式设置为

叠加，使用画笔工具准确控制我们想要的反差。这也是第二篇“技巧”的第4章“减淡与加深”中介绍的一种方法。使用大尺寸柔边圆形画笔，将流量设置为10%左右，然后使用黑色或白色画笔在灰色的叠加图层上涂抹，选择我们想要保留或隐藏的细节。我使用这种方法为人物的头发添加了更多的纹理，并给她的眼睛增加了一些细节。

接下来唯一的问题就是人物的肩膀了。在这样一个低对比度的区域用叠加图层绘制肩膀实际上是有些困难的，所以我使用了一种更加直接的方法。选择人物图层，执行“选择 > 主体”命令将人物图层载入为选区，接着创建一个新的空白图层，使用黑色画笔沿着人物的肩部涂抹绘制轮廓。

到此为止的所有操作都是在为之后的绘画步骤做准备，所以很多细节我们可以在之后的步骤中进行增减。不要太担心在这个阶段应该或不应该保留、删除什么。在基础效果打造好之后，接下来我们可以使用涂抹工具或者混合器画笔工具开始丰富画面的笔触效果，事实上我更喜欢将两者结合在一起使用。在我第一次使用这个技巧创作作品的时候，我更喜欢涂抹工具，因为它用起来非常简单；但随着我越来越常使用这个技巧，我就越喜欢混合器画笔工具，因为它有丰富的选项与更大的灵活性。

我们在得到了满意的起点之后，首先可以在图层堆栈的最上方创建一个盖印副本图层，然后锁定这个图层以免我们之后的操作意外破坏了图层内容。将其更名为“底稿”，然后在上方创建一个空白图层，正式开始绘画。

## 涂抹工具

在工具栏中选择涂抹工具，并打开画笔面板。涂抹工具的工作原理类似画笔工具，我们可以设置工具的笔尖和动态特性。我建议大家选择硬毛刷画笔，尤其是平扇形画笔，因为它的形状更容易创造出自然的绘画效果。想要调整画笔的自定义设置，首先打开画笔设置面板，然后选择画笔笔尖形状，右侧面板中包含了大量的可用自定义画笔笔尖形状，硬毛刷画笔的笔尖图标别具一格，很容易被看到，我们从中选择平扇形笔尖。

在上方选项栏中，将强度设置为25%~50%，勾选“对所有图层取样”选项，这样一来我们就能以下方图层中的可见内容为基础在我们创建的空白图层上进行涂抹绘画，并且使用蒙版或橡皮擦工具修复出错的部分。另外，使用这种方法进行创作也让我们可以在必要的时候关闭部分下方图层，从而实现更丰富的采样控制。

这个技巧最好使用Wacom等支持压感笔的手绘板进行操作。

在空白图层上开始涂抹。每一笔的涂抹效果——数字颜料被涂抹的程度，取决于上方选项栏中的强度设置，所以在创作时我们一定要合理地使用这一控制选项，它对作品的艺术表现力有决定性的影响，因此我们完全值得多花一些时间使用各种尺寸的画笔进行练习。涂抹工具最适合在你想要调整的区域进行初步处理，但要注意的是它经常会导致想要调整的位置细节丢失。所以我们最好使用它在边缘位置做一些调整，以避免影响到画面中央区域的实际内容。

为了得到与艺术家的绘画作品更接近的效果，我们再创建一个新的空白图层来尝试一下混合器画笔工具吧。

## 混合器画笔工具

我非常喜欢将混合器画笔工具设置为平扇形画笔，配合艺术家画笔画布中的生亚麻纹理作画。我使用的混合器画笔工具的具体设置如下。

- 硬毛刷画笔：潮湿100%，载入1%，混合100%，流量100%。
- 每次描边后载入画笔：关闭。
- 每次描边后清洁画笔：开启。
- 对所有图层取样：当你在空白图层上绘画时勾选。
- 画笔描边平滑度：10%（可选）。

60 自定 潮湿：100% 载入：1% 混合：100% 流量：100% 10% 对所有图层取样

混合器画笔工具可以同时利用画面中的黑色和白色像素，还可以把画面中的白色像素内容添加到黑色区域中以创建更丰富的画面细节。使用混合器画笔工具时最好多创建一些新的空白图层记录绘画内容，这样我们就很容易在有必要的时候撤销当前操作。还有一些时候，我们可能需要尝试若干不同的手法以确定我们想要的效果，所以多创建一些空白图层也有利于进行对比。

使用不同的笔尖与画笔设置可以得到不同的笔触与效果。虽然我更喜欢用硬毛刷画笔，但是大家也可以尝试使用普通的像素画笔来实现不同的

效果。平曲线笔尖更适合表现密集、坚实的细节，而平扇形笔尖配合画布的纹理细节则会增强画面的表现力。

记住，我们之所以使用混合器画笔工具正是为了增强画面的艺术感染力，所以我们更加有必要根据画面特点和需要反复调整参数。例如我们可以随时使用普通画笔为画面添加一些新的颜色，然后使用涂抹工具或者混合器画笔工具将其与已有的内容进行混合。我更喜欢在画面的绝大部分区域保留细腻的外观，只在少数位置创建一些粗糙的质感，所以为了在某些区域刻意营造这种效果，我们甚至可以使用锐化工具对类似的局部做一些处理。根据我们想要的效果，我们也可以参考前面创建雨点效果的思路为画面添加一些额外的纹理。已有的黑白双色绘画效果与任何其他元素搭配都不会让作品失去已有的艺术性。

文中列举的仅仅是达成最终效果的少数几种可行的方法，我喜欢这种手工绘画的过程，它让我具有更强烈的参与感，最终的作品也显得更加自然。大家在尝试的过程中完全可以更加大胆一些，按照自己的想法“肆意妄为”。或许你们的新点子也很适合我接下来要介绍的肖像溶解效果。

## 肖像溶解

这个技巧的诞生源自我对自己的一次挑战，我想尝试一下用大家都忽略的溶解混合模式能做出什么不一样的效果。溶解混合模式的效果非常古怪，它使用画布上的像素图来决定对应位置的不透明度。每当我们重启Photoshop，每个像素都会被重新随机分配一个新的不透明度。当我们使用溶解混合模式并降低图层的不透明度的时候，Photoshop会将当前设置的不透明度值与随机分配给每个像素的不透明度值进行比较。当不透明度值达到该数字的时候，对应位置的像素才会变成透明的状态。

但是当我们将画笔工具设置为溶解混合模式的时候，情况又会变得不同。为了使溶解混合模式生效，你需要使用一个带有透明区域的画笔，低流量的柔边画笔是其中最常见的一种，使用这种画笔你马上就能看到溶解混合模式的不同之处。与基于图层的溶解混合模式不同，基于工具的溶解混合模式不是根据画布上的具体位置来分配像素的不透明度值。相反，每个像素的不透明度值是在绘画时随机产生的，这使得整体效果可以像喷笔工具的效果一样被叠加在一起。

这也意味着使用溶解混合模式的画笔进行绘画会带来更多的随机效果，不过这并不代表它是一种失控的工具。无论我们想要的是报纸印刷效果还是喷笔效果，最终能否实现都依赖于我们所选择的图像以及设置的参数，这就好比我们在使用喷笔工具的时候选择正确的遮盖花纹一样。Photoshop提供了很多方法帮助我们选择画面的不同区域，但我更喜欢尽可能地使用自动化的方法。人像是尝试这种效果的好案例，我们可以使用人像中的某一个通道作为选区。在我们载入通道的时候，画面影调会自动产生不透明度的变化，这恰好是应用溶解混合模式所需要的。

想要得到理想的效果，我们所选择的原图最好不要包含过于丰富的细节，或者我们也可以在开始绘画之前手动选择出需要处理的部分，剩下不需要包含在画面中的内容可以使用蒙版遮盖或者直接删除，还可以在绘画的时候直接忽略它们。

将肖像载入Photoshop，在图像图层上方添加一个新的空白图层。选择画笔工具，选择一款大尺寸柔边画笔。如果你手头有Wacom或其他品牌的手绘板，那么请打开画笔工具的压感选项，并将压感与不透明度而不是画笔尺寸关联。在上方选项栏中，将画笔的混合模式设置为溶解，不透明度设置为30%。

在肖像图层上方创建一个白色填充图层，接着再创建一个空白图层。接着关闭白色图层的可见性，以便我们能直接看到背景画面。

打开通道面板，从工具栏中选择魔棒工具。在选项栏中将容差设置为8~16这样的较低数值，并取消勾选“连续”选项，这样一来我们每次就只能选择有限的区域。选择任意一个颜色通道，然后单击画布将画面中的一部分加载为选区。我选择了绿色通道，然后在人物的发际线下方单击。因为选区是基于明暗关系创建的，所以我们需要执行“选择 > 反选”命令才能得到用来绘画的选区。

在选区依然有效的情况下，单击复合通道回到彩色模式，然后返回图层面板，并选择前景色。在这儿，我选择了黑色作为前景色，然后根据前面的设置使用圆形柔边画笔开始在图层面板上方的空白图层中绘画。随着单击，大家就能看到细节慢慢浮现在画面中。因为我们使用了较低的流量，所以我们需要反复绘制若干次才能得到比较清晰的画面。另外，我们也可以通过这种方法手动控制不同区域的像素密度。

我们并不一定要涂满所有选区。想要在画面中加入新的颜色有两种操作方法：第一种是选择合适的颜色直接在画布上作画；另一种是添加一个新的空白图层，将其混合模式设置为颜色，然后使用画笔在这些区域作画。但是因为颜色混合模式不会影响纯黑色区域，而我在前面选择了使用黑色画笔绘画，所以我们可能还需要返回绘画图层使用低流量、低不透明度的橡皮擦来淡化那些我们想要上色的区域。

另外一点需要注意的是，因为溶解混合模式的颗粒直接对应像素大小，所以其尺寸是固定的。为了得到精细的画面效果，我们只能提高画面的分辨率，我建议画面的分辨率为3000像素/英寸及以上。这样做可以给我们带来更精细的颗粒和更丰富的密度变化，后期调整分辨率也不会带来明显的细节丢失。

如果你希望创造出更丰富的画面变化，那么绘画的时候不要使用黑色，而是使用50%灰。这样一方面在绘制结束后更容易改变画面颜色，另一方面可以使用减淡和加深工具对画面明暗做进一步的调整。

# 第三篇　实践

知易行难。

# 第8章　实际案例

我们只有通过实际案例，才能真正了解Photoshop的隐藏力量。在第三篇中，我们将会通过一些简单的案例将前面介绍过的技巧融汇在一起。

# 创建工作文件

本节是为那些喜欢与0和1之类的数字打交道的探险家们准备的。虽然前面已经介绍过了好些个实验性质的工作文件，但是想要更好地了解不同工具、功能或者技巧的特点，还是需要学会如何根据自己的侧重点创建有针对性的工作文件。就一般规律而言，想要了解某件事物首先要了解相关的概念，而在Photoshop当中所有的概念都是视觉性和概念性的，而不是一系列名词的堆砌。

一个好的实验文件能够让我们控制学习过程中涉及的所有变量，并减少学习过程中出现的干扰或者避免沾沾自喜。将工作文件的内容抽象到仅仅包括颜色、亮度和形状等基本元素正是为了满足后面这个目的。例如，如果我们尝试用一张照片来认识混合模式，那么就很可能根据自己是否喜欢当下的结果来判断某个混合模式的效果是否好用。如果遇到不喜欢的效果就很可能会把这种混合模式抛在脑后，将来也不会再去尝试。

实色混合与溶解这两种混合模式是很典型的例子，它们面对的命运不是被忽略就是被用于打造单一的效果。在接下来的内容当中，我希望这些抽象的画面能让大家得到不一样的体验，并且对某些知识点产生更深刻的认识。

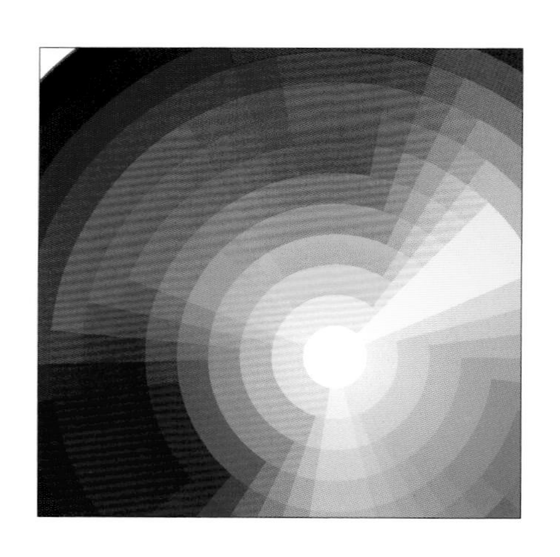

## 渐变实验文件

请记住，我写这本书的目的不是告诉大家最快、最酷的后期处理技巧，而是通过介绍工具和功能帮助大家为未来的工作打下更坚实的基础。创建和使用这些文件有利于大家对前面介绍的内容有更加深入的了解。如果大家有自己感兴趣的技巧、插件或者其他工具是这本书中没有涉及的，大家也可以在学会创建实验文件之后另行探索。

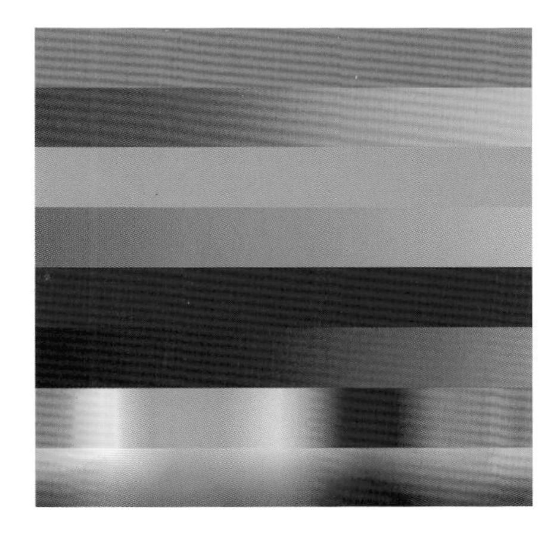

每个独立的实验文件都应该被单独保存为一个文件。我一般使用2000像素 × 2000像素的16位RGB文件作为实验文件的起点，分辨率为300像素/英寸，背景要么是白色的，要么是透明的。

## 基本色带

我们将要创建的第一个工作文件是我多年来观察不同混合模式在各种基本颜色与亮度值上表现的好帮手。在创建工作文件之前大家还需要确保伽马、色彩配置文件等工作空间是为了正常的工作流程而设置的。如果你以前没有调整过这些设置，那么现在也不要因为这句话就去更改它们，对于初学者来说默认设置就是最好的设置。

**注** 单击新建按钮并不是复位所有参数从头开始创建一个新的渐变，而是将当前设置保存为一个新的预设。所以我们只在已经设置好需要保存的渐变预设的参数与名称之后才会用到新建按钮。

在你新创建的实验文件中，选择渐变工具，并使用菜单命令“窗口 > 渐变”打开渐变面板。单击面板底部的创建新组按钮，将新创建的渐变组命名为“工具渐变”。

使用快捷键D将前景色和背景色复位为默认的黑色和白色，然后从渐变面板中打开基础文件夹，选择其中的前景色到背景色渐变——根据我们的当前设置，即黑白渐变。如果我们在图层面板上已经创建了图层，那么单击渐变预设将添加一个新的渐变填充图层；如果文件中只有一个空白图层，那么它就会被一个渐变填充图层代替。将这个图层命名为“黑白 0% 平滑度渐变”。

双击图层面板中渐变填充图层的缩略图，打开“渐变填充”对话框，首先将角度设置为0°，然后单击渐变色带打开“渐变编辑器”对话框。渐变名称应该已经被自动设置为前景色到背景色渐变。

在预设下方找到平滑度设置，并将其设置为0。平滑度通过高斯分布对亮度值进行插值，让渐变看上去更加均匀。将平滑度设置为0，可以在色块之间实现纯粹的线性过渡，这对于我们接下来要进行的色调分离调整至关重要。

给修改之后的渐变取一个新的名称，例如“黑白 0% 平滑度”，然后单击新建按钮将其保存为预设。将新的预设拖动到我们前面创建的“工具渐变”组中。在我们创建新的工具性渐变时，将其统一放在这个文件夹中有助于使用和管理，在第 2 章“选区与蒙版”的“基于渐变映射创建选区”一节中，我们所创建的渐变就可以一并放在这个文件夹当中。单击“渐变编辑器”与“渐变映射”对话框中的确定按钮，保存设置并关闭对话框。

**注** 为了便于观察，我把参考线颜色从默认的青色改成了洋红色。大家可以在首选项中的参考线、网格和切片菜单中设置自己喜欢的参考线颜色。

回到我们的文件中，创建一个新的空白图层，然后执行“视图 > 参考线 > 新建参考线版面”命令创建一个新的参考线版面。在弹出的对话框中将列设置为 1，行设置为 8，保持参考线和其他所有参数均为 0 或者空白。

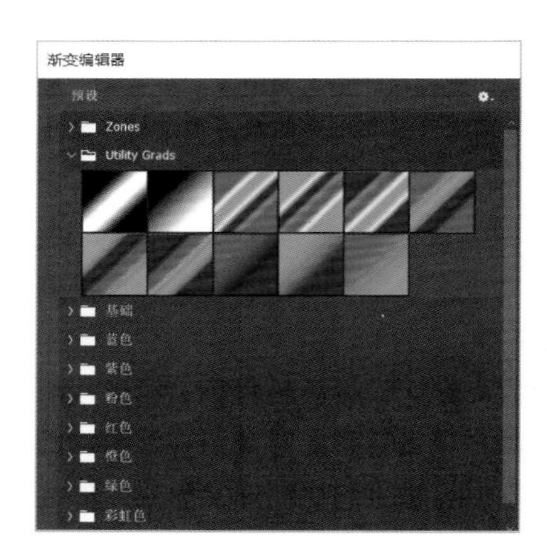

## 经验之谈

当你创建实验文件和预设的时候，一定要遵守良好的命名习惯。出于篇幅考虑和避免重复，我不打算在这里大谈特谈文件命名、图层组织之类的相关知识，但总体来说大家应该使用一种标准的方式为自己的文件和素材命名，这一点在本章将有充分的体现。我建议在可能的情况下，以我们打算如何使用这些文件的方式作为它们的名称，例如“明度选区工具”“饱和度明度映射”等。这样的命名方式将使我们将来新建文件或选择预设的时候能够更快找到我们需要使用的内容。另外不要忘了，我们还可以直接使用 CC 库文件将图层保存为预设。

切换到矩形选框工具，首先在视图菜单中确保对齐选项已开启，并且“视图 > 对齐到”子菜单中选择了“参考线”选项。从上到下拖动鼠标指针，为画面上1/8创建选区。单击工具栏中的前景色块，将前景色设置为RGB值为255、0、0的正红色。使用快捷键Alt+Backspace（Windows系统）或Option+Delete（mac OS系统）将当前选区使用红色填充。

跳过一行，然后使用RGB值为0、255、0的正绿色和RGB值为0、0、255的正蓝色在第三行与第五行分别重复上述操作。

在第七行，我们需要创建一个彩虹渐变。选择渐变工具，打开渐变编辑器面板，使用下方的参数创建一个新的渐变预设。渐变类型设置为实底，平滑度设置为0%。我们可以以任何渐变预设作为起点创建这个新的预设，只是要确保不透明度均被设置为100%。另外，选择一个原本色彩较少的渐变作为起点，这样添加新的色标更方便一些。

| 位置 | 颜色 |
| --- | --- |
| 0 | 红色(255, 0, 0) |
| 16 | 黄色(255, 255, 0) |
| 32 | 绿色(0, 255, 0) |
| 48 | 青色(0, 255, 255) |
| 65 | 蓝色(0, 0, 255) |
| 82 | 洋红色(255, 0, 255) |
| 100 | 红色(255, 0, 0) |

新的渐变覆盖了完整的光谱范围，如果我们使用径向渐变工具创建这个渐变，就能得到一个包含全部三原色与三间色的色轮。将这个渐变保存为新预设，并将其命名为“色轮RyGcBmR”，然后在第七行上使用渐变工具从左到右创建一个渐变。

将图层命名为“混合”，然后复制一份该图层，将其更名为“参考”。使用移动工具将“参考”图层整体向下移动一行，移动时按住Shift键可以保证不会出现左右偏移。在图层面板上方单击锁定全部按钮锁定“参考”图层以免之后被我们意外修改。这样一来，我们就可以很轻松地对比调整给“混合”图层带来的影响。

目前的图层面板看起来应该是这个样子。

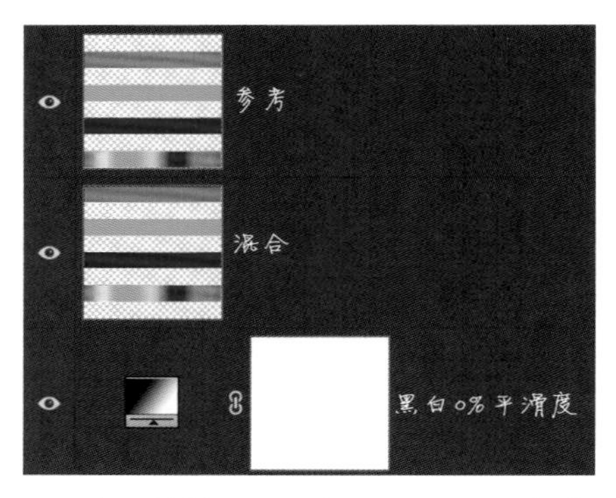


暂时关闭“混合”图层和“参考”图层的可见性，并在“黑白 0% 平滑度渐变”图层和“混合”图层之间添加一个新的空白图层。切换到渐变工具，选择“黑白 0% 平滑度”预设。按住M键临时切换到矩形选框工具，为第七行创建选区。接着松开M键回到渐变工具状态，按住Shift键从选区底部向选区顶部创建渐变，得到一个垂直方向上的黑白渐变。对第八行重复上述操作，得到如下图所示的结果。

之所以这样做，是因为上方图层中的最下面是两条从左到右的彩虹渐变色带，所以想要在改变混合模式之后每种颜色均可以与从黑到白的影调进行混合，就必须创建垂直方向上的影调渐变。

接下来重新打开“参考”图层与“混合”图层的可见性，这样我们就得到了一个可供实验的工作文件。我们可以通过更改“混合”图层的混合模式，观察颜色如何根据它们与下面的灰色层混合的方式呈现出不同效果。我们也可以创建一些调整图层并将其剪切到“混合”图层，这样我们就可以通过这些调整图层来更改“混合”图层的亮度、饱和度、色相等各种参数。因为调整图层本身并不继承“混合”图层的混合模式设置，所以我们还可以改变调整图层的混合模式与不透明度并观察其影响。

这个实验文件并没有什么特别复杂的、值得称道的亮点，它更像是我们在学习编程语言时作为起点的“Hello World！”文档，主要用来展示一些基本的操作方法，激起我们继续探索的兴趣。通过这个文件，我们可以了解到基本的RGB颜色如何与不同影调进行混合。另外我们也可以试试在“混合”图层与其下方作为基础的黑白渐变图层之间加入一些额外的调整图层，更改下方黑白渐变的效果，并观察对混合结果带来的新变化。大家可以从混合模式为颜色的纯色填充图层、颜色查找调整图层或者渐变映射调整图层开始。

基于在这个案例中学习到的基本原理，我们可以建立一些更复杂、更有价值的实验文件。在继续下面的学习之前，我们先来看看将“混合”图层设置为各种混合模式，尤其是对填充滑块有不同反应的8种特殊混合模式时的效果。关于这8种对填充滑块的调整效果与不透明度滑块不同的特殊混合模式，详见本书第四篇“参考”中的第10章“混合模式”。当我们看到画面出现变化也好，不出现变化也罢，都应该问一下自己为什么会发生这样的情况。例如上面这张例图，就是将混合模式设置为浅色时的结果。

前面提到过，Photoshop参考人类的视觉特性为每种颜色都分配了一个对应的明度值，那么每种颜色在黑白灰阶上一定会有一个对应的亮度点。色带消失的那一点，就是当前颜色亮度值与下方灰阶亮度值完全相同的点。下方的光谱显示了每个RGB颜色在灰阶上的对应亮度值。

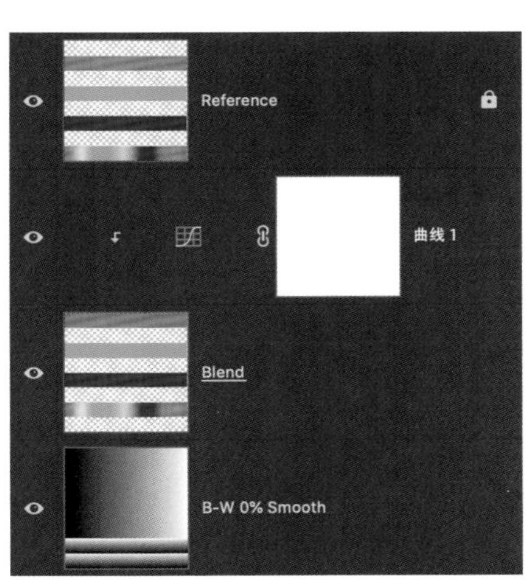


我们可以为“混合”图层添加一个剪切的曲线调整图层，然后调整曲线，看看画面会产生什么新的变化。

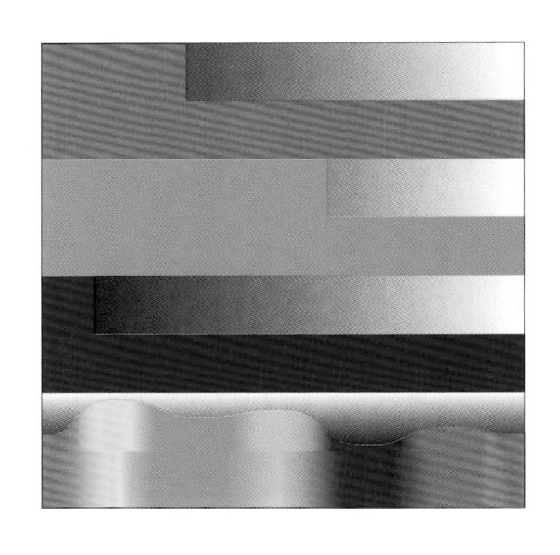

改变RGB曲线会改变颜色的相对亮度。这是使用S形曲线调整之后的结果，看看画面中哪些部分发生了变化而哪些部分保持不变。如果不想自己动手创建S形曲线，也可以直接使用曲线工具中的增加对比度预设。

大家是否注意到，三原色和三间色并没有发生变化，而两者之间的过渡色则出现了程度不一的变化。通过这个结果我们可以知道，在调整画面对比度的时候，哪些颜色会发生相应的变化而哪些颜色不会。接着我们把曲线恢复到默认值，然后选择蓝通道。将蓝通道右上角的控制点拖到右下角，会看到“混合”图层中的蓝色色条在不断缩短直到最终消失，彩虹色带上的蓝色区域也同样全部变为黑色。

接下来我们还可以再次复位曲线调整图层，然后试着将曲线调整图层更改为不同的混合模式，看看画面又会产生什么样的变化。将曲线调整图层的混合模式设置为正片叠底。

你是否注意到了颜色过渡部分的凹陷区域？与此同时，三原色色带并没有发生变化。当我们创建了类似的实验文件之后，接下来就可以尝试各式各样的调整图层与混合模式之间的组合效果。

我们也可以尝试在不同图层之间添加图像或其他渐变。创建反向调整图层，然后将其剪切到“混合”图层。总而言之，大家可以随心所欲地尝试，看看能否发现什么有趣的结果。但是不要忘记在看到画面呈现不同变化的时候问自己一句：“这是为什么？”

想探索一下填充和不透明度之间的区别吗？把“混合”图层的混合模式设置为实色混合，并关闭调整图层的可见性即可。在本书第四篇“参考”的第10章“混合模式”中，我更深入地介绍了我对这一问题的思考。

接下来，我们使用实验文件来创建一个预设。将所有图层的混合模式设为正常，并将不透明度和填充设置为100%，确保没有任何选区处于活动状态，并关闭一切调整图层。在“混合”图层上方添加一个黑白调整图层，将其混合模式设置为明度。右图所示是使用Photoshop提供的黑白转换默认值得到的结果，有什么不对劲的地方吗？

默认的参数会让红色与蓝色变得更亮，绿色变得更暗。换句话说，这不是一个直接的、中性的亮度值转换结果。我们可以使用这个值作为基础，首先调整红色、绿色和蓝色的滑块，使它们呈现的效果与“参考”图层匹配。然后调整三间色的滑块。如果需要更为精确的调整，可以按住Alt键（Windows系统）或Option键（mac OS系统）之后单击对应的滑块并左右拖动，这样能让数值变化得更慢一些。

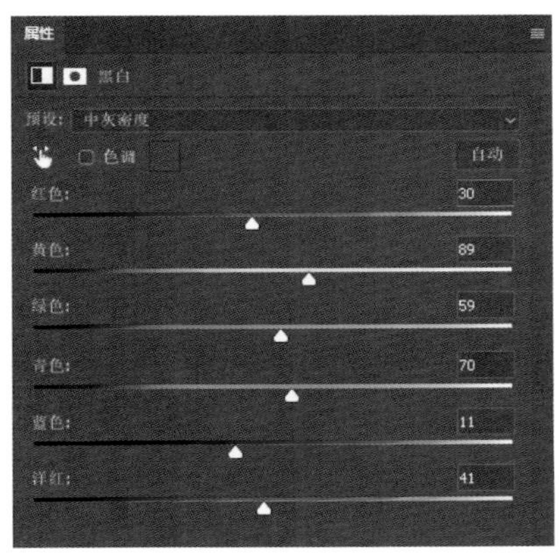


当我们得到了真正中性的转换结果设置之后，可以将其保存为预设以方便日后调用。单击属性面板右上角的面板选项菜单，在弹出的菜单中选择存储黑白预设命令。在使用黑白调整图层进行细节反差调整时，我习惯以这个预设作为起点，正如大家在第二篇“技巧”的第5章“颜色与色值”的“黑白影调高级控制”一节中所看到的那样。

我们再做一个新的实验，看看不透明度设置与颜色之间的关系如何。

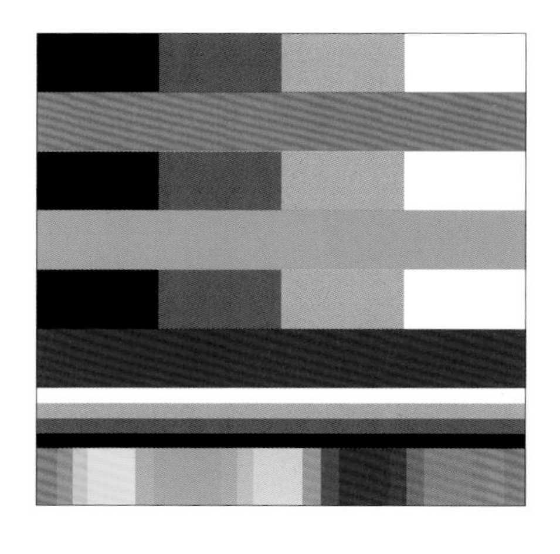

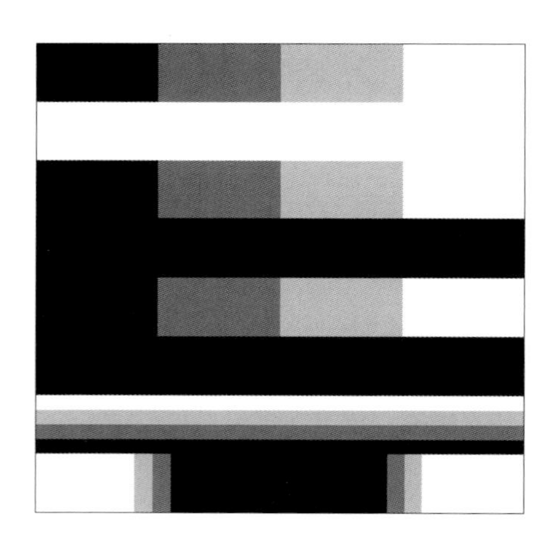

关闭“混合”图层，锁定“参考”图层，然后在整个图层面板的最上方创建一个色调分离调整图层，保留色阶数为默认值4。

纯色带没有发生任何变化，但是渐变发生了变化。黑白渐变变成了4个色块，这一点和我们的预期完全相符。但是下方彩虹渐变的变化就非常有趣了。为什么会是这样？

色调分离将每个通道按照从黑到白均匀地分割成特定数量的色阶，按照我们的当前设置，即每个通道均会被分为4份，这一点我们可以通过单独查看每个通道验证。下方的彩虹渐变之所以不是被划分为12个色块（3个通道，每个通道分成4份），是因为每个通道的色块与色块之间有重叠关系。特别需要注意的是红色通道，因为我们创建的彩虹渐变中红色同时出现在渐变色带的两侧边缘。但是，每个通道的灰度值与灰度数量都是均等的，如果愿意的话大家可以通过测量每个通道中每个灰条的宽度和亮度来验证这个结论。

接下来我们回到RGB复合通道，一边降低“参考”图层的不透明度，一边观察彩虹渐变的表现。当我们将不透明度降低到75%的时候，渐变色带应该会出现明显的变化，与此同时纯色带的边缘部分也应该会出现微弱的变化。当不透明度进一步降至70%的时候，纯色带的边缘变化效果就应该相当明显了，而且渐变色带中也会出现更多的色块。

记住，色调分离调整图层影响的是混合之后的结果，而不仅仅是“参考”图层的内容。彩虹渐变中的色块呈现出不同的倾斜角度是由于图层混合算法对透明内容的处理方式所导致的，并代表了色调分离为每个通道使用的亮度值之间的分界点。如果这一大堆专有名词让你头昏眼花，你也不用担心。你应把注意力放在画面呈现的变化模式上，这意味着不透明度在整个色彩范围内的变化都是平滑的。

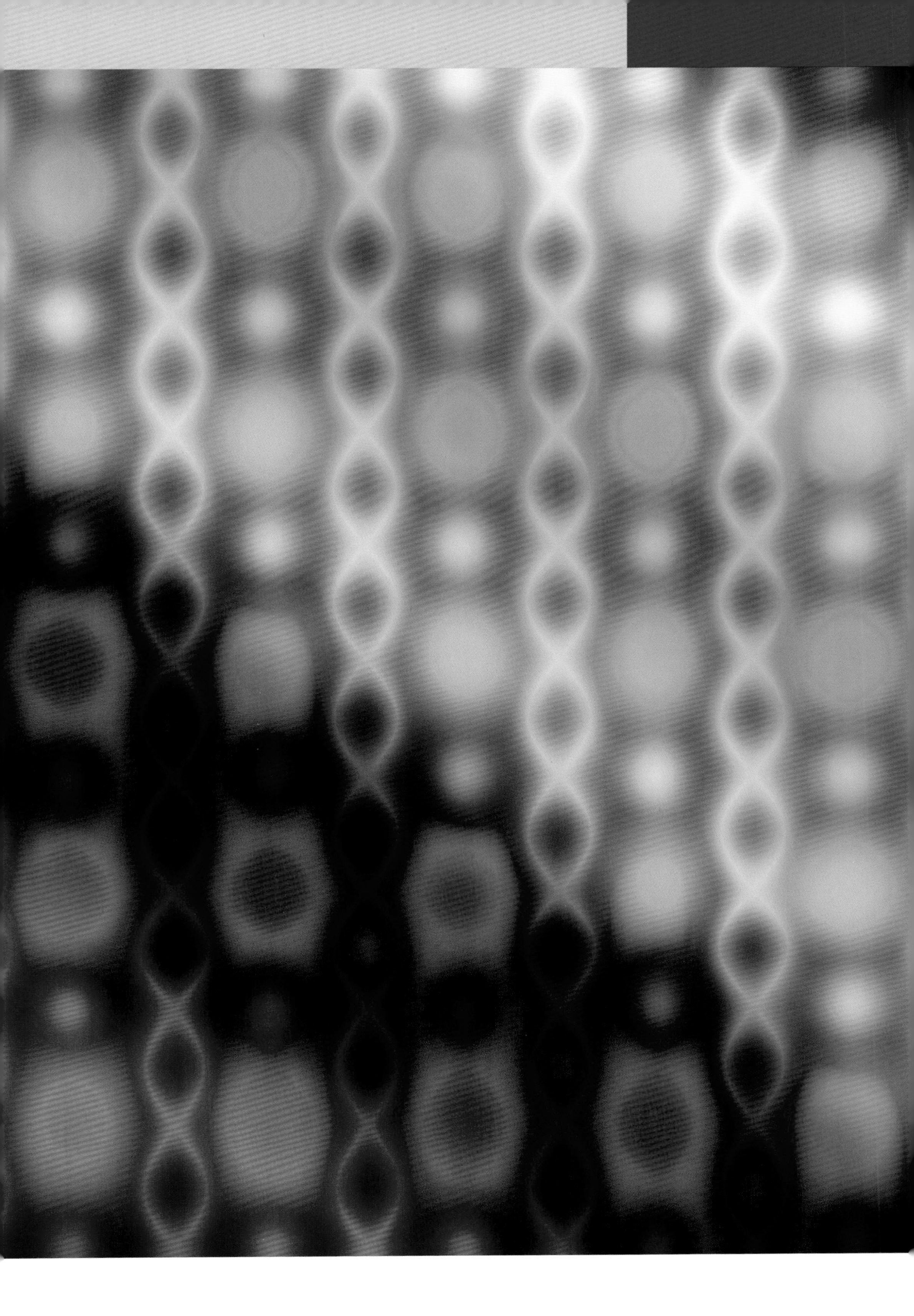

## RGB三角

当然了，实验文件并不仅限于这种简单的图案。因为彩色图像由三色通道组成，所以我们可以创建一个三角形的光谱图案，以更符合逻辑的方式展现画面色彩组合，并且探索色彩之间如何相互影响。这个实验文件的创建难度相对更大，同时对于操作的精度要求也更高一些。

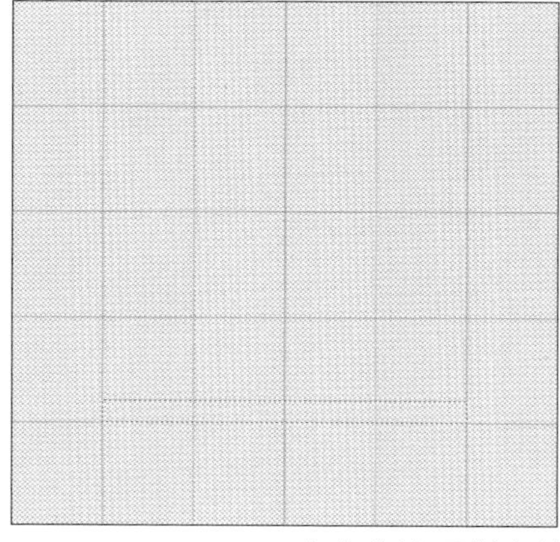

我们将基于一个正方形透明背景文档创建等边三角形，首先创建一个6列5行的参考线版面，装订线间隔全部设置为0。确保已经打开“视图>对齐”选项，接着使用矩形选框工具创建一个选区。

在选区仍处于活动状态时，执行菜单命令“选择>变换选区”。当变换框出现在选区周围后，将变换框中间的调整参考点移动至左下角。这样一来，后续的缩放、旋转操作都将会以这个点为轴心。

在上方选项栏中的旋转角度输入框中输入**–60**。保持变换选区工具依旧处于活动状态，接着执行“视图>标尺”命令，显示界面外框的标尺，从文档顶部的标尺向下拖动鼠标指针，得到一条新的引导线。当变换选区工具依旧处于活动状态的情况下，参考线会自动对齐到角点位置。接着按几次Enter键（Windows系统）或Return键（mac OS系统）应用调整，然后使用快捷键Ctrl+D（Windows系统）或Command+D（mac OS系统）取消选择。

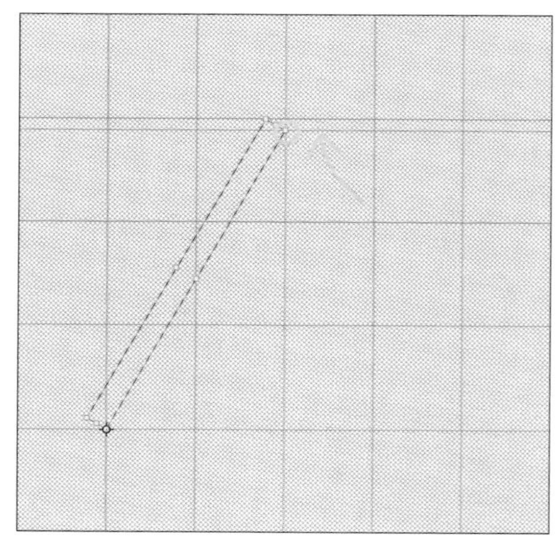

使用多边形套索工具连接底边和我们刚才创建的交叉点，得到一个等边三角形选区，然后使用黑色填充选区并取消选择。接下来，我们将在通道中直接填充内容，由于Photoshop并不允许直接对空白通道进行调整，因此我们需要在编辑内容之前创建一个黑色的填充区域以便进行后续调整。

接下来还有一个小技巧，那就是如何找到三角形边的中点。同样，从三角形顶部到底部拖动创建一个任意宽度的矩形选区，然后从文档顶部的标尺向下拖动鼠标指针创建一条参考线，参考线移动到选区中点位置的时候会自动对齐，它与三角形边缘的交点就是三角形边的中点，它也恰好与我们之前创建的参考线相交。创建完参考线之后，取消选择。

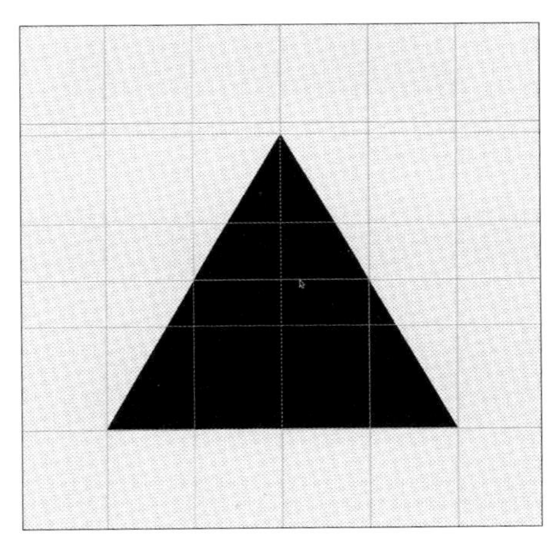

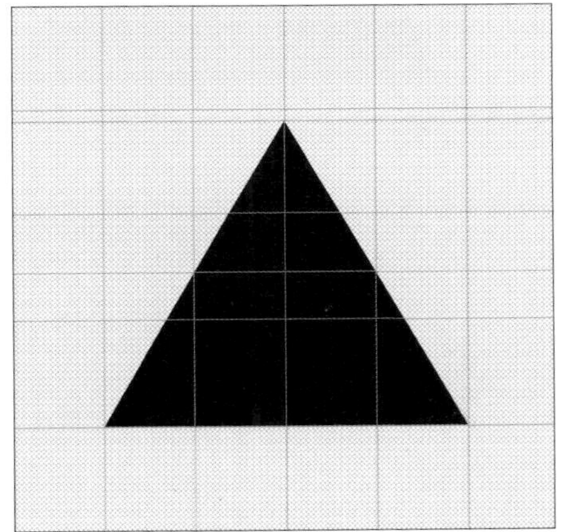

现在大家就学会了如何在Photoshop中创建一个等边三角形，由于Photoshop并没有为了完成这类任务而进行优化，因此这算是一个不小的成就！

好了，还记得前面我们创建过一个平滑度设置为0%的黑白渐变预设吗？选择渐变工具并加载该预设。打开通道面板，选择红通道。从三角形的顶点拖动到其底边的中点，得到一个顶部为白色，底部为黑色的渐变填充。

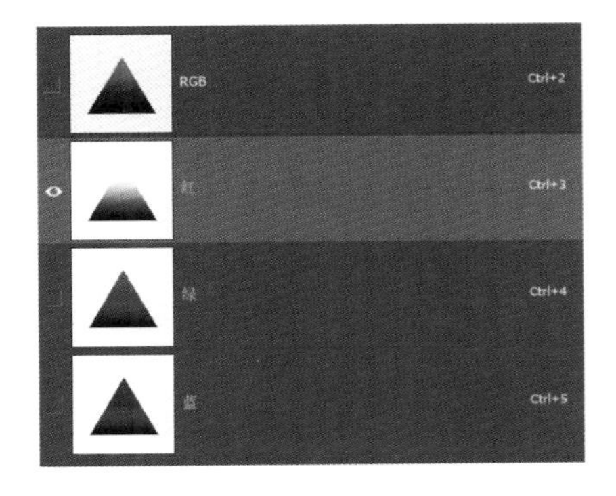

对剩下两个通道重复该操作。对于绿色通道，从右下角的顶点拖到左边的中点；而对于蓝色通道，从左下角的顶点拖到右边的中点。如果愿意，完成上述填充之后就可以隐藏参考线了。单击RGB复合通道返回常规视图模式，将三角形图层重命名为“基础”。最终得到的三角形3个角上是饱和的通道颜色，而在中心位置则显示出接近35%的灰色。

在“基础”图层上方添加一个曲线调整图层，并将其混合模式设置为实色混合。

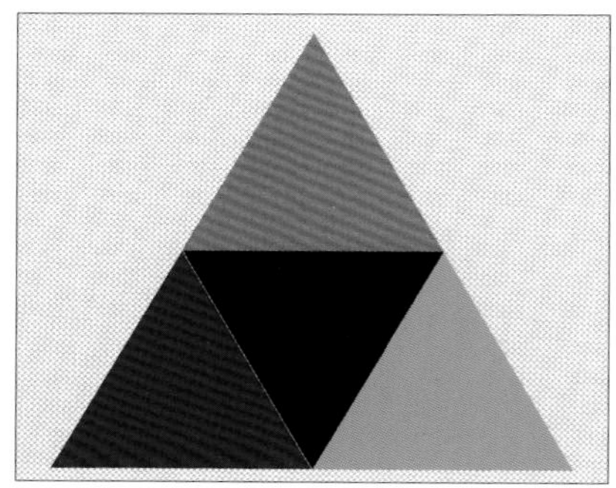

结果是不是让人有些意外？

## 其他样式的渐变图形

使用前面创建的黑白渐变预设得到的结果并不包含全部的RGB和CMY颜色混合，并且亮度偏暗。如果我们希望画面中包括完全饱和的黄色、青色、洋红色，需要对黑白渐变预设做一些额外的调整，即将白色色块移动到渐变色带中50%的位置。这将使中心位置变成大约66%的灰色，并在形状边缘包括更多的完全饱和色。如果我们喜欢三角形的形状，但希望画面可以覆盖所有的色调，就使用这个版本。不然的话，我们也可以尝试制作稍后将要介绍的圆形色环。

接下来对曲线调整图层进行调整，观察画面效果发生的变化。如果喜欢极端的效果，可以尝试创建我们在第二篇“技巧”的第6章“观察层”中学到的彩虹观察层。另外别忘了我们反复提到的技巧：创建一个调整图层之后不做任何调整，只改变图层的混合模式，等于将下方图层的所有内容合并之后与当前图层混合。

基于这个实验文件，我们可以尝试以下调整方式。

- 复制“基础”图层，使用快捷键Ctrl+I（Windows系统）或Command +I（mac OS系统）反转颜色。
- 复制、更改混合模式，然后旋转三角形，看看不同的颜色在不同混合模式及不透明度和填充设置下的相互反应。
- 在三角形之间添加调整图层，或者为上方三角形添加剪切图层。
- 使用色阶数较低的分离色调调整图层。
- 用它来探索颜色的相互作用，生成调色板色块等。

## 色轮

色轮是我最爱的一种渐变图形，这也是大多数人熟悉的色彩表现形式，我们可以直接使用前面创建的渐变预设得到这个文件。新建一个2000像素×2000像素的透明文件，创建一个两列两行的参考线版面，这样我们就能在画布的正中间得到一个参考线的交叉点。选择椭圆选框工具，确保对齐功能已打开，然后按住Alt+Shift键（Windows系统）或Option+Shift（mac OS系统），从中心参考线的交叉点向外拖动创建一个正圆形选区，使得选区大小占据正方形文档中的绝大部分空间。

选择渐变工具，加载我们之前创建的“色轮RyGcBmR”预设，并选择角度渐变。在空白图层上从中心向外拖动渐变线创建渐变，渐变工具将会以渐变线为起点填充红色。在HSB色彩空间当中，RGB色彩模型中红色色相为0°，绿色为120°，蓝色为240°。为了与前面创建的RGB三角形保持一致，我选择垂直拖动渐变线使得红色出现在画面最上方。

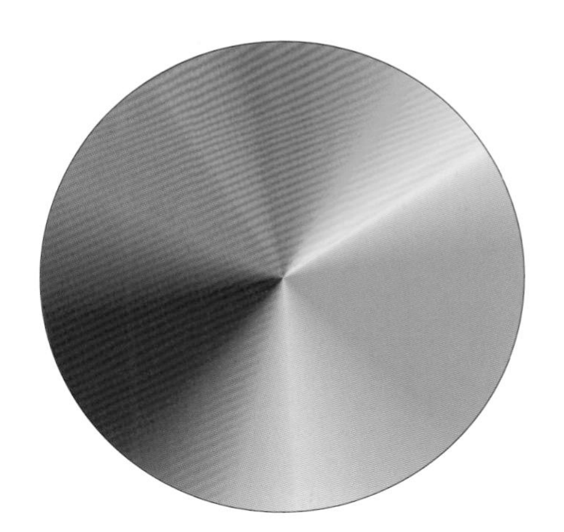

将新图层更名为“色轮”。

确保选区依旧为活动状态，在“色轮”图层上方添加一个新的空白图层，在上方选项栏中勾选“反向”选项，将渐变模式设置为径向渐变，然后选择“黑白 0%平滑度”预设。从中心向选区边缘拖动创建渐变，得到一个从中央为白色到边缘为黑色的圆形。我们将这个图层更名为“明度”。

再创建一个新的空白图层，然后将当前渐变预设中的白色更改为色相为0、饱和度为100、亮度为100的纯红色。从中心向选区边缘拖动创建渐变，得到一个从中央为白色到边缘为红色的圆形渐变。我们将这个图层更

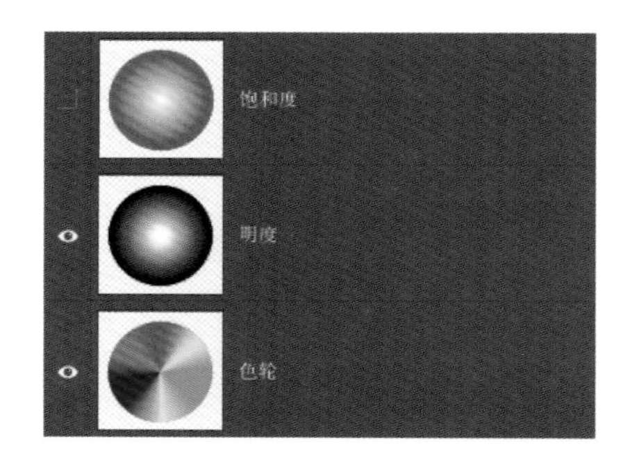


名为“饱和度”。下页图是当前的图层面板效果。

关闭“饱和度”图层，将“明度”图层的混合模式设置为明度。

创建新的实验文件之后，将“明度”图层与“饱和度”图层合并为一个图层组，然后和前面一样开始通过添加调整图层、改变混合模式尝试不同调整对画面效果的改变。对于这个实验文件，我们可以通过复制并旋转“色轮”图层得到几乎任何颜色之间的混合。添加饱和度与明度渐变图层可帮助我们在不透明度、填充、混合模式与调整图层之外，提供更多的辅助观察选项。

坦白说，这个文件玩起来非常有意思。图层的名称只是为了方便我们记住它们的最初设置，但是大家也可以任意进行更改，例如复制“色轮”图层并进行旋转、添加色调分离或其他调整图层、创建合并副本图层、应用滤镜效果等。所有这些实验文件的最大价值就在于帮助大家享受后期的乐趣，尝试不同方法，看看能得到什么样的结果。有时候调整结果会非常无聊，但也有一些时候会给我们带来一些全新的想法，提升我们的创作能力。

## 解决问题

我不仅使用上面这些实验文件探索Photoshop，同时也在创建更多新的实验文件，通过这些文件来深入了解我所面对的具体问题。这里介绍的方法类似于科学实验，即花时间思考自己想要探索的东西，并思考如何尽可能地减少变量、缩小问题范围。实验文件本身并不需要制作得多么漂亮，它们的作用是让我们以一种更加直观的方式检查调整效果。有时候为了搞清楚某个具体的问题，我们可能需要尝试多种不同的实验方法。虽然我在这里用作示范的实验文件主要集中在RGB光谱上，但实际工作中我几乎研究了在Photoshop中能找到的所有东西，包括滤镜、插件、工具等一切显示在用户界面上的元素。

有时这些实验帮助我对某些具体的创作手法进行逆向工程，例如模拟古典现实主义风格的绘画。而有些时候，它们则向我展示了某些功能或技术的极限，这既帮助我确定了边界，但同时又带来了新的问题：如果我想在技术允许的范围内走得更远，该怎么办呢？

一般来说，我们需要思考自己可能面对的问题，然后将它们分解成若干个较小的问题。实验的主要价值很多时候在于塑造我们思考问题的方式，或者提供针对不同问题的解决办法，而并不在于其结果是成功或者失败。

我们的实验范围远不止颜色与亮度的调整，也不囿于单个滤镜的使用。例如我们可以对照片做一些简单的调整，然后将调整结果合并为一个新的图层，接着将其混合模式设置为差值，并将其与元素图像对比。本书第二篇“技巧”的第3章“选区与蒙版”的“基于色相/饱和度创建选区”一节演示了一个类似的操作。如果我们不改变画面颜色，而是对图层应用高斯模糊滤镜呢？其结果是原画面中的高反差边缘变成白色，换句话说，我们得到了一个高对比度边缘的位置显示，并可以根据这个结果创建选择画面高反差区域的蒙版。

这个蒙版非常适合用作选择性锐化的初始蒙版。

我们再来聊聊滤镜。假设大家想要深入了解一下模糊画廊中的路径模糊效果，直接在照片上应用路径模糊滤镜当然是个不错的方法，但是你怎么样判断自己是否喜欢这个效果？路径变化如何改变模糊效果？我们应该如何运用这些变化，或者说我们应该如何更好地控制这些变化？

首先，我们最好在并非我们自己创作的作品上执行这些调整，这样一来我们就能更加客观地评价滤镜的处理效果，而不会受到我们对于作品本身偏好的影响。接下来，我们希望将画面涉及的变量尽可能减少，我们通常要处理的变量包括颜色和亮度，那么什么东西能把这两个变量降到最低？一个填充了50%灰色的图层显然很符合要求。

但是如果画面中所有内容都是完全一样的，那么执行一个移动并模糊像素的操作就变得非常无聊，也没有意义。所以这时候我们可以执行“滤镜 > 杂色 > 添加杂色”命令，给画面添加一些可见的像素，帮助我们判断效果。我们将数量设置为10%，将分布设置为高斯，并勾选“单色”选项。

接着，我们执行“滤镜 > 模糊画廊 > 路径模糊”命令，为画面添加模糊效果。

这样一来我们就得到了一个用于判断效果的基础文件，我们可以以此为起点开始学习。无论是调整路径，还是改变其他参数，我们都能从这个文件中更加直观地感受到画面内容的相应变化。这样一来，我们也就学会了一个新的解决问题的办法，而不仅仅是对路径模糊滤镜产生了一些感性的认识——我们发现了一些功能之间的联系，这种联系是属于我们自己的，而不是属于Photoshop的。

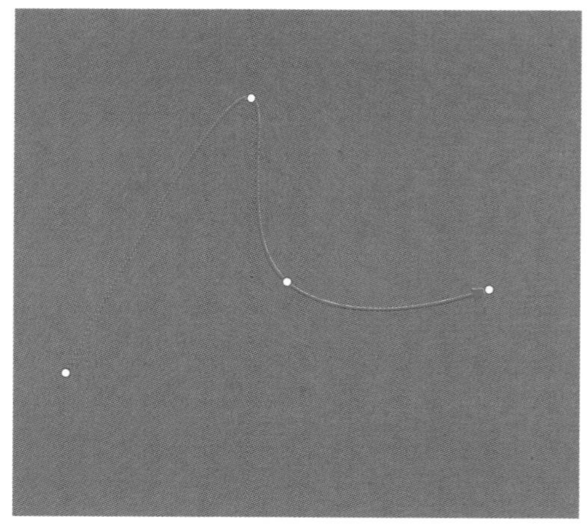

当然了，如果离开具体的使用环境，这个实验就毫无意义。那么我们如何将我们学到的知识运用到实际的创作之中呢？我们应该用它来创建纹理，还是为画面增添动感？

# 未来之路

接下来我们将通过几个小项目尝试一下将我们解决问题的思路应用到实际的照片处理当中，我们解决问题时使用的主要方法源自本书第二篇“技巧”中谈到的内容。实验文件是对我们在后期处理过程中可能遇到的问题的抽象呈现，旨在培养我们思考问题、解决问题的能力。但是当我们明确面对一张照片的时候，很可能会发现完全遵照我们面对实验文件时的操作步骤并不能理想地解决所面对的问题。面对与实验文件有天壤之别的实际图像，我们不能指望在对话框中输入一成不变的数值，或完全按照教程中的步骤操作就能将照片调整出期望的效果。

如果我们面对的实际项目并没有严格的截止日期要求，也没有那么重要，那么我们依旧可以像面对实验文件那样慢慢尝试各种功能、技术、工具。在这个过程中，我们会发现一些行之有效的办法，并逐渐提高工作效率。甚至发现一些全新的可能性，因为我们会潜意识地将我们学到的内容慢慢串在一起。各式各样的尝试为我们提供了大量的参考点，而参考点越多也就意味着更容易连点成线。

我们不仅需要懂得学习，也需要懂得生活。使用实验的方式来解决问题是一种很好的习惯，但这并不是做实验的全部意义。做实验或者尝试新事物也是一种放松或者打发时间的方法。我们并不强求自己在这个过程中学会什么，实验不过是给我们的想象力留下一些小种子，它们将在合适的时候发芽。

在接下来的实践项目中，我并不会详细介绍每个操作步骤，我的重点是和大家分享我在面对实际作品的过程中如何进行思考。项目中用到的操作绝大多数都来自本书之前介绍的技巧，但是也涉及少量本书没有谈到过的工具和方法。这些疏漏是我有意为之，我希望大家通过它们意识到，你并不可能通过对这一本书的学习就了解到可以解决一切照片问题的方法，本书只不过是为了加深大家对于后期处理的认识，扩大大家作为修图师的技能范围。大家能从这本书里面学到多少东西，既取决于大家在拿起这本书之前就已经掌握的知识，也取决于大家在放下这本书之后还将学到的新知识，以及如何融会贯通所有的知识。

## 基础人像润饰

在本章接下来的内容当中，我们将看到各式各样的后期处理技巧的组合运用。我将从最基本的人像处理开始为大家引入分频处理的思路，接着带大家进行更复杂、更具风格的肖像处理，这里面还牵扯到一些简单的合成技巧。最后，我们会专门聊一下高低频处理技巧，以及如何使用混合模式与调整图层发挥该技巧的魅力。

打开左图所示的这幅人像照片。之前在第二篇“技巧”的第4章“减淡与加深”中，我使用这张照片作为范例演示了减淡加深操作的基本技巧。接下来我们来做一些更为深入的处理。

在着手处理之前，我们先思考一下我们希望对这张人像照片进行的操作。我觉得在处理照片之前先把要做的事情列成清单或者直接作为注释标在照片上能让我们的工作变得更有条理。在这个案例中，我会同时使用列清单和注释两种方式来说明需要进行的操作。

我第一眼看到某张照片的时候，脑子里多半也呈现不出最后要把它处理成什么效果，但是我可以先列出需要处理的基本问题。下面是我看到这张照片之后在本能上觉得需要进行的操作。

- 压暗背景。
- 清理飞发。
- 平滑皮肤的亮度变化。
- 使肤色均匀。
- 添加眼神光。
- 移除脖子上的阴影。

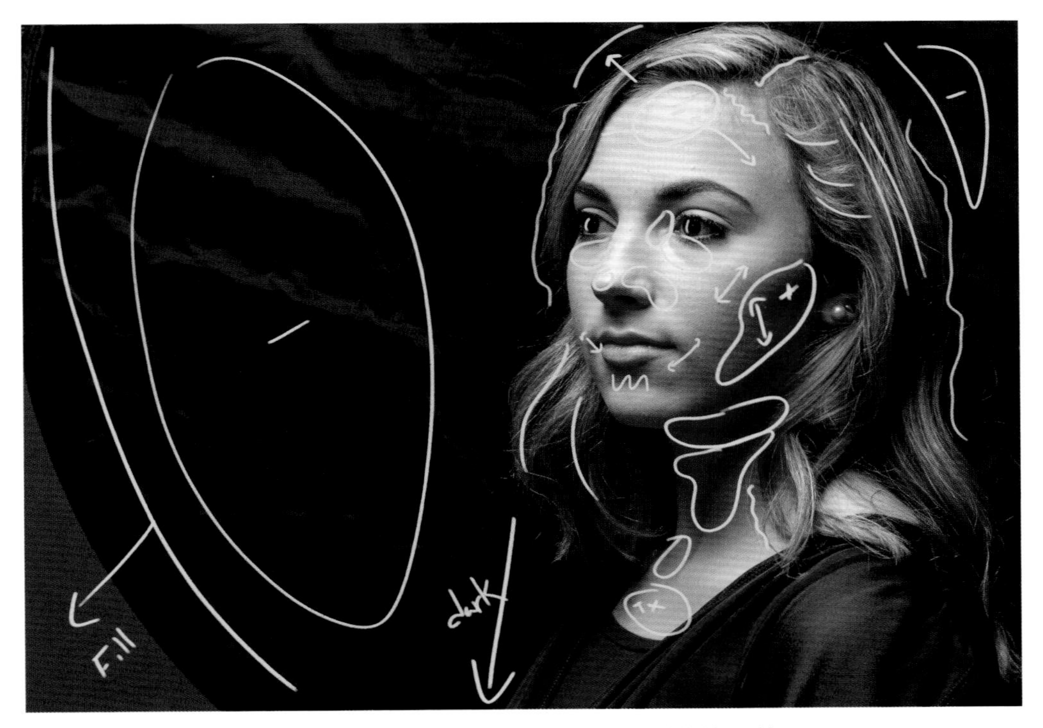


把这些需要进行的操作列出来，就能将其和需要用到的处理技巧一一关联，例如平滑皮肤的亮度变化和添加眼神光的操作都可以使用减淡与加深技巧完成。

这些任务并没有固定的完成顺序，不过就处理问题的一般规律来说，按照从大到小的顺序进行处理总是不错的。当然了，考虑到本书的写作目的，我的讲解可能会有一些跳跃，因为我更希望向大家展示各种技巧的实际运用，而不是为大家提供一个可以用作参考的具体工作流程。

背景的处理非常简单，我创建了一个新的空白图层，然后使用内容识别填充功能覆盖了左下角空缺的背景区域。为了压暗画面的其余部分，我创建了一个不透明度为75%的黑色填充图层。这两个图层被放到同一个图层组，然后我使用了选择主体命令为人物创建选区，并将选区反向作为该图层组的图层蒙版。为了让画面显得有层次感，我在图层组中添加了一个渐变填充图层，将其混合模式设置为线性加深，然后将填充设置为20%。这里使用什么渐变色并不重要，我只是在一些常用的预设中随机挑选了几种，然后从中找到我最喜欢的一种。添加渐变的作用是给人物身后的背景增加一些微妙的变化。

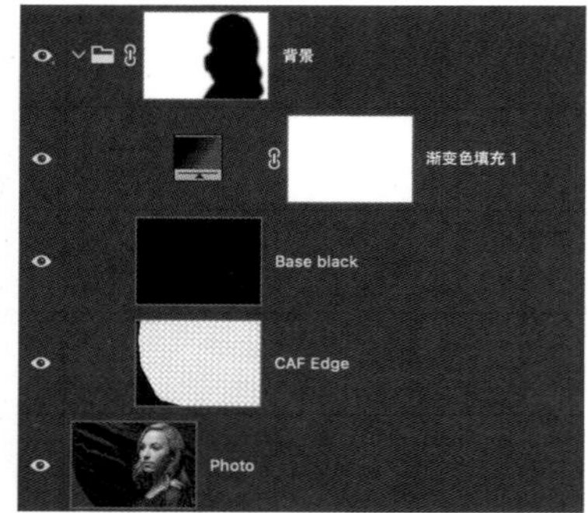


## 使用自动工具算是作弊吗?

大家会注意到我在这里使用了许多自动化功能，而不是前面反复介绍的手动操作。这并不是为了偷懒，而是为了提高工作效率。对于处理背景来说，我们并不需要保留精确的细节，所以使用选择主体命令得到的自动选区的效果就足够理想。记住，展示这些案例的目的并不是在不同工具之间分出个高下，而是增加大家作为修图师的经验的深度与广度。如果说有什么自动工具可以达到90%，甚至是100%的效果，那么我们没有任何理由拒绝使用这些工具。这不是作弊，而是物尽其用。

接下来我们来看看皮肤和头发，我在这里执行了一次高低频操作，关于这个操作的细节我会在本章稍后的部分深入讲解。简单来说，执行高低频操作可以将画面的细节信息与颜色信息分离，让我们可以对这些构成元素分别做调整。在高频图层上，我们可以使用仿制图章工具或者修复画笔工具移除画面中的小瑕疵。大家可以从下方的例图中看到我对高频图层进行处理前后的区别。为了便于观察，我隐藏了画面背景。

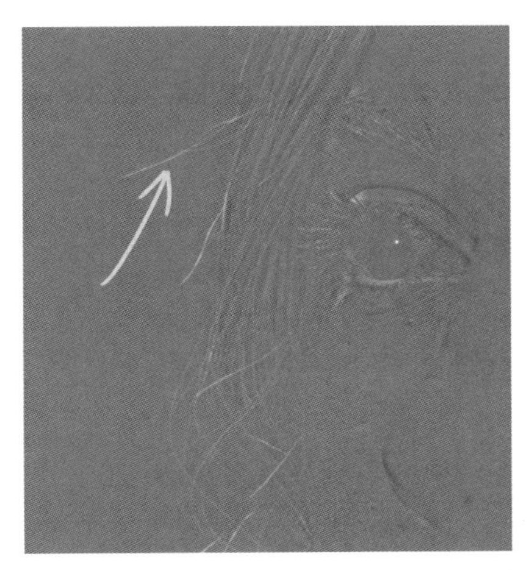

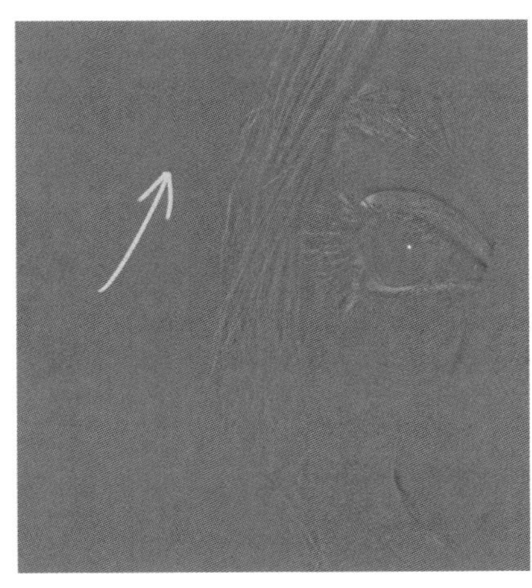

注意，我已经从画面中移除了诸如飞发和丘疹之类的瑕疵。一般来说，我更喜欢使用污点修复画笔工具，在这个例子里面我把画笔的大小设置得略大于我需要处理的瑕疵大小。另外，在处理类似问题的时候，我喜欢把图层的混合模式设置为明度。在这种模式下，高频信息会以线条的形式显示在画面中，所以格外显眼。减小对应区域的反差也可以在不移除这些元素的情况下让它们看起来没那么显眼。

常规的修复画笔工具用来处理高频细节也非常合适，但是这款工具需要我们手动设置修复的采样点。这虽然麻烦，不过也确实为我们提供了更有效的控制手段，所以我很喜欢用它来处理头发等纹理格外明显的部分。注意画面中的飞发，绝大多数都要比它们周围的画面亮得多，所以我们可以使用变暗混合模式来处理它们。这样做既可以有效移除画面中的高亮区域，又可以保留一定的基础纹理信息。我关闭了调整之后的背景，这使得飞发在画面中更为明显。

这种方式非常适合用来处理影响到画面背景的飞发。

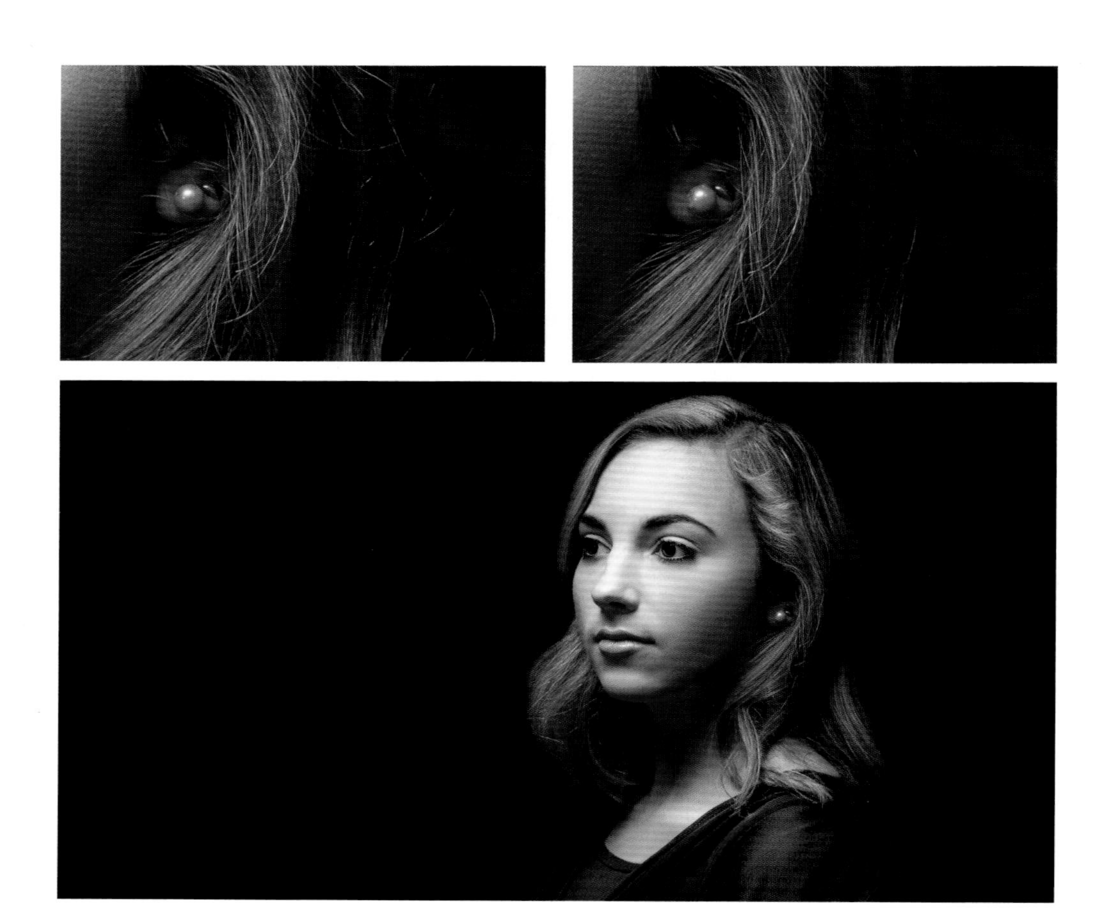

# 伦勃朗风格肖像

早在本书第二篇“技巧”的第4章“减淡与加深”中，我们就讨论了好几种手动改变画面局部反差的技巧。在这个案例中，我们将综合使用其中的几种技巧来实现不同的目标。对于这个案例来说，我希望通过后期处理最终得到一幅具有伦勃朗风格的作品。这类作品的典型特征是色彩饱满、温暖，背景以写意为主，主体人物栩栩如生；色彩数量比较有限，一般在画面中只有一个主体光源，对于细节的处理，往往使用简单的笔法，画面具有强烈的真实感。

我使用的例图是专门为此拍摄的一张样片。因为我在拍摄之前就已经想好了自己所要的效果，这样一来为了实现这个效果需要做哪些处理就非常明确了。下面是我列出的处理点。

- 降低整体亮度。
- 暖化画面。
- 将面部处于画面的视觉中心。
- 移除面部瑕疵。
- 替换背景。
- 添加纹理。

因为我计划替换画面的背景，所以我在调整这张照片的时候首先从创建人物蒙版开始。我一开始尝试了选择主体命令，虽说这个命令可以正确地识别人物，但是丢掉了帽子上的一些装饰等细节，而且边缘不够平滑。借助第二篇“技巧”的第3章“选区与蒙版”中的“基于渐变映射创建选区”一节所讲的操作，我针对缺失的部分创建了一个新的选区，然后将两者结合在一起得到了完美的人物选区。

**注** 在本书出版的时候，Adobe公司更新了自己的AI算法，让使用选择主体命令得到的结果变得更加精确，但是这里介绍的技巧依旧有用。

将选区转换为蒙版之后，我首先给画面添加了一个黑色图层作为背景，到合成的时候再将其替换为需要的最终场景。

这儿我需要给整个人物添加一些大块的阴影区域以塑造出体积感。想要实现这个目的，一个简单的方法就是创建一个混合模式设置为叠加的新图层。我并不介意这个阶段的处理导致画面出现偏色，所以操作的时候比较随意。如果色彩的准确性更为关键，或者希望避免画面出现强烈的影调差异，那么可以使用第4章“减淡与加深”中所介绍的双曲线技巧。我在这儿选择了一款柔边画笔，将流量设置为8%，然后将尺寸调整到大约半张脸的大小。但即便我们设置了较低的流量，还是需要尽量避免在同一位置反复操作，以免留下过于强烈的阴影。我只用寥寥数笔就得到了自己想要的效果。

接着，我想给人物的面部做一些光影造型，并移除一部分原有的光线差异。这需要一个新的空白叠加图层，同时还需要一个明度观察层，创建明度观察层的操作详见本书第二篇。在重塑面部光影的过程中，我们需要频繁地打开或者关闭明度观察层，同时还需要保证在正确的图层上绘制光影，这时候就体现出合理的图层管理和命名的重要意义。

对于最终的反差调整，我创建了一个新的柔光调整图层，然后绘制了一些高光与阴影效果，处理重点是人物的眼睛以及衣服上的线条。柔光混合模式的效果相对于叠加混合模式更为自然，所以处理起来也更不容易出错。

在使用污点修复画笔工具移除了一些灰尘和飞发之后，接下来就需要将所有调整图层合并到一个图层组并为图层组添加蒙版。我的想法是将所有调整图层合并为一个单独的副本以便与背景进行合成，那么这时候就尤其需要注意不要把超出图像主题的部分一起带到新图层当中。将所有效果合并到一个新图层并添加蒙版之后，我们对人物的独立处理就告一段落，接下来可以将它粘贴到新背景当中。

我已经提前处理好了计划使用的背景，这个背景由两张图片组合而成，合成的蒙版做得非常草率，但是把人物放上去就可以挡住这些粗糙的细节，还有那些显然与17世纪风格不匹配的咖啡壶和瓷器。

不对细节做过多处理还有一个原因，那就是之后我们会把背景调到很暗的状态。我在画面中使用混合模式设置为正常、不透明度为70%的深棕色纯色填充调整图层统一了画面影调，然后使用色阶调整图层进一步压暗了画面。

在添加背景并调整整体光线氛围之后，我又对人物做了一轮新的调整。首先我使用剪切到人物的纯色填充调整图层修改了一下人物的肤色，使得肤色以从火炉中吸取的颜色为基础。

亮光混合模式综合了颜色加深混合模式与颜色减淡混合模式的效果，特别适合用来设置这种用作统一画面色彩氛围的纯色填充调整图层，不过默认状态下的效果非常可怕，这一点想必大家能通过下面的例图体会。

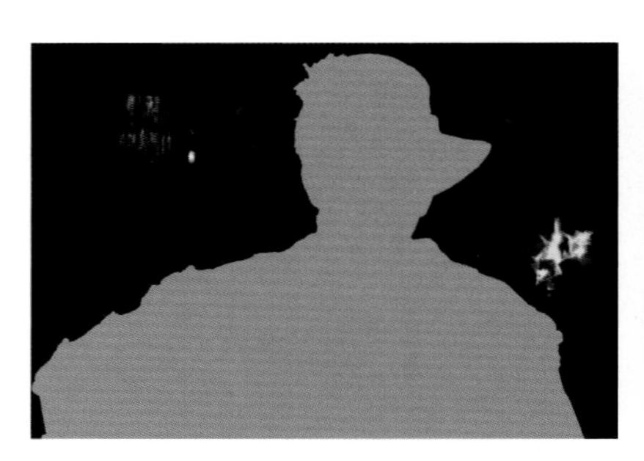

这儿有两个非常关键的内容需要我们考虑调整。一是，通过我们选取的颜色本身能有效地控制混合后的最终效果。打开拾色器面板，然后分别调整颜色的饱和度与亮度。这个调整非常主观，毕竟每个人在一开始选择的取色点就不可能相同。正如前面所说，从火炉中吸取的颜色只能作为我们调整的基础。

颜色减淡和颜色加深都属于我们前面提到过的8种对填充和不透明度调整有不同表现的特殊混合模式。亮光作为这两种混合模式的综合，自然也属于这8种特殊混合模式当中的一种，所以在调整颜色之后我们还可以通过降低填充进一步控制效果。这儿我最终将填充设置为50%，使得人物与环境看上去更为融洽。

二是，我们还需要打造人物的轮廓被环境光照亮的感觉，这时候颜色减淡是首选的混合模式。我给人物的每侧肩膀都绘制了一些被火光照亮的效果，颜色同样从背后的火炉中吸取。因为两侧肩膀的火光强度不一，所以我将效果放在了两个不同的图层上完成。另外我还借用了人物的轮廓蒙版，反向之后应用在火光图层上，使得其效果仅仅出现在人物身上。虽然使用了相同的颜色，但两侧肩膀的轮廓光所使用的填充和不透明度设置应该有所差异。

最后，我在图层面板最上方添加了一个混合模式设置为叠加的拉丝铜材质纹理图层，以统一画面质感。这个纹理图层本身也带有一定的颜色，直接叠加在画面上会让画面显得更暗。因为我只需要图片的纹理而不是颜色，所以我使用了一个剪切到纹理图层的色相/饱和度调整图层将该图层的饱和度调节至最低。这样，一幅合成作品就大功告成。

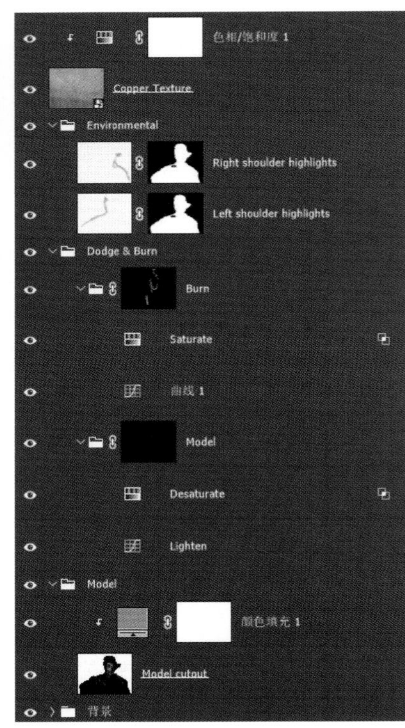

## 高低频

高低频是一种非常流行也非常强大的后期处理技术，它将画面内容按照频率特性进行分解，以便进行更加有针对性的处理。这种技术在专业修图师圈子里面已经流行了很多年，主要用于肖像中的皮肤处理。其操作思路用一句话就可以概括：将画面内容分为高频细节和低频细节两个部分，然后在互不干扰的情况下对它们分别进行处理。和传统的处理技术相比，在使用这个技术执行某些操作的时候要比全局的笼统处理精确、快捷得多。

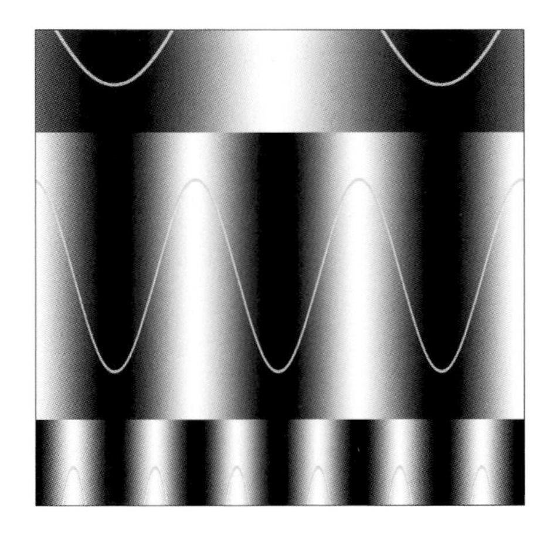

然而大多数人首先需要了解什么是照片的频率，一旦我们谈清楚了这个问题，那么接下来要面对的就是如何选择我们需要处理的频率范围。

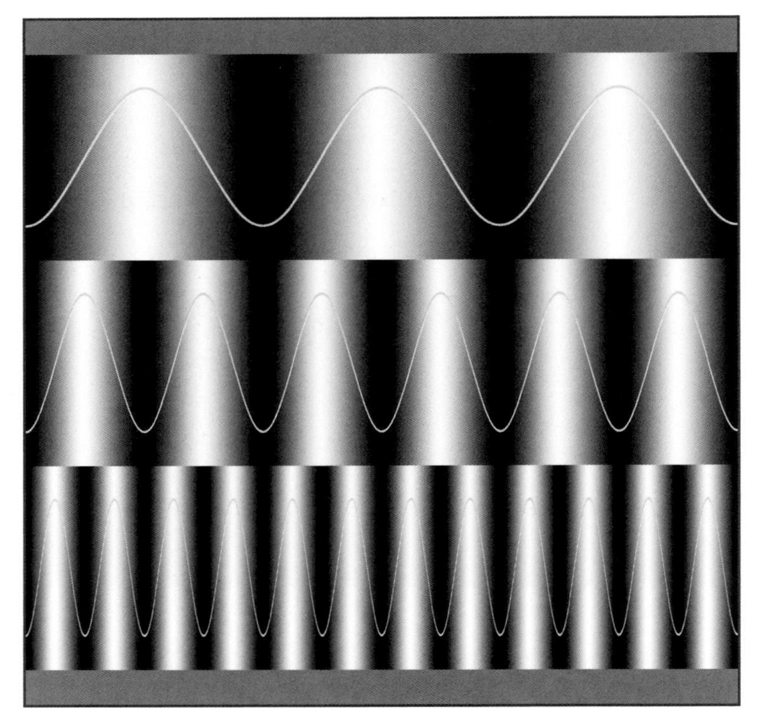

在正式讨论这些技术因素之前，我们首先来聊聊频率这个概念，之后再来看看如何用这种技术来扩展我们的工作流程。频率是大家相对熟悉的一个概念，我们用它来描述指定事件在特定时间内重复发生的次数。日出日落、时针转动、心跳都有属于自己的频率，我们会用年、小时、分钟等不同的时间单位来衡量它们各自发生的频次。频率还可以用来衡量一些微观而抽象的概念，例如声波或者光波。我们还可以使用这一概念来定义声音与颜色。

当我们在图像领域中谈到频率的时候，我们所说的是我们所看到的画面内容呈现的规律与尺度，例如照片中的纹理、细节等。正如前面所提到的，纹路、斑点、丘疹等构成了皮肤的细节，甚至头发也属于其中的一部分。所以对于人像来说，高频细节就是这些内容，而低频细节则是画面的颜色与影调。

换句话说，对于照片来说，所谓的高频并不是指画面内容在真实世界中的大小高低，而是它们在画面中颜色与影调的相对变化密度，它们构成了我们在画面中看到的细节。因为数字图像由像素组成，所以明暗过渡之间的像素数量也就成了我们用来形容频率的基本单位。

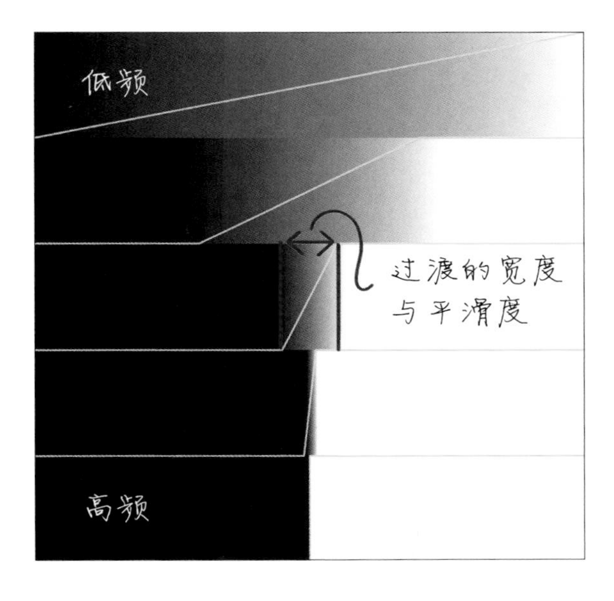


高频细节意味着从亮到暗的变化仅仅只跨越少数几个像素的宽度，反过来低频细节则表示整个变化覆盖了大量的像素。最典型的高频细节就是从黑到白的硬边缘，而低频细节则是从黑到白的平滑过渡。在滤镜与混合模式的帮助下，我们可以使用不同的方式在Photoshop中处理不同的频率细节。这也就是高低频或者分频处理的核心思想，因为在大多数照片中图像的频率总是相互叠加在一起的，例如高频的毛孔细节总是与面部低频的光影变化叠加在一起。需要注意的是，高光与皮肤瑕疵既可能属于高频细节，也可能属于低频细节，这取决于它们具体的面积大小以及边缘清晰程度，这就要求在进行高低频处理的时候，我们需要根据这些特征进行判断。

好了，了解了足够的背景知识之后，接下来我们就投入实战吧。

我们首先从高低频最流行的应用领域——磨皮开始。首先明确我们需要修正的特征尺寸，对于磨皮这个具体的应用领域，毛孔只有几个像素的宽度，在设置的时候我们需要记住这一点。当我们确定需要调整的特征尺寸之后，接下来我们来看看如何进行具体设置。

另外需要指出的是高低频处理有多种变形，我在这儿只打算给大家重点介绍最常见、最基础的版本，然后聊聊我对某些工具的其他方法和喜好。

将背景图层复制两份，将上面一份更名为“高频”，下面一份更名为“低频”。我们首先需要创建一个没有高频细节的低频图像图层。

关闭“高频”图层，选择“低频”图层，然后执行“滤镜 > 模糊 > 高斯模糊”命令。我们的目标是应用合适的模糊效果来消除想要处理的细节。一般来说我们设置的模糊半径应该是需要处理的画面细节大小的0.5~3倍，所以一个占4个像素的毛孔就需要使用2~12像素的模糊半径设置来进行处理。如果我们需要处理的对象本身的对比度比较低，就可以选择相对较小的模糊半径；如果对比度较高，则使用较大的模糊半径。接着我们来看看剩下的操作细节。

选择“高频”图层，打开其可见性，然后将其混合模式更改为线性光。

保持“高频”图层为当前选择图层，执行“图像 > 应用图像”命令，将图层下拉菜单设置为低频，其余参数设置如下。

- 混合模式：减去。
- 反向：不选择。
- 缩放：2。
- 补偿值：128。
- 保留透明区域：不选择。
- 蒙版：不选择。

用通俗的话说，应用图像命令是用当前所选择的图层——原始图像的未修改副本——“减去”图像的一个模糊版本，移除包含色调、饱和度、亮度在内的所有信息，然后将得到的结果除以缩放系数，最后将以色阶为单位的偏移值加到这个结果上面。更简单地说，Photoshop将“低频”图层中的内容从“高频”图层中“减去”，将结果除以2，然后加上50%灰。其中，将结果除以2减少了颜色的影响，但同时也大幅降低了图像的亮度；加上50%灰可以提高图像的亮度而不增加图像的颜色。

在经过上述处理之后，得到的就是类似于使用高反差保留滤镜处理之后的结果，一般来说上述操作常用于照片锐化。

## 8位还是16位

从高低频技术诞生起，人们就一直在争论究竟应该在什么样的位深下应用该技术。事实上这一点并不重要。对于8位图像来说，更常用的方法是将混合模式设置为添加，然后勾选“反向”选项，并将补偿值设置为0。之所以有这样的区别是因为8位模式下并没有真正的50%灰，0~255的中间值是127.5，然而像素的色阶并不能使用小数点表示，所以这个0.5会被忽略掉。但是在16位图像中，50%灰是可以被准确记录和表示的。

这就是为什么我总是在16位模式下使用高低频技术，而我在正文中给出的参数也是针对16位图像的，实际上这个参数用在8位图像上也并不是不可以。另外从原始图像中“减去”模糊的照片从而保留边缘效果这种说法也更符合人们实际看到的内容，因此更容易被人记住。

这样一来，我们就将原始的图层按照频率拆分成了两个独立的图层，“高频”图层只包含细节信息，而“低频”图层则包含影调与色彩信息。如果我们将混合模式更改回正常，就会发现上方的“高频”图层失去了所有的色彩与影调变化。我习惯在结束分频操作之后，在“高频”图层的名称中加上前面使用的高斯模糊像素值，如果之后我还需要做新的高低频处理，就可以用这个值作为参考。

接着分别复制“高频”图层与“低频”图层，并将其分别剪切到原本的高低频图层。然后将剪切图层的混合模式设置为正常，将原始的高低频图层锁定，以免被意外修改。将4个图层合并为一个图层组，然后将该图层组命名为“高低频”。

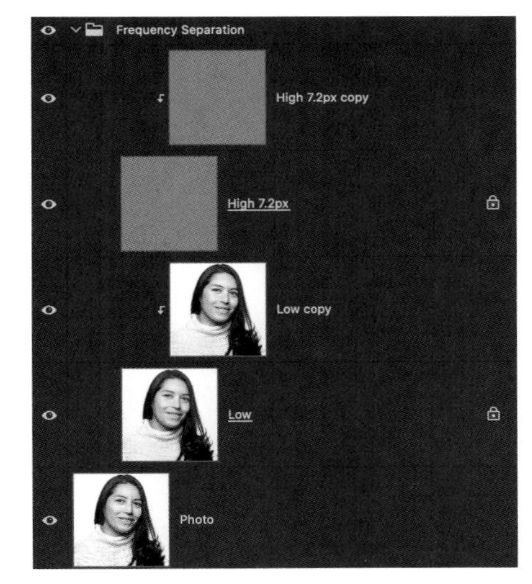


之所以需要将原始的高低频图层复制一份作为剪切图层关联到原图层，是为了方便我们可以使用非破坏性的方式对高低频信息分别进行处理，另外这也使我们可以通过添加图层蒙版或者调整图层的不透明度来更改高低频修复的效果。

现在的问题是，我们应该先处理“高频”图层还是先处理“低频”图层。坦白说，我自己的习惯是根据当前的画面状态在两个图层之间来回调整。就例图来说，我首先从“低频”图层开始调整，试图从平滑的影调色彩过渡中移除瑕疵的颜色。这时候我的目标不是让皮肤变得完美，而是让人物看起来自然、真实。调匀肤色之后，我可以决定哪些皮肤特征需要保留、哪些需要减少、哪些需要移除。

很长时间以来，我最喜欢的方法是用套索工具选择需要处理的区域，然后对选区内容执行高斯模糊命令，设置一个较小的模糊半径，然后根据画面效果重复执行若干次。但最近我开始尝试使用混合器画笔来直接调整画面颜色，因为这样得到的效果更加直观，而且可以避免使用套索工具可能造成的一些不自然的调整边缘。不过有一点需要注意的是，千万不要对整个画面做大幅度、夸张的调整处理，这会破坏人物皮肤原本的真实性，让人物看上去仿佛塑料做的一样。事实上想要避免这个问题并不难，只需要注意使用较低的调整参数慢慢调整即可。记住，过犹不及。

对于混色，我习惯使用圆形柔边混合器画笔工具，其设置如下。

- 每次描边后载入画笔：不选择。
- 每次描边后清理画笔：选择。
- 潮湿：20%。
- 载入：20%。
- 混合：10%。
- 流量：10%。
- 对所有图层取样：不选择。



千万别忘了只在高低频图层的副本图层上使用画笔工具进行处理！

开始的时候，画笔尺寸可以设置得略大一些。对于肖像的处理，我喜欢在开始时把画笔设置成眼睛大小。第一遍使用极低的参数处理较为粗糙的过渡区域与面部特征的边缘区域，接着开始处理局部的色彩过渡，最后抹除瑕疵造成的偏色。就我个人的经验来说，按照从大到小的顺序处理可以更加有效地减少瑕疵的影响。另外当我们以得到自然的调整结果为目标的时候，可能并不需要特别复杂的处理，只需要平滑非常明显的色彩变化即可。

到此为止，由于面部瑕疵导致的色斑问题已经基本消失，只剩下一些高频的瑕疵细节需要处理。

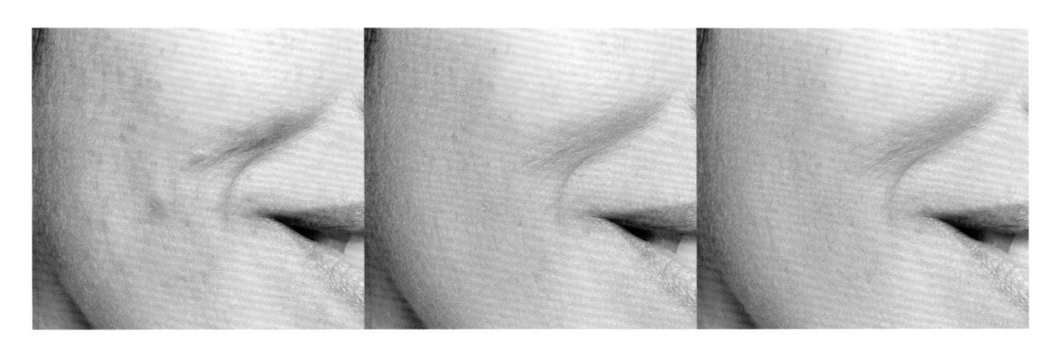

现在我们可以使用任何自己喜欢的工具在“高频”图层的副本图层上进行处理。例如污点修复画笔工具，使用该工具时可以将画笔设置成100%硬边缘，尺寸略大于需要调整的细节。这意味着我们在整个修复过程中，需要频繁地根据需要调整的瑕疵更改画笔大小。另外需要记住的是，在高低频模式下，我们需要调整的细节尺寸并不是整个瑕疵的尺寸，而是瑕疵的纹理尺寸。尽可能使用较小尺寸的画笔处理。

在使用污点修复画笔工具的时候，我很喜欢将其混合模式更改为明度。在很多情况下将其混合模式设置为正常与明度并不会有太大区别，因为“高频”图层主要以灰色为主。但如果我们在分频的时候使用了较大的模糊半径设置，那么将污点修复画笔工具的混合模式设置为明度能有效降低杂色出现的可能性。除此之外，还有两种混合模式在处理高频细节的时候也非常有用。如果需要处理的细节是被浅色包围的深色瑕疵，那么可以尝试将污点修复画笔工具的混合模式设置为变亮。

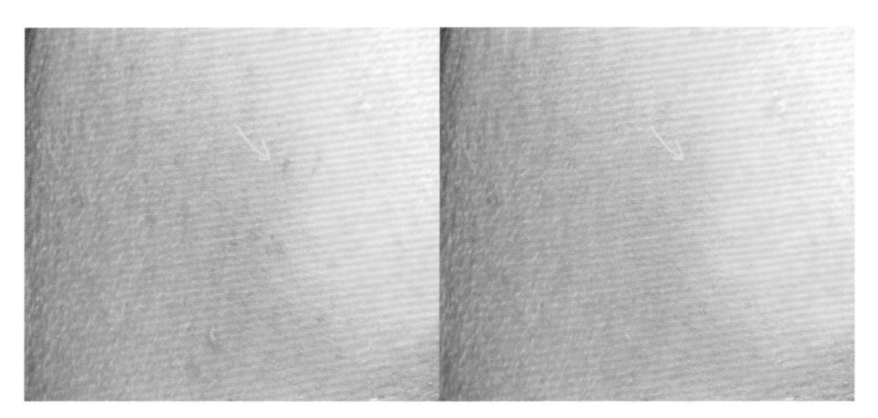

上图就是使用变亮混合模式修复深色瑕疵的效果。类似地，面对头发这种位于深色背景上的高亮细节瑕疵，将污点修复画笔工具的混合模式设置为变暗能更好地在修复时保留局部纹理。

除了污点修复画笔工具之外，我们也可以使用常规的修复画笔工具、修补工具或者仿制图章工具对高频细节进行修复。每种工具都有属于自己的优缺点，以及各自对应的混合模式。这儿并没有什么正确或者错误的选择，所以大家最好每种工具都尝试一下，根据自己的喜好确定不同情况下哪种工具更为合适。

最后还需要提醒大家一点：确保自己总是在正确的图层上使用正确的工具处理正确的频率细节。如果画面出现了奇怪的效果，那么一定是工具、混合模式或者当前处理图层三者中的某一者出现了问题。

## 各式各样的高低频处理

高低频技术有许多种可供选择的变形。在低频图层上使用混合器画笔工具往往会改变画面的所有组成元素，除了改变颜色，也会改变画面影调，后者可能导致面部特征的轮廓或结构发生相应的变化。我们可以在低频处理后使用减淡、加深操作来修复这个问题，或者可以通过将低频图层继续划分成颜色图层和亮度图层来避免这个问题。如果你对这个技巧感兴趣的话，可以参考本书第二篇“技巧”的第6章“观察层”中描述的分离颜色和亮度图层的操作。进一步划分低频图层后，我们应使用减淡和加深处理技巧处理亮度图层，使用混合器画笔或模糊工具处理颜色图层。使用这种方法处理照片需要更大的耐心，同时也需要更多的时间，因为我们需要同时处理三个而不是两个图层的内容。

还有一种变形是在使用模糊命令分离低频细节的时候不使用高斯模糊命令而使用其他的模糊命令。近年来比较流行的一种做法是使用“滤镜 > 杂色 > 中间值”命令替代模糊命令，这样做能更好地保留景物边缘，对建筑物或者服饰等元素的处理效果更加理想。

另外在调整模糊半径的时候，也有不少值得思考的因素。不同类型的纹理和细节可能并不会完全从低频图层中消失，所以我们经常需要根据实际情况调整模糊半径。如果某些细节由于边缘大于我们所设置的模糊半径而被留在了画面中，那么我们可以在分频之前对该区域做一些额外的模糊处理来移除这些细节。但如果我们在一开始就进行了较大模糊半径的全局模糊处理，那么在面对尺寸特别小的瑕疵的时候就没有太多的回旋余地。而且在某些时候，由于模糊半径设置得过大，甚至可能导致高频图层几乎失去了可用性。

这就是为什么我建议大家可以针对画面不同区域的纹理与细节特征分步使用多次高低频技术进行处理。在处理面部特写或者包含大量织物细节的图片时，这是一种非常常见的处理方法。

# 第四篇　参考

本书中的案例并未用到本篇列出的所有调整图层与混合模式，毕竟大家想要真正掌握这些知识仅仅依靠书本上的案例远远不够。在阅读本篇的内容时，大家不妨记记笔记，做做尝试，和别人分享并讨论自己的发现。

# 第9章 调整图层

如果我们把Photoshop中的图像当作精心收集的数据，那么调整图层就是用来调整这些数据的选项和公式。调整图层接收图像信息，应用数学计算，然后呈现结果。使用调整图层的控制选项本质上就好像是改变数学计算过程中的参数，我们可以通过这种方式影响单个像素以及像素与像素之间的关系。

Photoshop中包含25个不同的图像编辑调整命令，其中16个可以直接作为调整图层使用，和普通图像图层一样添加到图层堆栈。另外还有3个填充图层，以及6个可以作为智能滤镜使用的图像调整命令。

添加调整图层的操作非常简单，而且Photoshop为我们提供了许多种添加调整图层的方法。在图层面板底部有一个一半黑色一半白色的圆形图标，这个图标对应“新建填充或调整图层”命令。顾名思义，单击这个图标可以打开一个文本菜单，我们可以从菜单中包含的16个调整图层中选择一个想要添加的调整图层。在添加对应调整图层的时候，系统会弹出对应的属性面板，如果我们已经提前打开了属性面板，那么面板内容就会自动转换成对应的设置选项。

除此之外，我们还可以通过菜单命令“窗口>调整”打开专门的调整面板，其中将所有类型的调整图层分别以图标的方式列出。另外我们也可以通过“图层>新建调整图层”菜单选择创建不同的调整图层。使用以上所有方法创建的调整图层并没有区别。

在使用上述3种方法创建调整图层的时候，我们均可以在创建图层的同时按住键盘上的Alt键（Windows系统）或Option键(mac OS系统)，这样一来在添加图层之前就会弹出“新建图层”对话框。在这里，我们可以设置新的调整图层的名称，决定是否将其直接剪切到前一图层，并设置图层的标记颜色、混合模式和不透明度。如果我们需要在动作中记录创建图层的操作，最好使用这种方法。

图像调整命令可以直接用来调整图层内容，这些命令位于“图像>调整”子菜单中。当我们使用这些命令对图层内容进行调整的时候，所有调整效果都将以破坏性操作的方式直接应用于图层，更改图层记录的信息本身。在这个菜单中包含6个额外的调整选项。部分图像调整命令拥有直接对应的键盘快捷键，其中我用得最多的是曲线命令对应的快捷键Ctrl+M（Windows系统）或Command+M（mac OS系统）和色阶命令对应的快捷键Ctrl+L（Windows系统）或Command+L（mac OS系统）。

我们也许会好奇为什么Photoshop有如此之多的调整命令，而它们大多数看起来只不过是对照片的颜色和亮度进行调整。答案很简单：每一种调整命令都为我们提供了编辑图像数据的不同方法。

想象一下鼠标、触摸屏和压感笔之间的区别。它们中的每一种都可以让我们在界面中移动鼠标指针和单击元素。但通过它们完成上述操作的方法都不尽相同，而且或多或少提供了不同的控制选项。使用鼠标，可以直接移动和单击；使用触摸屏则增加了手势控制以实现更多、更复杂的操作；而使用压感笔则可以通过控制落笔轻重以及旋转、倾斜画笔等操作对工具效果做更加丰富而直接的控制。更重要的是不同的输入方式不仅影响到我们如何控制工具，同时也影响着我们的感知。

让我们看看色阶工具和曲线工具，虽然两者都把输入值重新分配到新的输出值，但是色阶工具仅仅在整个数值范围内做线性调整，而曲线工具则提供了更加灵活的控制选项。我们可以使用曲线工具实现我们使用色阶工具时的所有操作，但是不能使用色阶工具实现我们使用曲线工具时的所有操作。那么为什么我们还需要使用色阶工具呢？首先因为它的界面更加简洁直观；其次对有些人来说，这还牵扯到个人习惯。例如我除了调整蒙版之外很少会用到色阶工具，但这种选择并没有技术原因，仅仅是我的习惯而已。

## 每个按钮都非常重要

另外大家会注意到，当我们选择调整图层的时候，属性面板下方会出现5个相关的按钮，具体如下。

- 剪切到上一图层。
- 恢复到上一状态。
- 恢复到默认状态。
- 切换可见性。
- 删除图层。

我在这儿并没有使用Adobe公司给出的官方名称，因为那串名称实在是太长了。这几个按钮的作用都非常明显，但是经常被使用调整图层的用户忽略。它们真的非常方便，我很建议大家熟悉这些按钮的功能并且将其用于自己的日常操作。

在使用曲线、色相/饱和度和黑白调整图层的时候，其属性面板的左上角会出现目标调整工具。这是一个可以直接在画布上使用的工具，允许我们在画布上单击拖动来确定参数并做相应的调整。例如当我们在曲线调整图层激活的情况下选择该工具的时候，在图像上移动鼠标指针便会使曲线上出现一个控制点，它对应当前鼠标指针位置的画面亮度。在图像上单击可以直接在曲线上的对应位置添加控制点，然后通过上下拖动调整该控制点。

在色相/饱和度调整图层中，左右拖动该工具可以直接改变饱和度。类似地，在黑白调整图层中，拖动该工具则可以改变鼠标指针所对应颜色在转换为黑白时的亮度。操作非常简单。

虽然一部分调整图层提供了更为丰富的调整选项，而一部分调整图层看上去仿佛是多余的，但它们在Photoshop中都有属于自己的一席之地。我强烈建议大家尽可能使用大量不同的图像来尝试每一个调整图层，特别是自己以前从来没有处理过的类型的图片。虽然有些调整图层之间的区别一开始看上去并不大，更难找到对应的应用场合，但在学习Photoshop的时候，一个很重要的过程就是学习用不同的方法实现相同的目的，从而积累经验。

以下每节都提供了关于对应调整图层的基本知识、实际用途、是否可以作为智能滤镜使用等内容。另外针对不同内容还提供了额外的注意事项，例如对于图像色彩深度或色彩模式的限制，以及结合不同工具的使用技巧等。这部分内容不一定全面和权威，而是希望尽可能满足摄影师在后期处理时的实际需要。

## 亮度/对比度

- 既可以作为调整图层使用，也可以通过“图像>调整”子菜单作为命令使用。
- 可以作为智能滤镜使用。

向右移动“亮度”滑块可提亮画面，向左移动可压暗画面。“对比度”滑块与亮度滑块类似，可以用来提高或缩小画面反差。向左移动“对比度”滑块，画面中的影调会变得更加柔和，更接近于中灰；而向右移动，则会让画面影调反差加大、饱和度提升。

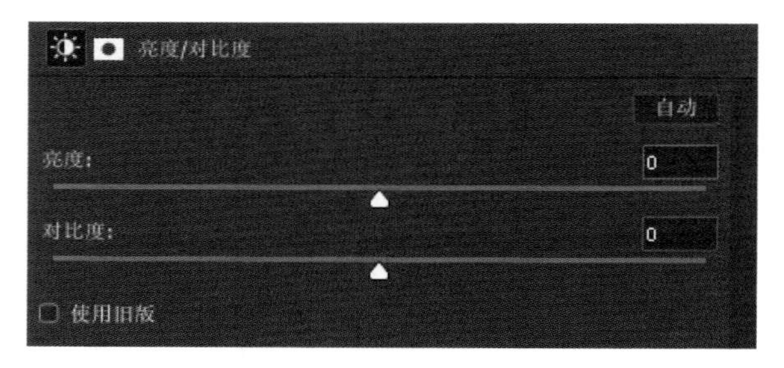


在不勾选“使用旧版”选项的标准模式下，滑块的调整幅度与画面原有亮度及对比度成正比，这一点类似于曲线工具。换句话说，标准模式下滑块的调整幅度根据画面内容的相对值来进行调整，是非线性的。这对摄影师来说更加实用，不仅能对画面做更加细腻的调整，同时也有助于避免高光和阴影部分的影调溢出与细节丢失。

旧版模式使用线性方式基于图像的绝对值进行调整，这个模式更适用于直接处理蒙版或者生成蒙版的图像副本。在旧版模式下，所有像素都根据设置参数做相同幅度的调整，所以很容易出现死黑、死白之类的影调溢出问题。

开启自动调整选项，系统可以根据画面明暗做出自动判断，在避免阴影和高光部分过饱和或溢出的前提下调整参数并呈现最大的画面动态范围。亮度/对比度工具除了自动整调选项之外并没有提供预设或额外的控制选项，这使得它在对重复性要求很高的商业后期领域并没有太大的用武之地。虽然这个工具本身并没有什么大问题，但我更倾向于使用可以通过快捷键进行操作，并通过预设提供更多灵活性与重复性的色阶与曲线工具。

## 色阶

- 既可以作为调整图层使用，也可以通过“图像>调整”子菜单作为命令使用。
- 可以作为智能滤镜使用。

色阶工具是影调调整最重要的两个工具之一，我们可以使用该工具对画面的影调范围做精确的数值控制，并在一定程度上管理画面的色彩平衡。其属性面板上显示了一个直方图和两组滑块。上面的滑块管理输入值，允许我们将图像中原本的黑点和白点重新映射到下方的输出值上。输出滑块一般来说保持为0~255的默认值不变，这意味着输入滑块的调整值会被直接映射到黑色和白色。但是在某些情况下我们可能会对输出值进行调整，有时候是为了获得特定的色彩风格，有时候是为了调整印刷时的油墨密度。

中点滑块通过改变中间灰的对应值来改变画面的明暗过渡。这个滑块的读数是以伽马值的形式给出的，范围为0.01~9.99，中间值默认为1.00。中点滑块是一个动态滑块，当我们调整黑白两色滑块的时候，它的位置也会自动发生变化，以保持与两侧端点之间的相对位置不发生变化。

对于喜欢数学的用户来说，伽马值对应希腊字母$\gamma$，是一个指数读数，对应下方的公式：

$$V_{出} = (V_{入})^{\gamma}$$

$V$表示亮度，所以该公式表示输出亮度等于输入亮度的$\gamma$次幂。中点滑块之所以使用指数读数是为了避免与两端的实际读数产生混淆，后者表示绝对的亮度值，而$\gamma$则表示一个相对值。更有趣的是，因为$\gamma$是非线性的，所以滑块值的变化率在滑块向左调整的时候变化更快，向右调整的时候变化更慢。我们不必知道这个数字是如何转化为亮度的，只需知道小于1的值会使图像变暗，而大于1的值会使图像变亮即可。另外，默认值1则使图像的亮度保持不变。

色阶工具带有一些预设，这些预设的名称都很直观，如更亮、更暗、增加对比度等。基本上只要会认字，就知道这些预设对应的作用。我们可以从属性面板右上角的面板菜单中保存和加载更多预设。

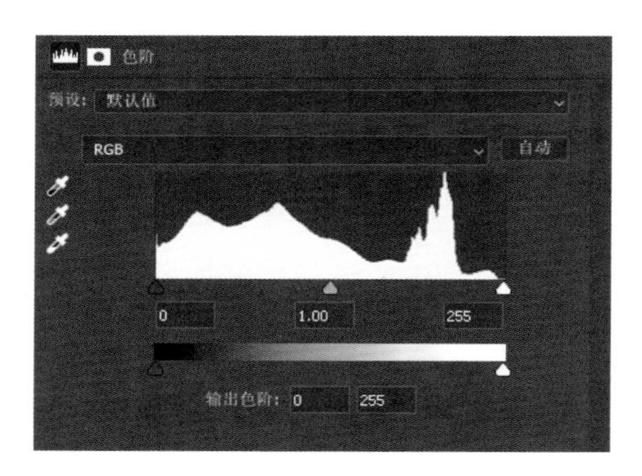


面板菜单中还包括了显示黑白场修剪的选项。如果我们开启这个选项，那么每次调整输入滑块的时候，预览窗口就会进入裁剪模式。但是我强烈建议大家不要开启这个选项，而是在必要的时候按住Alt键（Windows系统）或Option键（mac OS系统）临时切换到修剪显示模式。这样做就能兼顾实时预览与修剪显示两种模式的优点。

在属性面板的左边有3个吸管工具，分别用于设置阴影、中间调和高光的值。选择3个吸管工具中的任意一个并在画面任意位置单击，Photoshop就会使用我们单击点的值作为该输入滑块的值。例如想要设置图像黑点，可以选择黑色滴管，然后单击画面中最暗的区域对其采样。在单击的同时按住Alt键（Windows系统）或Option键（mac OS系统）可以在裁剪模式下预览效果。使用吸管工具设置黑点和白点时，只会在独立的色彩通道中产生影响，并不会导致RGB模式下的黑白色滑块在属性面板中产生变化，但我们可以通过直方图中亮度值之间的空隙扩大而发现黑白点已经被重新设置的迹象。如果想要还原吸管工具的设置，我们可以使用吸管工具重新单击取样，但更好的办法还是直接单击面板底部的重置参数按钮。

色阶工具同样包含一个自动调整选项，开启后系统可以根据画面内容自动调整参数。在开启自动调整选项的时候如果按住Alt键（Windows系统）或Option键（mac OS系统），就会打开“自动颜色校正选项”对话框。该对话框提供了若干设置选项，与曲线工具的“自动设置”对话框完全相同。使用这些选项时注意不要挡住色阶面板或者属性面板的直方图，这样我们就能看到改变设置带来的直方图变化。

- **增强单色对比度。**这是指将所有颜色通道的参数合并在一起作为对比度判断基准，得到的自动设置参数将被同样用于每一个颜色通道。使用这个选项可以在完全不改变画面色彩倾向的同时增强画面反差。对应的算法即执行“图像 > 自动对比度”命令时使用的算法。
- **增强每通道的对比度。**这是指针对每个通道的直方图信息分布单独对各个通道的黑点与白点进行调整。选择这个选项有可能造成画面颜色的改变，所以最好用来处理已经校正过色偏或者只有轻微色偏的照片。在使用这个选项对照片进行调整之后，我们很有可能还需要对每个通道进行额外的色彩校正。对应的算法即执行“图像 > 自动色调”命令时使用的算法。
- **查找深色与浅色。**这是指查找画面中最暗和最亮的像素并以此作为基础使得画面反差最大化。对应的算法以实际的颜色亮度作为基准，不同于仅仅考虑总体直方图的增强单色对比度的算法。这个算法即执行“图像 > 自动颜色”命令时使用的算法。
- **增强亮度和对比度。**这是一个基于人工智能的新选项，基于画面内容识别最亮与最暗的区域，非常适合用来处理直方图已经趋于理想但还需要进一步优化的作品。这是当前色阶与曲线命令中的默认选项。
- **对齐中性中间调。**选择该选项可以让 Photoshop 使用我们所设置的中间调目标颜色替代图片中默认的 50% 灰。只有在选择前 3 种算法的时候才可以选择该选项，然后我们就可以通过设置目标颜色与裁剪中的中间调颜色手动指定画面中间调。
- **目标颜色和修剪。**当我们选择前 3 种算法中的某一种时，便可以更改此处 3 个色块的设置。单击色块即可打开对应的目标颜色拾色器对话框，我们可以直接在对话框中设置颜色，也可以在图像中单击选择某一种颜色。手动设置阴影、中间调和高光的目标颜色可以给自动化工作流程带来更大的灵活性，以更好地完成工作。

**注** 在使用“自动颜色校正选项”对话框的时候，我们必须事先选择调整图层，而不是图层蒙版！我们在选择调整图层的时候，默认情况下会选择图层蒙版，但如果选择了图层蒙版，那么在我们设置目标颜色的时候吸管工具会从图层蒙版而不是图像中取样。如果我们试图使用吸管工具选择目标颜色的时候画面变成了白色或者出现其他什么超出我们预期的效果，请关闭对话框并从图层面板中选择当前调整图层的图标，然后按住 Alt 键（Windows 系统）或 Option 键（macOS 系统）重新调整自动颜色校正选项。

设置修剪值的本质是设置黑色与白色滑块的对应值，在色阶工具中其实际作用是在使用前 3 种算法的时候在不移动控制点的情况下扩展直方图范围。这就意味着我们除非复位色阶调整图层，否则就不能继续向外移动这些控制点。

由于任意一种自动算法都会在色阶调整图层属性面板中扩展直方图，因此如果我们做了较大幅度的调整，那么就会在直方图中间看到明显的断层缺口，尤其是在调整 8 位图像的时候。

## 曲线

- 既可以作为调整图层使用，也可以通过“图像 > 调整”子菜单作为命令使用。
- 可以作为智能滤镜使用。

曲线工具作为 Photoshop 中最重要的调整工具，几乎在每一个专业的后期工作流程中都占据着一席之地。曲线工具能完成其他调整工具所能完成的绝大部分操作，唯一的限制因素就是我们是否有耐心探索这个工具的各种实用技巧与技术。我认为可以这么说，对于大多数中高级用户来说，添加曲线调整图层几乎是一种下意识的操作反应。

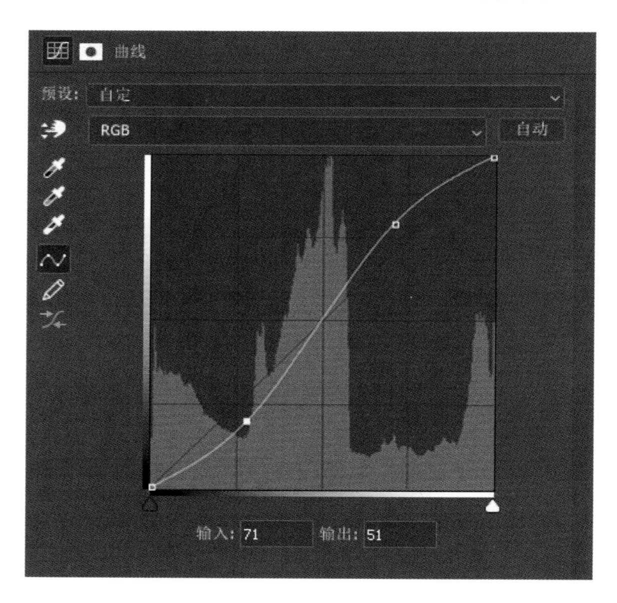

本质上，曲线工具的作用与色阶工具类似，它允许我们将指定的输入值映射到相应的输出值，一个普遍的用途就是调整对比度和亮度。然而，色阶工具作为一个单轴工具只提供了一个用于中点调整的控制滑块，而曲线工具则提供了一个参数化视图，允许我们对画面影调做非常细致的调整。

默认视图下，曲线是一条斜率为1的直线，覆盖在输入亮度的直方图上。也就是说曲线的调整对象是来自下方图层可见内容的复合亮度信息。

曲线调整图层属性面板中的数值是亮度值，范围是0~255。在选择控制点之后，我们可以直接在输入、输出框中输入需要的调整值。我们如果有Monogram、Loupedeck、PFixer MIDI之类的硬件控制器，就可以在设备上设置一个旋钮、转盘或滑块来调整这些值。如果你非常注重工作效率，一定要尝试一下这种做法。

更多关于曲线工具的实际应用与效果演示，详见第一篇“绪论”的第1章中的“用数据的方式看照片”一节。

## 曝光度

- 既可以作为调整图层使用，也可以通过“图像>调整”子菜单作为命令使用。
- 可以作为智能滤镜使用。

曝光度工具可以调整图像的动态范围和灰度系数，不过大家往往忽略了它的这个功能，而是使用其他工具完成类似的调整。曝光度工具包括曝光度、位移和灰度系数校正3个滑块。虽然有许多工具也包含类似的滑块，但我们还是要熟悉这些滑块的操作及作用。

向右移动曝光度滑块时可扩展画面影调范围，向左移动时可压缩画面影调范围，如果打开直方图面板我们就可以看到画面直方图随着曝光度的调整而变化。这个滑块对高光部分的影响比阴影部分更大。

位移滑块的作用则与曝光度滑块正好相反，向右移动时会压缩画面直方图，向左移动时则会扩展画面直方图。位移滑块对于阴影部分的影响要大于高光部分。

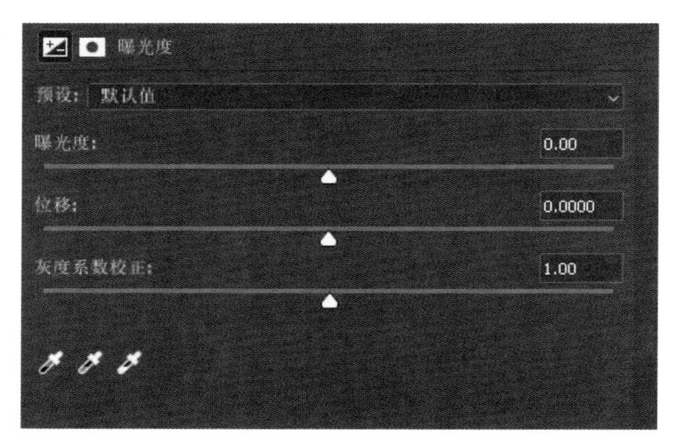


灰度系数校正滑块的效果类似于色阶工具中的中灰色滑块，其作用是通过分配中灰对应的影调而移动整个直方图。但是灰度系数校正滑块的调整是非线性的，我们朝着任意方向做大幅度调整都会导致画面的整体影调压缩。

总体来说，曝光度工具尽管在功能上几乎与色阶工具一致，但相对来说更适合以直方图作为参考调整画面影调。我们之所以使用曝光度工具，是因为它提供了一组不同的工具集，而非在功能上有任何固有优势。

## 自然饱和度

- 既可以作为调整图层使用，也可以通过“图像 > 调整”子菜单作为命令使用。
- 可以作为智能滤镜使用。

自然饱和度工具类似于我们马上会谈到的色相/饱和度工具，但它的调整幅度会根据画面颜色的差异而有所变化。自然饱和度工具中的饱和度滑块会根据颜色值的不同而表现不同，它优先考虑绿通道，然后是红通道，最后是蓝通道。而自然饱和度滑块则对绿通道和蓝通道给予同等的权重，而对红通道给予的权重较小。与色相/饱和度工具不同的是，这些滑块按比例计算饱和度数值，所以更不容易导致色彩出现断层或者过饱和问题。向左调整的时候，这两个滑块都会均匀降低各种颜色的饱和度，但这两个滑块降低饱和度的程度与效率略有不同。

自然饱和度工具是一个非常优秀的微调工具，特别擅长在调整环境人像的时候保护原有的肤色和影调，另外相对色相/饱和度工具在大幅度调整的时候更不容易造成画面瑕疵。

自然饱和度调整图层是少数没有预设的调整图层之一。

## 色相/饱和度

- 既可以作为调整图层使用，也可以通过“图像>调整”子菜单作为命令使用。
- 可以作为智能滤镜使用。

色相/饱和度命令有3个滑块，分别用于调整色调、饱和度和亮度，即HSL色彩空间的三大组成元素。虽然这个调整使用HSL模型的概念表示，但它同时可作用于RGB、CMYK和LAB色彩空间的图像。在许多色彩理论的表述中，色相被显示为色轮，色轮上不同角度的分别对应一个特定的色相，而距离中心点的距离则代表饱和度。

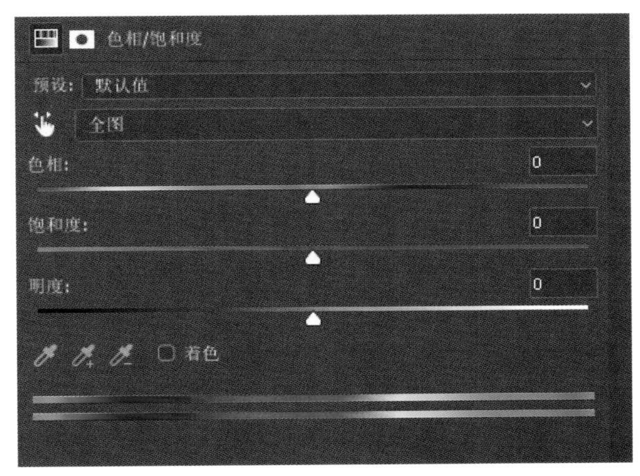


“色相”滑块的调整范围是-180~+180，以0为中点。这些不是实际的色相值，而是代表相对起始颜色的变化程度，而不是绝对的色相分配。

类似地，“饱和度”滑块的调整范围是-100~+100，以0为中点。当在颜色下拉菜单中选择“全图”的时候，提高或降低饱和度的同时也将增大或减小各个通道的反差。向左移动“饱和度”滑块，画面颜色将会慢慢降低饱和度至中灰，而向右移动饱和度滑块则会使画面颜色的饱和度提高。我们也可以独立地调整6种主要色调中的每一种，具体操作将在下文介绍。

“明度”影响各个通道的整体亮度，可以将画面在纯黑色与纯白色两个极端之间调整。

属性面板的最下方有一对渐变色带。上方的色带代表作为参考的原始色彩渐变，下方的色带则代表调整色相/饱和度之后的结果，我们可以据此判断当前的设置效果。

在上下两条色带之间我们可以进行颜色范围的设置，首先需要从上方的颜色下拉菜单中选择任意一种颜色。当我们在颜色下拉菜单中选择一种颜色之后，两条色带之间就会针对我们当前选择的颜色呈现一组调整颜色范围的滑块以及对应的读数。这些读数与我们对滑块的设置相关联；外侧的滑块对应调整范围的减弱终点，而内侧的滑块则对应被调整完全影响的颜色范围。我们可以在范围滑块中间的浅灰色区域上拖动，把整个集合调整范围移动到我们需要的位置，选择所需要调整的基本色调。在我们移动调整范围的时候，颜色下拉菜单中的选项也会发生改变，以反映我们当前所选择的颜色或最接近的颜色。

色相/饱和度调整图层属性面板中还包含目标调整工具。选择目标调整工具后，在画面上单击并左右拖动，可以改变所选择颜色的饱和度。单击时按住Ctrl键（Windows系统）或Command键（mac OS系统），则可以调整该颜色的色调。特别喜欢使用目标调整工具的用户可以在面板菜单中勾选“自动选择目标调整工具”选项。这样一来，每当我们添加色相/饱和度调整图层的时候就会自动切换到目标调整工具。

着色选项可以移除画面原本的颜色，然后以我们所设置的颜色作为画面的整体色调。这个调整非常适合用来统一画面整体影调，并不仅限于用来处理黑白照片。

色相/饱和度命令的常见用途包括使用全局色彩偏移校正画面偏色问题、使用创造性的色彩偏移丰富画面个性，以及在输出打印时对图像进行微调以进行色域校正等。因为使用它可以同时对画面色彩与饱和度做调整，所以相对全局性的色彩平衡命令而言，我们也可以使用它做一些细致的色彩平衡调整。另外正如大家在第3章“选区与蒙版”中所看到的，我们还可以使用它针对画面颜色创建一些极为精确的选区。

色相/饱和度提供了许多预设，此外我们也可以保存自己的设置。

## 色彩平衡

- 既可以作为调整图层使用，也可以通过“图像>调整”子菜单作为命令使用。

- 可以作为智能滤镜使用。

色彩平衡工具用于针对阴影、中间调和高光 3 个影调范围进行全局色彩校正，我们可以使用色调下拉菜单选择需要调整的影调。颜色滑块按照三原色及其补色的原理分为 3 个色对，在两两之间达成平衡。从色彩理论的角度来说，色彩平衡工具通过添加一种颜色的补色来抵消这种颜色。

在第 5 章“颜色与色值”中，我们使用了一种粗暴的方法来消除偏色，即生成画面平均颜色的补色以抵消画面全局的色彩偏移。使用色彩平衡工具可以通过处理单个颜色达成同样的目的，所以这是一种更精确的色彩校正工具，可以实现更为细致的调整。

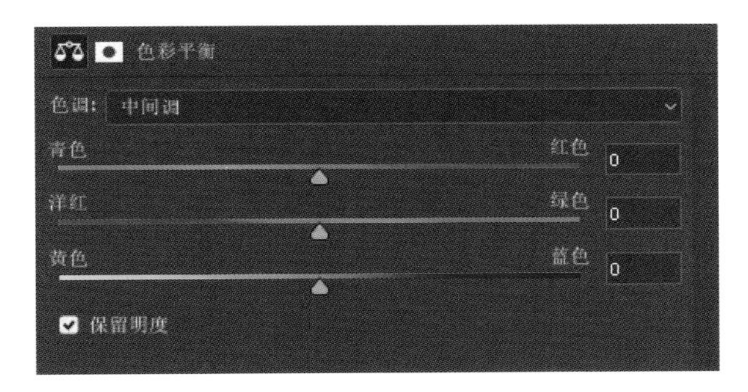


色彩平衡工具提供了一个“保留明度”的额外选项，目的是通过保持画面的灰度值不变来弥补某些颜色调整对画面亮度可能造成的影响。这个选项是默认勾选的，但是可能会导致一些意外的问题，例如由于色彩饱和度过高而出现高光溢出、细节损失的问题，在向左拖动颜色滑块的时候尤其容易出现这个问题。如果发生这种情况，可以考虑取消勾选“保留明度”选项，或改用混合模式为“明度”的曲线调整图层校正颜色。

另外，将色彩平衡调整图层的混合模式从“正常”更改为“饱和度”，可以在不影响画面颜色与亮度的情况下调整各种颜色之间的相对饱和度。这是一种非常精妙的色彩反差控制技巧，比任何其他方法都来得直接。

## 黑白

- 既可以作为调整图层使用，也可以通过“图像 > 调整”子菜单作为命令使用。
- 可以作为智能滤镜使用。

黑白工具可直接调整三原色与三间色在转换为黑白时对应的灰度值。在使用黑白工具的时候，Photoshop 会直接使用默认值生成一个基础的黑白转换版本，并根据滑块设置决定对应颜色在黑白转换时的影调强弱。滑块允许我们单独调整每个色相的影调，从而影响最终的黑白转换结果。

使用黑白工具提供的“自动”选项可使画面中的灰度值分布在不溢出的前提下实现最大化，从而获得一个不错的高反差画面。如果你喜欢反差更大的画面，使用“自动”选项能获得一个不错的调整起点。和曲线、色阶工具不同，黑白工具中的自动按钮并没有提供额外的设置选项。

黑白工具同样提供了目标调整工具，允许我们直接在图像上拖动以改变鼠标指针对应位置颜色转换为黑白时的灰度。但需要注意，使用这个工具会影响图像中具有相同颜色的所有区域，所以使用时切不可只盯着鼠标指针所在区域，而是需要注意画面整体效果。

使用“色调”选项可以给转换为黑白之后的画面加上任意我们喜欢的颜色，这个效果类似于直接使用颜色叠加图层。

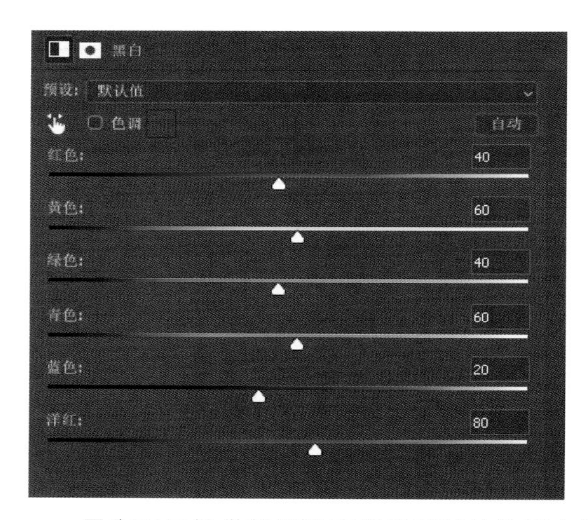


黑白工具提供的预设在模拟某些传统黑白摄影滤镜方面的效果非常好，其中我最喜欢的预设之一是红外线预设，使用该预设处理风光照片的时候能够得到非常漂亮的结果。将此预设与曲线工具搭配使用，还能起到锦上添花的效果。

当我们将黑白调整图层设置为明度混合模式的时候，它会成为一个非常神奇的影调调整工具。事实上，我很少使用黑白调整图层将彩色照片转换为黑白效果，而是更喜欢使用渐变映射工具或我在第5章“颜色与色值”中介绍过的黑白影调高级控制技巧。如果大家更喜欢使用黑白调整图层得到的处理结果，但同时又不满足于黑白调整图层属性面板中有限的选项，也可以在黑白调整图层下方额外添加一个色彩平衡调整图层，以控制输入颜色的相对比例。

## 照片滤镜

- 既可以作为调整图层使用，也可以通过“图像 > 调整”子菜单作为命令使用。
- 可以作为智能滤镜使用。

照片滤镜工具用于在图像上添加一个半透明的颜色覆盖层，这既可以用来校正画面颜色，也可以用来提升色彩效果，但实际上我们也可以使用纯色填充图层搭配相应的混合模式替代照片滤镜调整图层，而且往往使用起来更加灵活。照片滤镜工具的主要用途是快速添加常见的色调预设，对于复制一些传统的色彩滤镜效果，它是一个很好的选择。照片滤镜工具提供了许多预设，但遗憾的是我们不能将自己设置的参数保存为预设。

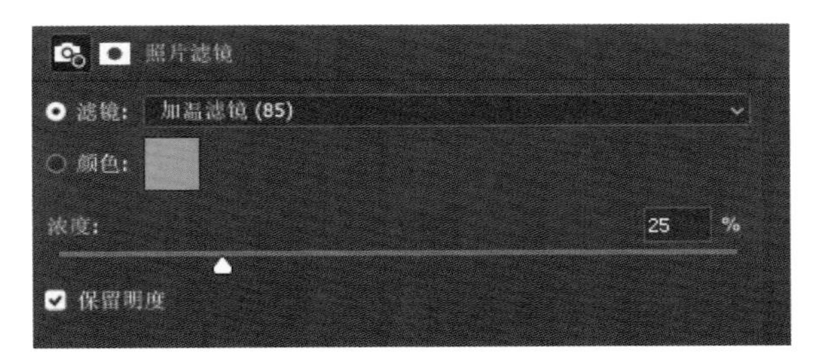


“浓度”滑块类似于“不透明度”滑块，另外我们也可以手动指定任意自己需要的颜色值。照片滤镜调整图层的最佳用途就是直接使用系统提供的内置预设而不做任何调整，即便想要改变参数也只是在有限的几种预设中选择一种最合适的预设作为基础进行调整。

除了上面提到的纯色填充图层之外，颜色查找调整图层、渐变映射调整图层、渐变填充图层等也具有与照片滤镜调整图层类似的使用方法。

## 通道混合器

- 既可以作为调整图层使用，也可以通过“图像 > 调整”子菜单作为命令使用。
- 可以作为智能滤镜使用。

通道混合器工具可以指定各个颜色通道在不同通道中的输出占比，过去常被修图师用来将彩色照片处理为黑白照片。它提供了许多好用的预设，允许我们直接通过混合，甚至颠倒通道信息，将彩色照片转换为黑白照片。它并不直接影响照片中的颜色，只是使用了通道信息进行计算。

通道混合器工具的工作原理简单说来就是将来自各个通道的灰度信息混合在一起，得到新的颜色。当我们在Photoshop中打开一张RGB图片的时候，每个通道的信息都是被分开处理的。通过调整通道混合器中的输入滑块，我们可以将这些信息混合生成新的输出信息，换句话说滑块调整的是相对的输入值。另外在属性面板的下方有一个总计值，它能告诉我们所有输入滑块的合计贡献值。将这个值控制在100%可以保证画面不会出现过曝的问题，换句话说我们可以通过这个参数衡量我们是否因为调整通道信息而改变了画面亮度。

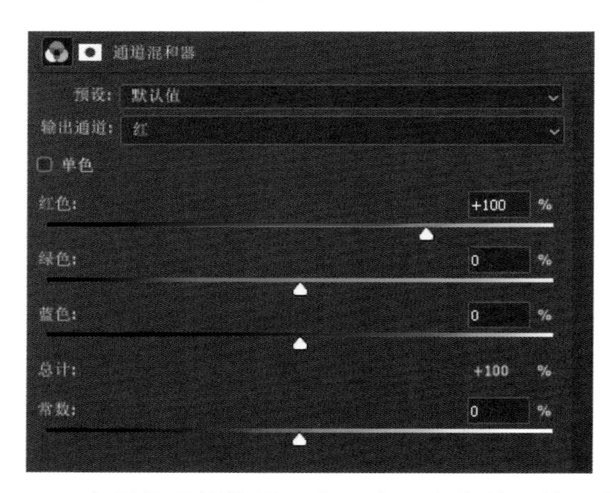


在属性面板的最下方还有一个常数滑块，它的作用类似于粗略的曝光调整，我们可以使用它来补偿我们对颜色滑块所做的调整。

对于创意色彩效果，大家可以在输出下拉菜单中选择任意通道进行调整。关于如何使用该工具完全没有什么规范，唯一算得上比较正规的用法就是用比较干净的通道内容稍稍替代噪点较多的通道内容。但是这样做不可避免地会造成画面偏色问题，所以也需要谨慎使用。

另外我们也可以通过“单色”选项创建一些更有趣的效果，例如模仿手工上色风格。首先勾选“单色”选项，然后关闭“单色”选项，接着调整滑块就可以改变画面的颜色效果。这是因为勾选“单色”选项后系统会将3个通道的输出值调整到完全一致，接着关闭“单色”选项后，我们就可以通过调整滑块打破原本的平衡。坦白说，我并不明白为什么要这么设计，但实际状况就是如此。

如果我们在关闭“单色”选项之前选择了一个预设，那么效果会变得更加有趣。每种预设都对应一种特殊的通道数值组合，而关闭“单色”选项等于将所有通道均设置为预设所使用的数值组合。通过这种方式，我们可以像使用黑白调整图层那样首先确定我们喜欢的灰调反差，然后切换回普通模式更改画面的色彩氛围。

勾选“单色”选项意味着将输出结果应用于所有通道，这时候我们可以将输入滑块简单理解为与黑白命令中的色彩滑块，不过仅限于RGB模式。除了选择系统提供的预设之外，我们也可以将自己设置的参数保存为预设。

## 颜色查找

- 既可以作为调整图层使用，也可以通过“图像>调整”子菜单作为命令使用。
- 可以作为智能滤镜使用。

颜色查找工具可将照片中的颜色与预先设置好的颜色查找表进行对比，然后用颜色查找表中对应的新颜色替换照片原本的颜色。大多数常用的颜色查找表的调整幅度都不会很大，主要是为了确保组照的影调与色彩的一致性。只要输入的照片拥有近似的曝光与颜色，那么输出的结果也应该有一致的画面效果。

虽然系统为我们提供了许多颜色查找表预设，但这个工具真正的用途还是载入属于我们自己的颜色查找表文件。关于如何创建自己的颜色查找表文件，参见第5章“颜色与色值”的“调色”一节。

颜色查找调整图层中可以载入多种格式的颜色查找表文件，其中部分格式相对来说更加常用。颜色查找调整图层并不提供额外的控制选项，所以和使用照片滤镜调整图层类似，我们更多需要使用图层混合模式、图层蒙版、不透明度与填充对效果做额外的控制。

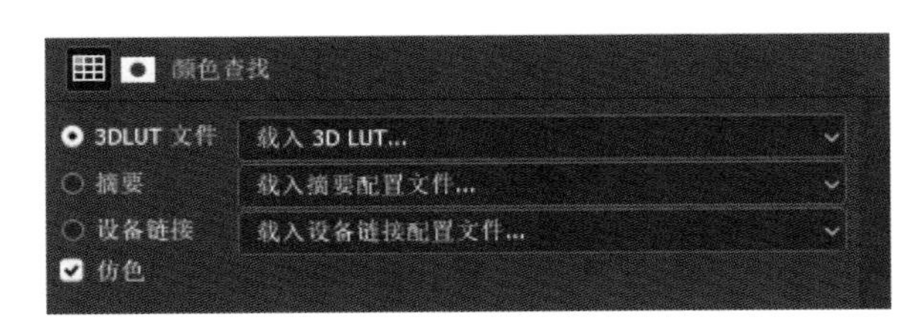

## 反向

- 既可以作为调整图层使用，也可以通过“图像 > 调整”子菜单作为命令使用。
- 可以作为智能滤镜使用。

顾名思义，反向调整图层的作用就是颠倒图像的颜色和亮度，得到与使用“图像 > 调整 > 反向”命令或使用快捷键Ctrl+I（Windows系统）或Command+I（mac OS系统）相同的结果。反向调整图层经常被用于观察层的创建，但偶尔也被用于胶片或者底片的扫描与还原，这部分内容超出了本书的范畴，故不过多介绍。反向调整图层并不提供任何设置选项，我们只能在图层的开关效果中切换。没错，它就是这么简单！

## 色调分离

- 既可以作为调整图层使用，也可以通过“图像 > 调整”子菜单作为命令使用。
- 可以作为智能滤镜使用。

色调分离工具将近似的灰阶按照设置合并为分离的色带。该工具唯一的控制选项就是决定分离的色阶数量，需要注意的是这个设置会作用于每一个通道。也就是说如果我们选择了默认的色阶数量4，那就意味着每个通道都被分离为4个色阶。对于一张RGB图片来说，也就等于拥有64种可能的颜色组合。

色调分离工具常用于营造插画效果，用于摄影类作品时往往是为了打造特殊的视觉风格。但是我主要用它来简化画面颜色数量，以演示其他调整如何影响颜色与影调。

## 阈值

- 既可以作为调整图层使用，也可以通过“图像 > 调整”子菜单作为命令使用。
- 可以作为智能滤镜使用。

使用阈值工具可以在连续变化的亮度值中划定一条硬性分界性，设置值以下的像素用黑色填充，设置值以上的像素用白色填充。阈值滑块则用于确定分界线的位置。

同样，阈值调整图层的使用范围极其有限，但是非常适合用来帮助我们研究调整图层与混合模式的工作方式。另外我也会在创建一些特殊效果的步骤当中用到该命令，大家在本书第 7 章“效果”的“黑白漫画效果”一节中可以看到实际案例。

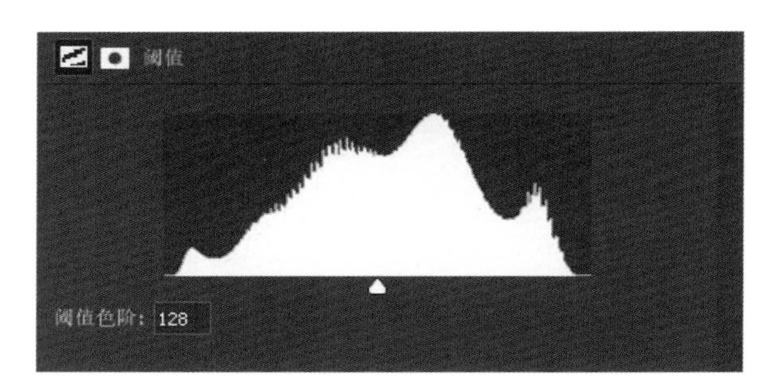


## 可选颜色

- 既可以作为调整图层使用，也可以通过“图像 > 调整”子菜单作为命令使用。
- 可以作为智能滤镜使用。

可选颜色工具将颜色视为印刷油墨的浓度混合，通过调整其比例对色彩平衡进行更精确的控制。每种原色和互补色都被表示为青色、洋红色、黄色与黑色的组合。我们可以使用对应的滑块单独调整每种颜色以及高光、中间色调和阴影的色彩成分。

可选颜色工具经常被用来校正印刷图像中的色彩平衡，并且通常在勾选“色域可视化”选项的情况下使用。在第 5 章“颜色与色值”的“匹配颜色”一节中，我演示了如何使用可选颜色工具使照片合成时的各组成部分颜色保持一致。另外，在第5章“颜色与色值”的“黑白影调高级控制”一节中，我也用到了可选颜色工具对画面影调进行微调。最后，可选颜色调整图层也是一种常见的观察层。

在可选颜色工具对应的属性面板底部有两个单独的选项：“相对”和“绝对”。相对模式下，系统会在画面中已有颜色的相对比例的基础上进一步调整色彩比例，一般来说效果更加自然。绝对模式下，来说则是在不考虑起始值的情况下做更大幅度的调整，因此很容易使已经很强烈的颜色过饱和。

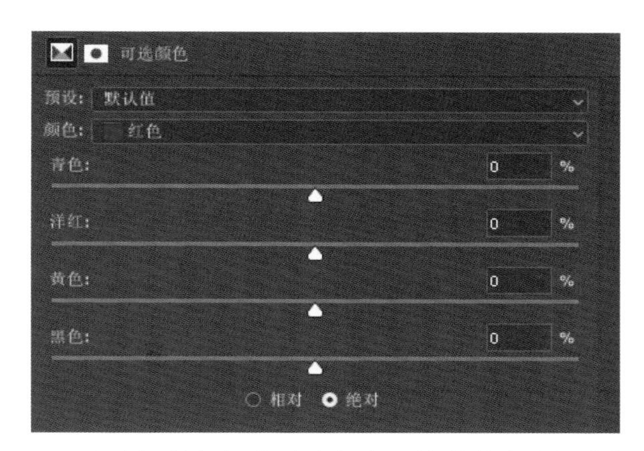


每个滑块都假定对在颜色下拉菜单中选择的颜色有一个起始贡献值，然后根据我们设置的值进行增减。例如，从颜色下拉菜单中选择绿色并调整“青色”滑块的影响可能并不大，但调整“洋红”色就会造成明显的影响，这是因为洋红色与绿色互为补色。每种印刷颜色都可以视作青色、洋红色、黄色和黑色的混合，混合中的原始比例也就决定了每种颜色在调整时的相对影响大小。

“黑色”滑块主要起到控制影调的作用，向左移动能让所选择的颜色整体变亮，向右移动则让所选择的颜色整体变暗。

接下来介绍的填充图层配合预设面板使用能得到一些有趣的效果。在Photoshop的最新版本中，我们能够直接从预设面板中拖动预设到每个填充图层，在某些情况下我们还可以改变填充类型。这样做可以显著提高测试预设或文件模板的工作效率。

## 渐变映射

- 既可以作为调整图层使用，也可以通过“图像 > 调整”子菜单作为命令使用。
- 可以作为智能滤镜使用。

渐变映射工具可以将画面中的颜色与影调按照设定的渐变规则更改为新的颜色，我们可以将渐变映射工具看作一种一维的颜色查找表。它常被用于色彩校正与黑白转换处理，另外我也会使用它来做一些复杂的色彩选择操作。关于如何使用渐变映射工具，可以参见第5章“颜色与色值”的“渐变区域控制”一节。

渐变映射除了提供大量可供使用的预设，同时也支持创建属于我们自己的预设，我很建议大家这么做。渐变条上的颜色代表了从黑到白的影调在映射时所对应的颜色，前面已经提到过在Photoshop中任何RGB颜色都对应一个固定的灰色值。如果渐变条上某个位置的灰度值在画面中不存在，那么其对应的颜色在应用渐变映射的时候同样也不会出现在画面中。

单击渐变条打开“渐变编辑器”对话框即可创建属于我们自己的渐变预设。我们可以通过调整渐变条下方的色标改变渐变效果，同时渐变映射的结果也会随之改变。每个色标都可以设置为当前工作色彩空间中的任意颜色。渐变条上方的滑块用来设置对应区域颜色的不透明度，这个功能能对渐变工具和渐变填充起作用，但是对渐变映射并没有什么用处，这一点想必会让一部分用户感到遗憾。

在色标与色标之间有一个标记渐变中点的控制点，它决定了两个色标之间的颜色渐变中点，我们可以通过调整这个控制点对渐变做一些更细致的调整，例如在两种颜色之间形成一个更硬的过渡边缘。不过如果大家真的需要一个完全的硬边缘效果，那么还是需要通过创建两个重叠的色标才能实现。

对于每一个颜色色标和不透明度色标，我们都可以直接通过下方的输入框输入精确的位置值。另外我们也可以直接在“位置”这个文字标签上按住鼠标左键并左右拖动，以改变对应色标的位置。

在实底渐变预览条上方有一个平滑度设置选项，该选项决定两种颜色之间的过渡算法，这个算法主要依赖于人类视觉系统对亮度的感知模型设计。将平滑度设置为0%，颜色过渡完全根据数学方法计算，我们可以从黑白渐变上显著地观察到这样的设置效果。默认的100%的平滑度对于人眼来说过渡效果更为理想，但是从直方图上看则略有些不平整。

注意上方第二幅图的渐变越靠近中间部分排列越密集。本书前面，我们讨论了如何使用色阶和曲线工具调整使用渐变工具创建的图形，以便得到更加均衡的影调分布。实际操作中，大多数人都会始终将平滑度保持为默认的100%，但是某些时候如果我们希望获得更加匀称的过渡效果，则可以试着改变这个设置。

杂色渐变是本书前文并未提及的内容。打开渐变类型下拉菜单，将其从默认的“实底”更改为“杂色”，我们就能得到一条杂色渐变。杂色渐变并非按照我们所选择的色标生成两两之间的平滑渐变，而是根据我们所设置的颜色模型与取色范围创建随机的颜色信息。默认状态下，杂色渐变可以从0~255的通道范围中选择颜色，我们也可以根据需要调整下方滑块的限制其取色范围。除此之外，我们还可以从RGB、HSB、LAB中选择我们感兴趣的颜色模式。复选框可以为渐变添加透明色，或者通过限制颜色来避免画面过饱和。

“平滑度”滑块可以在颜色之间创造一定的渐变，将其设置为0%可以让渐变看上去并非杂乱的随机线条组合，而是色彩丰富的平滑渐变。

大家可以自己尝试一下更改颜色调整范围或者其他设置选项，然后不断单击“随机化”按钮生成新的效果。如果看到喜欢的效果，别忘记及时将其保存为预设，因为每一次单击“随机化”按钮都会生成新的颜色，而过去的效果可能就再也找不回来了。

## 纯色填充

既可以作为调整图层使用，也可以通过“图像 > 调整”子菜单作为命令使用。

纯色填充图层一般与矢量蒙版一起被用于插画类作品的创作，但是配合混合模式及不透明度设置也可以被用于摄影类作品的后期处理。另外，纯色填充图层也常被用作观察层。

和常规的栅格化影像填充图层相比，纯色填充图层的优势在于我们可以更轻松地改变和调整我们所使用的填充颜色。如果我们只需要使用一种颜色填充整个画面，最好优先使用纯色填充图层。

## 渐变填充

既可以作为调整图层使用，也可以通过“图像 > 调整”子菜单作为命令使用。

添加一个可缩放的渐变填充图层意味着我们可以随时通过属性面板打开设置选项，调整渐变位置，改变渐变的缩放、角度，更改渐变模式等。和使用渐变工具填充常规的空白图层相比，使用渐变填充图层创建的渐变并不受到图像边界的影响，可以随着画面构图或尺寸的变更而自动调整，所以这往往是一个更好的选择。更妙的是我们还可以直接通过属性面板修改渐变，而不需要选择工具、调整属性、重新绘制。

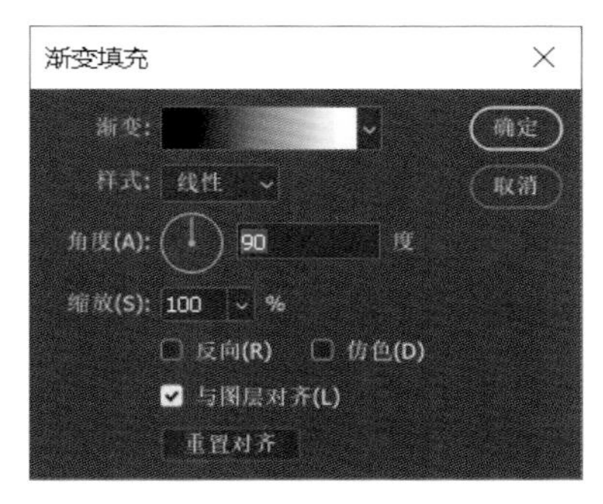


正如前面介绍渐变映射工具时提到的，渐变填充为我们提供了大量的预设，同时还包括杂色渐变选项。使用渐变填充图层的唯一缺点在于它难以能像普通的图像渐变图层一样进行变换更改。虽然我们可以通过调整渐变样式改变渐变，但是并不能像对待图像图层那样做扭曲、拉伸之类的复杂操作。如果需要执行这类操作，我们首先需要将渐变图层栅格化为普通图层，或者为其创建一个盖印副本图层，然后对其进行编辑操作。

## 图案填充

既可以作为调整图层使用，也可以通过“图像 > 调整”子菜单作为命令使用。

和渐变填充图层及纯色填充图层类似，图案填充图层同样不受到文件本身边界的限制，可以按照我们的需求做任意的编辑调整。

# 第10章　混合模式

在不少用户看来，混合模式仿佛是魔法。但实际上只要用得足够多，它们并不是那么难以掌握，只不过很多用户在学习的过程中就早早畏难放弃。大多数用户使用混合模式的时候往往仅限于正片叠底、滤色、叠加、柔光4种，虽然它们确实能满足我们的绝大多数需求，但是稍稍了解一下其他混合模式的特性，就能给我们的后期处理带来更多的可能。

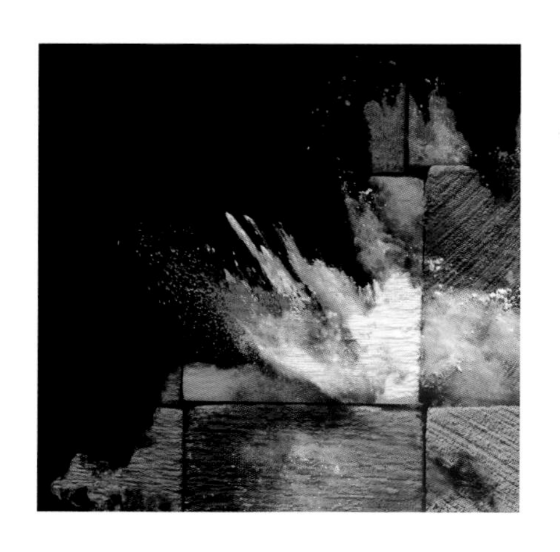

本书已经反复强调，我们在Photoshop中看到的所有内容都由一个个图层叠加组成。我们可以透过上方图层中的透明部分看到下方图层中的内容，就好像透过玻璃看到玻璃之后的事物一样。但正如透过玻璃观察事物一样，上方图层中的内容可能会对下方图层中的内容造成一些微妙的影响。混合模式决定了这种影响是如何发生的，每种混合模式都对应一个计算公式。公式的输入值是上下方图层的像素值，得到的计算结果就是我们在Photoshop窗口中看到的画面。在一个由两个图层组成的简单图层堆栈中，只有改变上方图层的混合模式才会对画面效果造成影响，我一般将上方图层称为混合图层，而下方图层则被称为背景图层。不过从更普遍的角度来说，混合图层下面的所有内容都可以被统称为背景图层。我们不能静态地看待这个定义，任何图层都可以既是混合图层也是背景图层，这取决于它们在图层堆栈中的位置。换句话说，我在这儿的称呼完全取决于所指的图层在整个图层堆栈中所起的作用。为了简单起见，下文中的范例都只包含两个图层。

每一种混合模式都对应一个专门的公式，有些混合模式仅仅用到了加减乘除这样的简单运算，而类似于叠加或者排除之类的混合模式则显得神秘而复杂。还有一些混合模式实际上是对像素进行比较，然后根据比较结果选择一种计算方法。溶解混合模式比较特殊，涉及一些随机计算，很难用公式概括。

对于下文中提到的每一种混合模式，我都提供了一个理论上的算法——其中部分做了简化——以及一些用来形容其效果的关键词，方便大家理解各种混合模式的特性。

但幸运的是，我们其实并不需要理解这些算法，甚至不需要懂得数学，就能有效使用这些混合模式。这部分内容是给那些想要了解Photoshop混合模式背后的原理的人准备的，同时也适合那些在Photoshop中寻找新方法的用户们。

有些混合模式的特性有助于我们理解它们的效果，这类特性可以被视作混合模式的分类标准，我们可以借助这种方式理解不同混合模式的工作机制，从而深入探索它们各自的功能。

- **可交换式/不可交换式**。可交换式混合模式意味着混合图层和背景图层之间的顺序并不重要，交换两个图层的位置后混合结果并不会发生变化。不可交换式混合模式则意味着图层的顺序至关重要，交换上下图层的位置将会改变应用混合模式的效果。不可交换式混合模式的算法中通常会用到除法，或者会直接调用图层的某个具体属性——例如色相混合模式就会使用上方混合图层的色相信息以及下方背景图层的明度信息。对于这样的混合模式，更改上下图层的位置显然会影响混合结果。

- **填充敏感式**。有8种特殊的混合模式在调整不透明度和填充不透明度的时候会表现出不同的效果，我们将这类混合模式称为填充敏感式，详见"不透明度与填充不透明度"一节的内容。
- **中性色。**许多混合模式都对应着一种特殊的颜色，这种颜色在应用混合模式后将会成为透明的状态，我们将它们称为对应混合模式的中性色。举例来说，叠加混合模式会忽略画面中的灰色，所以我们可以在这类图层上通过减淡加深工具改变灰色的亮度从而影响下方图层的内容。为了了解某种混合模式是否存在中性色以及对应的中性色是什么颜色，可以按住Alt键（Windows系统）或Option键（mac OS系统），单击图层面板下方的"新建图层"按钮。在弹出的"新建图层"对话框下方有一个"填充中性色"复选框，如果我们当前所选择的混合模式存在对应的填充中性色，这个复选框就会变成可选状态，并列出该混合模式对应的填充中性色。例如当我们将混合模式设置为正片叠底的，那么该选项就会变为"填充正片叠底中性色（白）"。

## 不透明度与填充不透明度

有8种特殊的混合模式在调整混合图层不透明度和填充不透明度设置的时候，会表现出不一样的效果。不透明度决定当前图层允许下方图层显示的程度。不透明度的调整直接影响图层混合的最终结果，在移动滑块时，所有的图层样式和蒙版都会被统一调整。

而填充不透明度的调整影响图层本身的内容，不改变之后添加到图层上的效果强弱。降低填充不透明度可以保留图层效果，同时让常规图层的内容变得淡化或者透明。换句话说，我们可以给一些图层内容添加一个投影图层样式，然后通过降低填充不透明度使得图层本身完全透明，只留下阴影。填充不透明度是在图层样式被合成到画面之前赋予图层内容对应的不透明度设置，所有像素依旧存在于画面中，只不过我们无法看到它们。

在使用这8种特殊的混合模式的时候，填充不透明度设置会被预先应用于图像内容，基于图层混合算法输入的数据实际上是带有透明度信息的。虽然我并不清楚为什么Adobe公司仅仅选择了8种混合模式使用这种处理方法，但这种选择的结果就是我们只有在使用这8种混合模式的时候，调整不透明度和填充不透明度才会出现效果上的差异。

我从未得到过Adobe公司关于这个问题的官方答复，但是我自己琢磨出来一个理论：不透明度和填充不透明度之间的区别在于参数处理的顺序。不透明度针对整个图层操作，这时候图层中的所有内容都已经完成渲染，包括混合模式和任何样式的效果。这种混合由图层的合成算法决定。填充不透明度在应用混合模式与图层样式之前就直接作用于图层内容本身，影响图层内容的阿尔法信息本身。每种混合模式的计算公式中事实上都包含了阿尔法信息，只有在这8种特殊的混合模式当中阿尔法信息在计算步骤中的排序更靠前一些，而在其他混合模式中，系统只有完成前面的计算步骤才计算阿尔法信息。

换句话说，填充不透明度会在应用混合模式与图层样式之前就被写入图层内容，而不透明度则将和图层相关的所有内容作为整体进行渲染。

我们开始意识到图层内容的不透明度不等于图层本身的不透明度时，也就对Photoshop的运作机制有了更加深刻的理解。如果我们创建一个不透明度为100%的空白图层，这时候尽管图层的可见度是100%，但是内容本身是100%透明的。我们可以将阿尔法信息理解为图层内容的不透明度，而不是图层本身的不透明度。

随着我们降低填充不透明度，Photoshop也就在混合模式的计算中逐渐减少混合图层内容的占比。

是不是被讲晕了？坦白说我自己也感到挺晕的，但是我希望这么说起码可以帮助大家建立一些感性认识。

当然了，大家常说“无图无真相”，所以是拿事实说话的时候了。在下面的例图中，我先创建了一个水平方向的全色光谱渐变图层，然后在上面搭配了一个混合模式为实色混合的垂直方向的黑白渐变图层。黑白渐变上下留空，以便我们与下方的全色光谱渐变做比较。

当我将黑白渐变图层的不透明度降低至50%的时候，彩色三角形的边缘依旧清晰可见，但同时在实色填充的内部我们也能隐约看到下方透出来的全色光谱渐变。

现在我们将不透明度重新设置为100%，然后将填充不透明度更改为75%。

彩色三角形的边缘变得模糊，这意味着在实色混合的效果被应用到画面之前图层内容的效果就已经被减弱。随着我们逐渐降低填充不透明度，彩色三角形原本清晰的边缘也就变得越来越模糊，直到将填充不透明度设置为0%的时候与背景变得完全一致。下方截图是填充不透明度设置为20%时候的效果，可以看到渐变边缘已经接近垂直。

换句话说，填充不透明度的作用是调整混合图层应用阿尔法不透明度之后和背景图层内容混合的结果，而不透明度则是在所有参数效果被计算和渲染之后才开始发挥作用。

## 混合模式背后的数学原理

我已经说了许多遍，混合模式实际上是一堆数学公式，但是公式使用的计算值并非我们常见的RGB值，而是将RGB值转换成0到1之间的相对值，它们实际上是各个通道内灰度值的百分比。当我们提到“50%灰”的时候，想表达的意思其实是从纯黑色0到纯白色255之间的中间值。数学家们管这个叫作数值的归一化，这样做的好处在于不管我们使用8位、16位，还是32位的文件，都可以使用相同的公式进行计算。

我们以RGB值为213、101、44的红橙色为例，每一个通道都可以被换算为一个对应的灰度值。为了得到以百分比表示的灰度值，我们可以将它们的灰度值除以通道的最大可能取值255，得到如下的结果。

213 / 255 ≈ 0.835

101 / 255 ≈ 0.396

44 / 255 ≈ 0.173

那么在进行混合模式计算的时候，红橙色将被表示为83.5%、39.6%、17.3%。但这时就出现了一个新的问题：RGB值使用整数表示。这意味着我们必须再次对每个值进行四舍五入，也就是说红橙色最终被表示为84%、40%、17%。

为什么要这样处理？如果我们试图使用当前参数逆向恢复之前的RGB值，那么我们会得到这样的结果：0.84 × 255 = 214.2，但8位RGB值不允许使用小数表示，于是它又被四舍五入为214。注意，这比红橙色原始的红通道值213高了1。如果我们不断地执行四舍五入的操作，那么每次做任何类型的图层调整都有可能改变颜色。幸运的是，Photoshop在进行数学运算时为每种颜色设置了一个较高精度的值，所以在大多数情况下可以返回或计算出“正确的”颜色。

但在某些特殊情况下，这种处理方式确实会导致一些问题，例如我们经常提到的50%灰。这个数值在8位RGB色彩空间中实际上并不存在，因为其对应的数值是127.5。于是Photoshop按照惯例将50%灰定义为127。在16位和32位色彩空间中，50%灰则对应一个精确的数值。这个话题在第8章“实际案例”的“高低频”一节讨论过，我们需要根据画面内容与50%灰之间的差异提取画面的频率信息。不过琢磨这种差异对我们后期操作的实际影响几乎是纯学术性的，在实际操作中我们的眼睛几乎感受不到任何差异。

现在我们了解了转换过程，也谈到了精度问题，接着就要考虑一下如何将这些知识应用于实际的混合模式公式，感受一下它们的实际运作模式。我们首先从正片叠底混合模式开始。我们把一个RGB值为0、172、236的青色色块放在之前的红橙色色块上面，并把青色色块图层的混合模式更改为正片叠底。

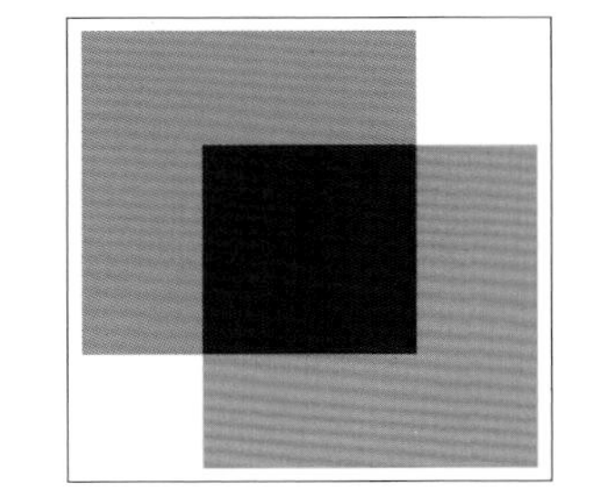

如果我们直接用RGB值进行计算会得到一个荒谬的结果。

0 × 213 = 0

172 × 101 = 17372

236 × 44 = 10384

但如果使用百分比值计算就相当容易理解了。

0.84 × 0.00 = 0

0.40 × 0.67 ≈ 0.27

0.17 × 0.93 ≈ 0.16

将结果乘以255转换回RGB值得到的结果是0、68、41，与我们在画面中看到的深绿色完全吻合。这个公式也向我们说明了为什么正片叠底的混合结果永远要比原片更深：两个小于1的数值相乘永远只能得到一个更小的值，数值越小，相乘得到的结果越接近于0，即纯黑色。

有些混合模式的数值计算更复杂一些。当我们看见公式中用到了"1-背景图层"这个参数的时候，实际意味着我们在计算每个通道的灰度值的倒数，或者RGB颜色值的倒数。另外在介绍颜色加深混合模式的时候，你会第一次看到公式min(A, B)，它表示从A、B两个值之间选择较小的那个值。直接从文字层面上理解"1-背景图层"等于反转颜色似乎有些困难，那么让我们把从0到255的灰度值想象为一个垂直的渐变，我们想在这个渐变上找到40%灰。255的40%是102，所以渐变停在102的位置，渐变的上面部分被切下来放在一边。

因为我们在将数值导入公式的时候已经通过归一化计算将其取值范围控制在了0至1之间，那么如果我们将切断的两个渐变加在一起就应该等于1。这就是为什么说1减去想要使用的颜色，就等于剩下的颜色。参考右侧的插图，1 - 0.4 = 0.6，或者说60%灰。255的60%是153。把153和102加在一起我们就重新得到了255。

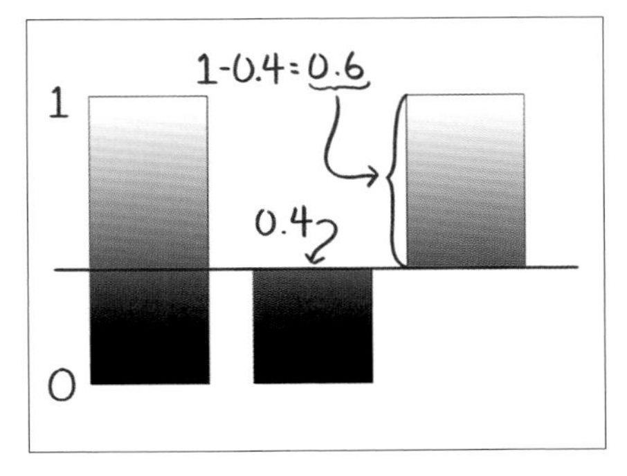

在后期处理的领域里，反转颜色仅仅意味着颠倒数字，而不牵扯任何电磁波相互作用之类的物理问题。在我们的例子中，“1-背景图层”实际上就意味着“反转背景图层的颜色”。

更加复杂的是，有些混合模式并不直接计算RGB值的百分比值，而是使用亮度值的相对值，这个问题在本书的第一章中我们就已经谈到过。深色和浅色两种混合模式就是这样。另外还有位于混合模式列表最下方的合成模式，它们根本不使用RGB值，而是将颜色值转换为色相、饱和度、亮度之后再进行混合。

我之所以要花时间解释这一切，并不是为了让大家觉得每次使用混合模式时都需要拿出计算器，而是为了让大家理解采用某种混合模式的结果是怎么来的。对于那些好奇这一切是如何运作的人，希望本文可以解除你们的疑惑。

## 参考图

除了针对每种混合模式提供例图外，我还针对部分混合模式提供了参考图，以便大家对这些混合模式的效果有更直观的感受。参考图由两行共6个三角形组成，展示了背景图层与混合图层混合之后的结果。

背景图层是6个一模一样的RGB三角形。

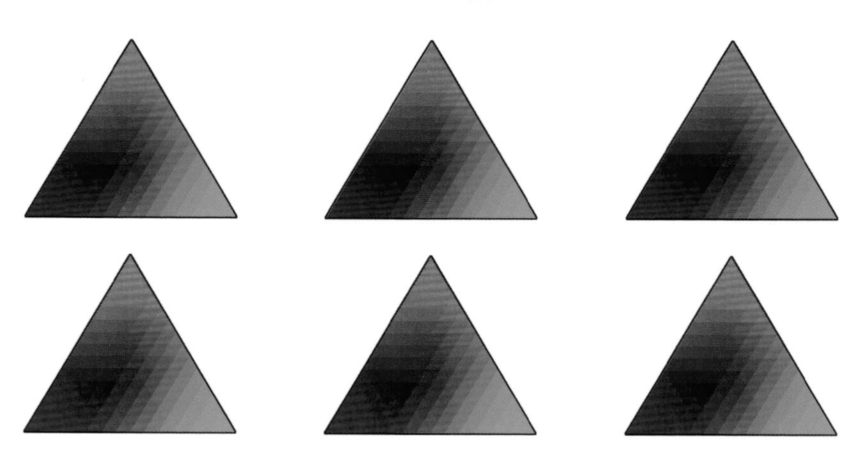

混合图层是以背景图层为基础修改得到的。上面一排的3个三角形分别旋转了0°、60°与120°，下面一排的3个三角形在反色之后与上面一排三角形进行了相同的旋转。

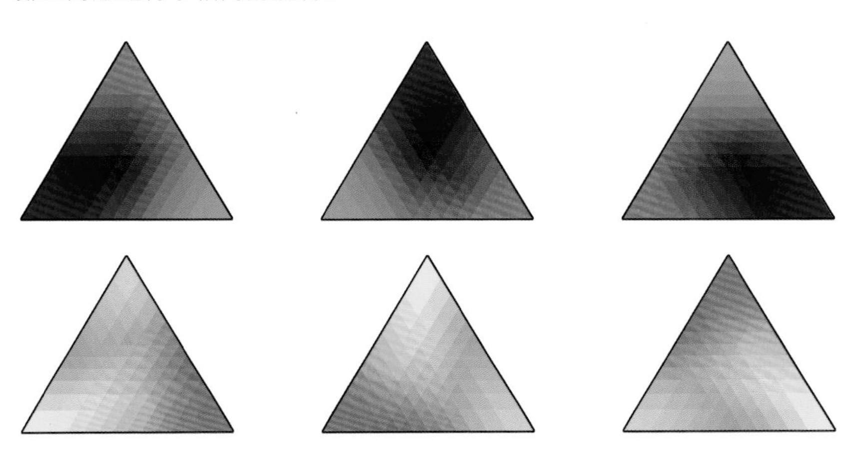

虽然这并不能让我们看到每一种可能的颜色和数值的组合，但是我们可以通过这一系列排列组合建立起对不同混合模式效果的感性认识。就像本书的其他部分一样，我的写作目的是给大家提供一个探索的起点。想要了解混合模式之间的交互方式，方法有很多。我强烈鼓励大家创建更多属于自己的实验文件，以便更符合自己的实际工作流程需要。

我特别建议大家在实验文件中多创建一些渐变元素，这么做可以为我们提供一个持续变化的变量，例如连续改变的饱和度或者不透明度。举个简单的例子：我们可以创建一个纯色填充图层作为背景图层，然后创建一个渐变填充图层作为混合图层，在渐变填充图层上我们只更改颜色的某一个属性，搭配更改混合图层的混合模式，就能很容易通过这个文件理解混合模式对该属性的影响。例如我们想探索点光混合模式对画面饱和度的影响，就可以创建一个HSB值为0、50、100的中间饱和度红色的纯色填充图层，和一个从HSB值为0、100、100的完全饱和红色开始到HSB值为0、0、100的完全不饱和红色结束的渐变填充图层。

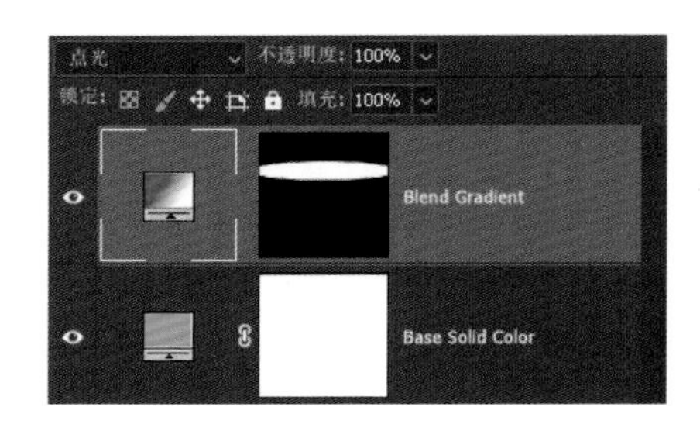


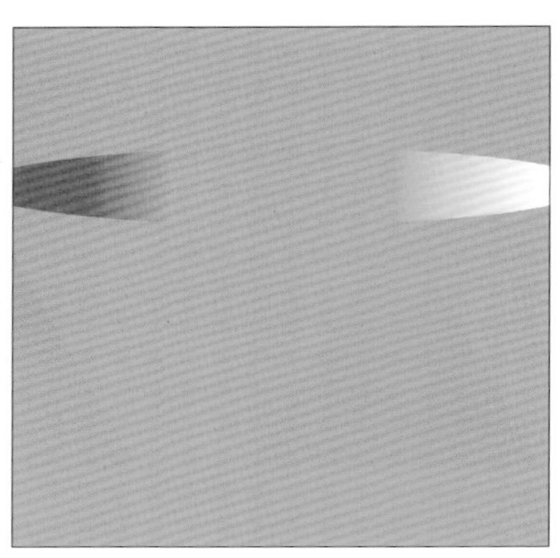

通过为混合图层添加图层蒙版或者直接改变混合图层形状的方式，我们在混合图层上留下一些空白区域以便直接比较混合效果区域与无混合效果区域之间的差异。在上面这个例子中，我们可以很轻松地改变混合图层的各种参数。如果想要比较更为复杂的状态，可以尝试交叉渐变混合。将下方的背景图层从纯色更改为垂直方向的线性渐变，然后将上方的混合图层设置为水平方向的线性渐变。这样一来我们就可以对比更多颜色相互之间的混合结果。

如果将上面这个实验文件中的渐变换成包含所有颜色的彩虹渐变，那么就会得到更加有趣的结果。下图就是交叉两个彩虹渐变并使用点光混合模式的效果。

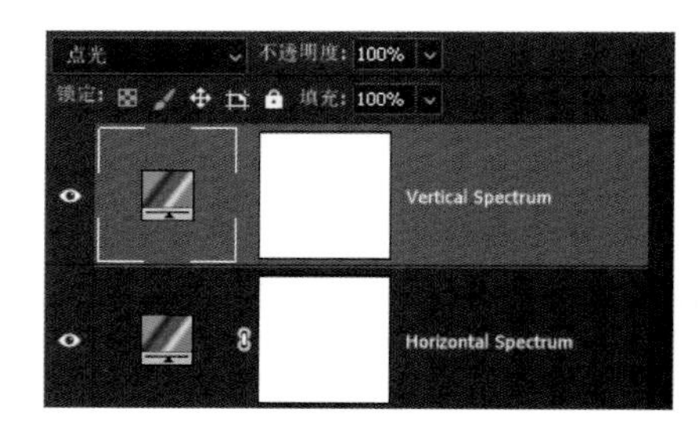

注意在第一个版本的实验文件中我们可以很清楚地看到在色相保持一致的情况下，中间饱和度区域的颜色可以完美地互融在一起。而在后面的例子中，我们可以看到不同颜色之间如何相互影响，从而形成许多不同明暗与饱和度的区域。对于如何解释这个图形，我将这个问题留给了大家——亲爱的读者们。大家可以看看不同颜色各自在什么位置上发生混合，并且得到了什么样的结果，色相、饱和度、亮度这些因素分别发生了哪些改变。将这些问题的答案结合在一起，大家就会有属于自己的理解。

如果你想要简化结果，可以给每个渐变填充图层分别添加一个剪切的色调分离调整图层。这样做可以减少颜色数量，更加方便我们判断问题所在。关于色调分离调整图层的使用，详见本篇第9章“调整图层”的相关内容。

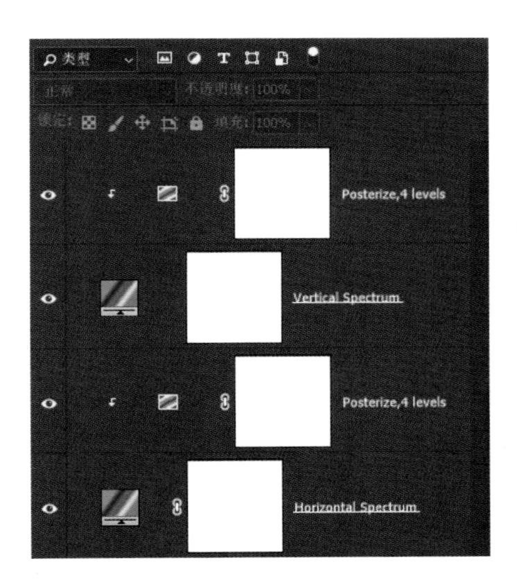


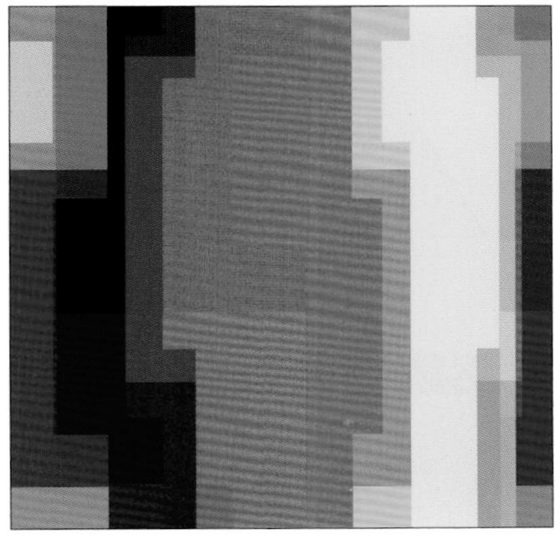

上面这3例子可以为大家在心里种下一颗理解图层混合模式的种子，希望大家能通过学习培养出使用图层混合模式时的直觉。另外，所有这些实验文件均使用RGB色彩空间创建，但是为了印刷需要，在编辑本书的时候被转换为CMYK色彩空间，所以如果大家创建了属于自己的实验文件，在屏幕上看到的效果与书中略有出入属于正常现象。

## 正常

正常混合模式是一切图层调整操作的起点。一张摆在桌子上的照片是什么效果，设置为正常混合模式的图片显示出来就是什么样子。无论改变不透明度还是改变填充不透明度，都呈现为降低图层内容的不透明度的效果。这个混合模式并没有任何值得一提的复杂之处，通常用于降低不透明度，然后让下方图层的内容显示出来。

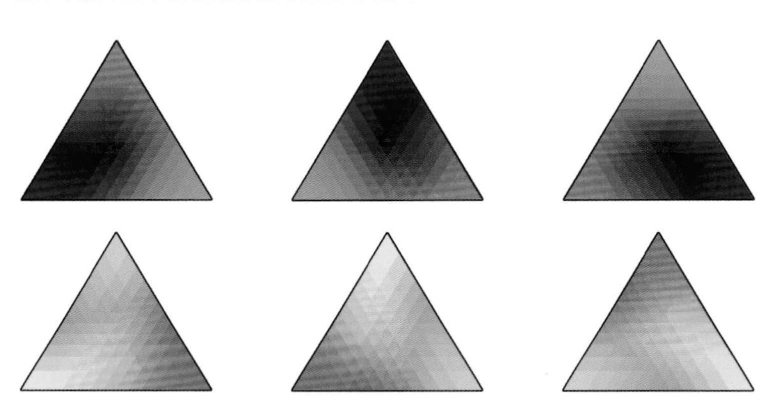

## 溶解

溶解混合模式有一些挺有趣的特点。它使用一个随机值作为起始值，只要我们打开Photoshop，这个值就会自动生成。每个像素的位置都被分配了一个介于1至99之间的随机值，每个值的出现频率大致相同。之所以说“大致”是因为每个值的出现频率并不完全一致。不透明度水平决定了当前图层中可见像素的数量百分比。因此，如果我们把不透明度设置为50%，大约50%的像素将显示在画面中。填充的设置也是如此。

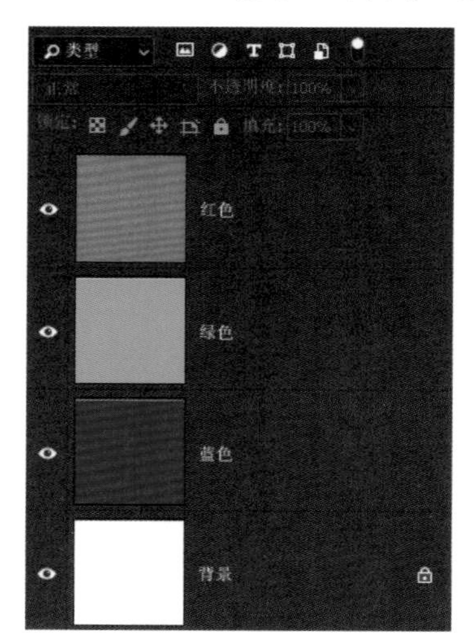

左图所示是一个10像素 × 10像素的文件，包含4个图层，上面3个图层均被设置为溶解混合模式。“红色”图层的不透明度为25%，“绿色”图层的不透明度为50%，“蓝色”图

层的不透明度为75%，下方的“背景”图层的不透明度为100%。

如果我们将蓝色与绿色图层的不透明度同时设置为50%，就会发现两个图层中的内容出现在了完全相同的位置，完全没有受到图层颜色的任何影响。

通过这个例子我们可以意识到，溶解混合模式中的分布随机化算法完全依赖于像素的位置，而不依赖于它们的颜色或通道信息。事实上在不关闭并重新打开Photoshop的情况下，创建另一个文档也会得到完全相同的结果。无论大家觉得这个案例有用还是有趣，至少已经知道了这个事实。

我特别喜欢用溶解混合模式为画面添加一种半色调或颗粒感的效果，我在本书第二篇“技巧”的第7章“效果”中介绍了基于这种混合模式创建的肖像溶解效果。

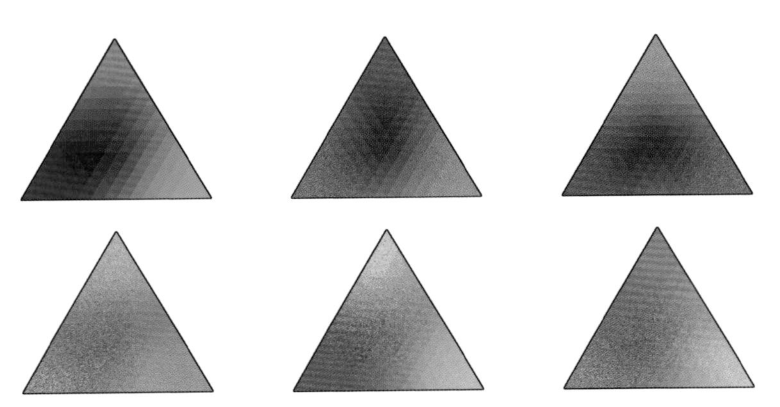

# 变暗类混合模式

使用各种变暗类混合模式的效果虽然略有差异，但是都会让画面变得更暗。正片叠底是其中最常被用到的混合模式。

## 变暗

输出 = min(背景图层，混合图层)

- 可交换式。
- 填充中性色为白色。
- 按通道操作。

变暗混合模式将上下两个图层的像素分通道按照灰阶密度进行比较，并保留其中密度较深的数值，换句话说也就是保留上下两个图层中颜色较深的内容。因为对比与信息保留都是逐通道进行的，这也就意味着在进行混合的时候画面颜色有可能发生变化。

举例来说，如果混合图层的RGB值为251、175、93，使用变暗混合模式与RGB值为125、167、217的背景图层进行比较，按照各通道取最小值，得到的混合结果的RGB值则为125、167、93。

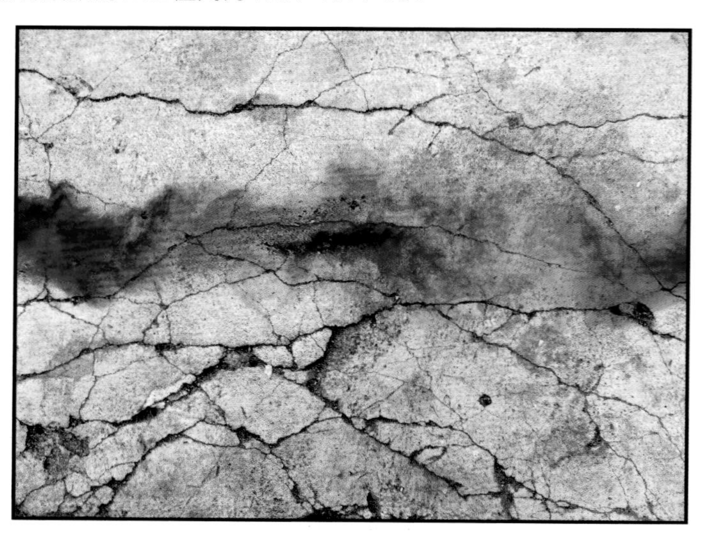

变暗混合模式在我们想要加深或者压暗某个颜色的时候非常好用，既适用于绘画，也适用于图像的创意合成。在手绘或使用投影图层样式添加阴影效果的时候，使用这个混合模式相比于正片叠底混合模式可以得到更为逼真的环境阴影效果。

如果一个图层中的所有通道都要比另一个图层中对应的通道暗，那么使用变暗混合模式得到的结果就与使用深色混合模式得到的结果完全一致。

## 正片叠底

输出 = 背景图层 × 混合图层

- 可交换式。
- 填充中性色为白色。
- 按通道操作。

正片叠底混合模式常被用来给画面添加阴影效果，这几乎是使用所有与阴影相关的图层样式时的默认选择。这个混合模式根据混合图层内容的整体亮度对下方的背景图层产生影响，白色部分不改变下方图层的任何内容。

## 颜色加深

输出 = 1 − min(1, (1 − 背景图层)/ 混合图层)

- 不可交换式。
- 填充中性色为白色。
- 按通道操作。
- 填充敏感式。

颜色加深混合模式的工作原理是用背景图层颜色的倒数除以混合图层，然后取得到的结果的倒数。使用颜色加深混合模式得到的结果要比使用正片叠底混合模式更暗，不过它依旧按照逐图层的方式进行处理，混合图层中的白色部分不对背景图层造成任何影响。

在这个混合模式下，调整填充不透明度和不透明度会有不同的效果。这个混合模式即我们提到过的8个填充敏感式混合模式中的第一个。在本书第二篇“技巧”的第4章“减淡与加深”中，我们使用在该混合模式下降低填充不透明度的方法模拟了渐变中灰镜的效果。

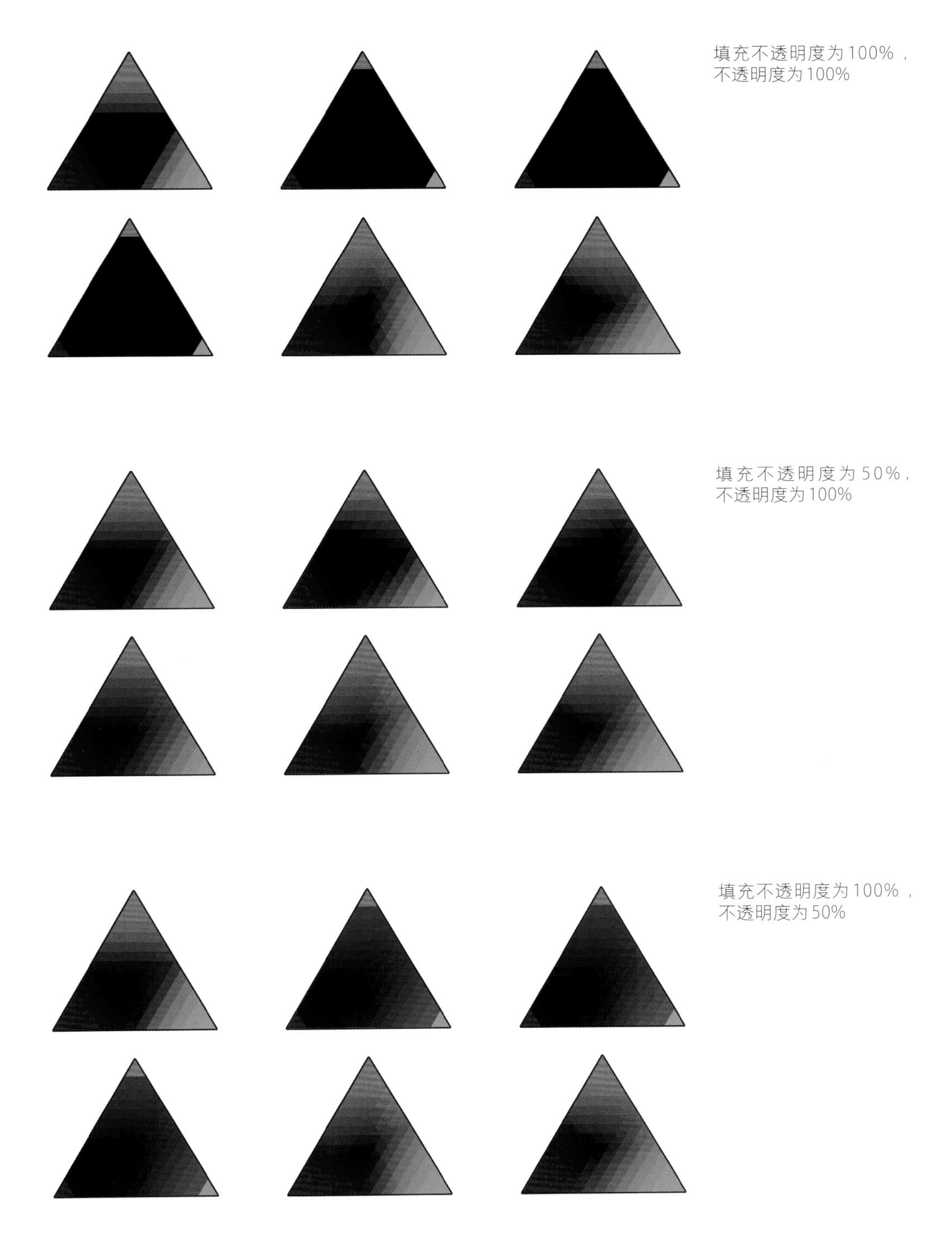
填充不透明度为100%，
不透明度为100%
填充不透明度为50%，
不透明度为100%
填充不透明度为100%，
不透明度为50%

## 线性加深

输出 =（背景图层 + 混合图层）− 1

- 可交换式。
- 填充中性色为白色。
- 按通道操作。
- 填充敏感式。

使用线性加深混合模式得到的结果虽然在亮度上要比使用正片叠底或者颜色加深混合模式都低一些，但是并不会和颜色加深混合模式一样那么容易过饱和。使用这个混合模式，画面看上去色彩饱和度更低，白色部分依旧不对画面产生影响，事实上从公式上来看，这个混合模式的工作原理就是将上下图层颜色相加之后减去白色。

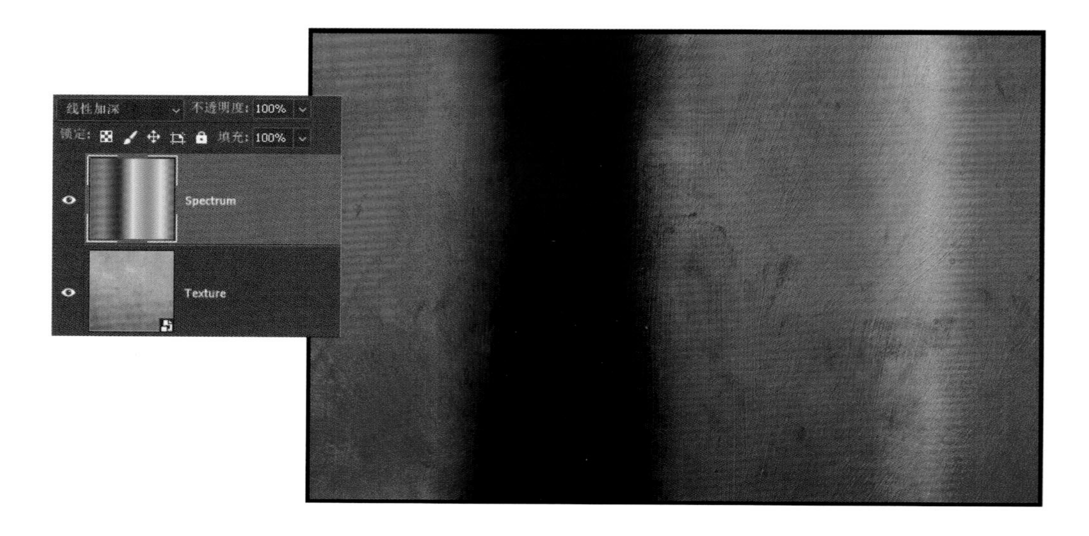

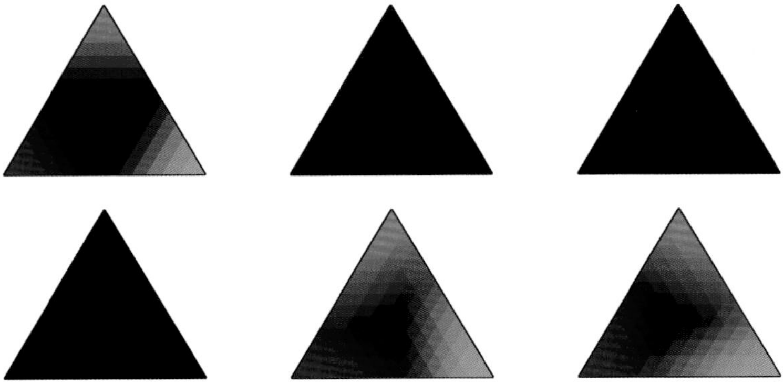

填充不透明度为100%，
不透明度为100%

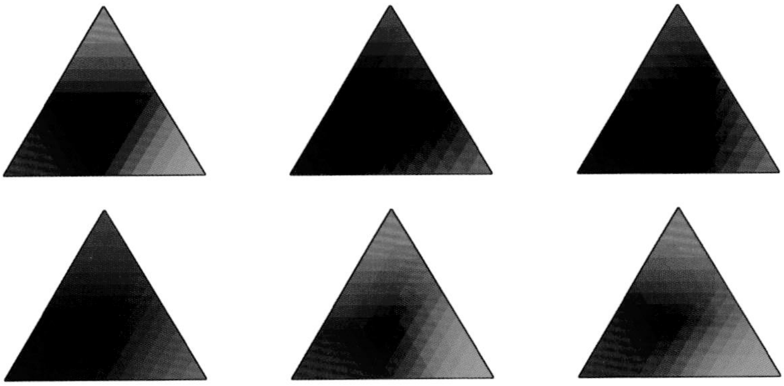

填充不透明度为50%，
不透明度为100%

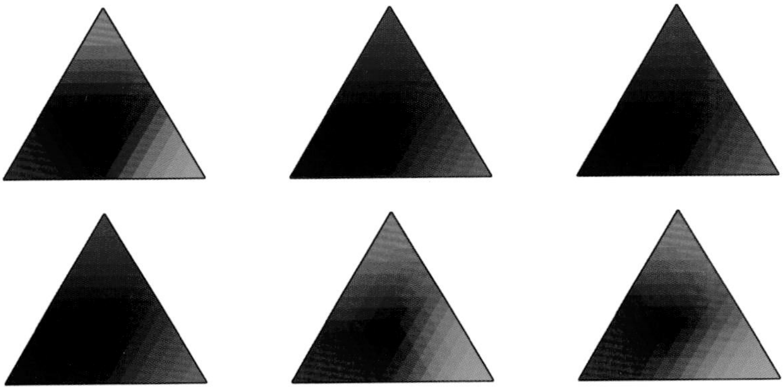

填充不透明度为100%，
不透明度为50%

## 深色

输出 = min(背景图层，混合图层)

- 可交换式。
- 填充中性色为白色。
- 按复合亮度操作。

深色混合模式从字面意义上理解似乎是从上下两个图层中选择颜色较深的那个，但实际上是从各个图层中选择颜色相对较深的那个。

深色混合模式对于自己与自己混合的图层不产生任何影响。它用在照片合成的时候，是一种非常有趣的混合模式。另外我们经常将其与浅色混合模式搭配在一起使用，以避免由于影调压缩或者锐化而导致的边缘光晕等问题。

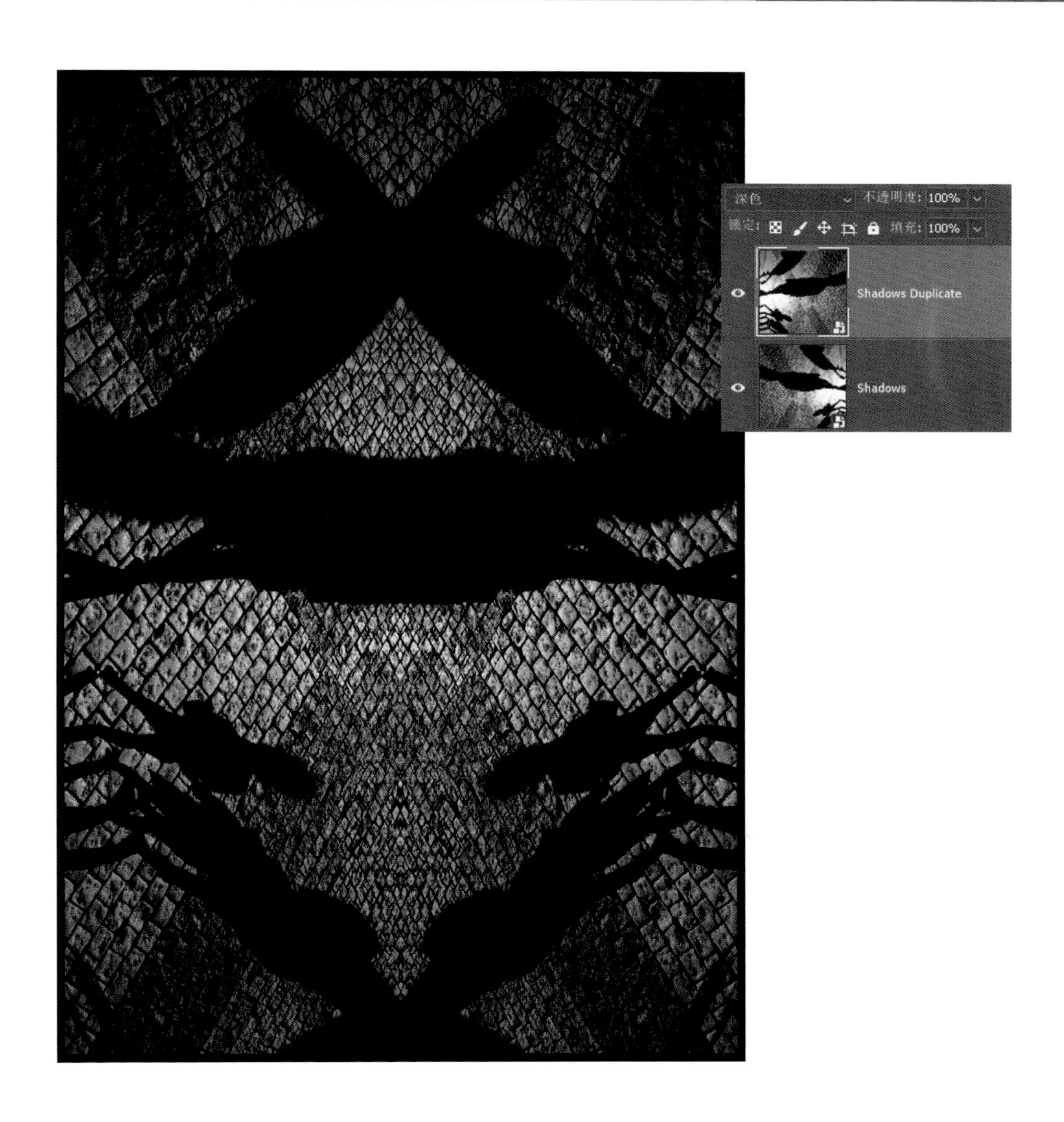

深色
不透明度: 100%
锁定:
填充: 100%
Shadows Duplicate
Shadows

# 变亮类混合模式

我们从名字上就能体会到，变亮类混合模式与变暗类混合模式的作用恰好相反。

## 变亮

输出 = max(背景图层，混合图层)

- 可交换式。
- 填充中性色为黑色。
- 按通道操作。

毋庸置疑，变亮混合模式就是反过来的变暗混合模式。它从各个通道中逐一对比，选择亮度相对较高的那个值呈现在混合结果当中。因为它的数值计算是逐通道进行的，所以会生成新的颜色。

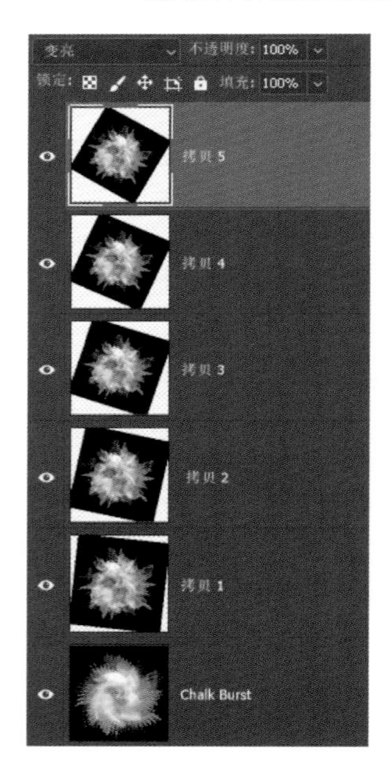

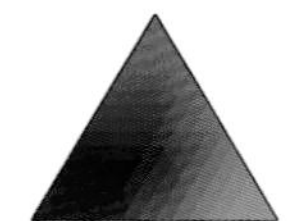
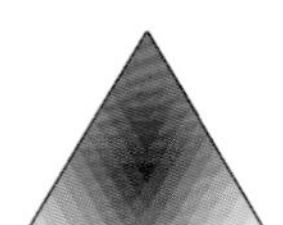
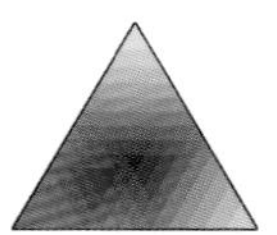
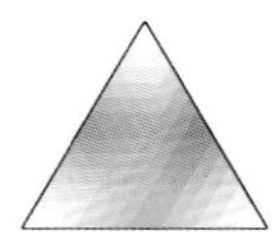
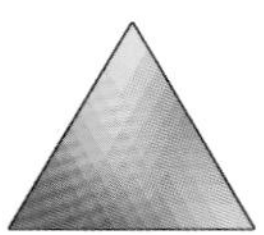
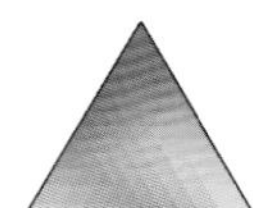

## 滤色

输出 = 1 – (1 – 背景图层) x (1 – 混合图层)

- 可交换式。
- 填充中性色为黑色。
- 按通道操作。

滤色混合模式与正片叠底混合模式的效果恰好相反，它忽略图层中的黑色而不是白色。尽管它很容易导致画面中的高光细节过曝，但依旧是进行减淡或提亮处理时最常用的混合模式。另外，使用滤色混合模式得到的处理结果的饱和度往往比原片更弱。

滤色混合模式不适用于32位图像。

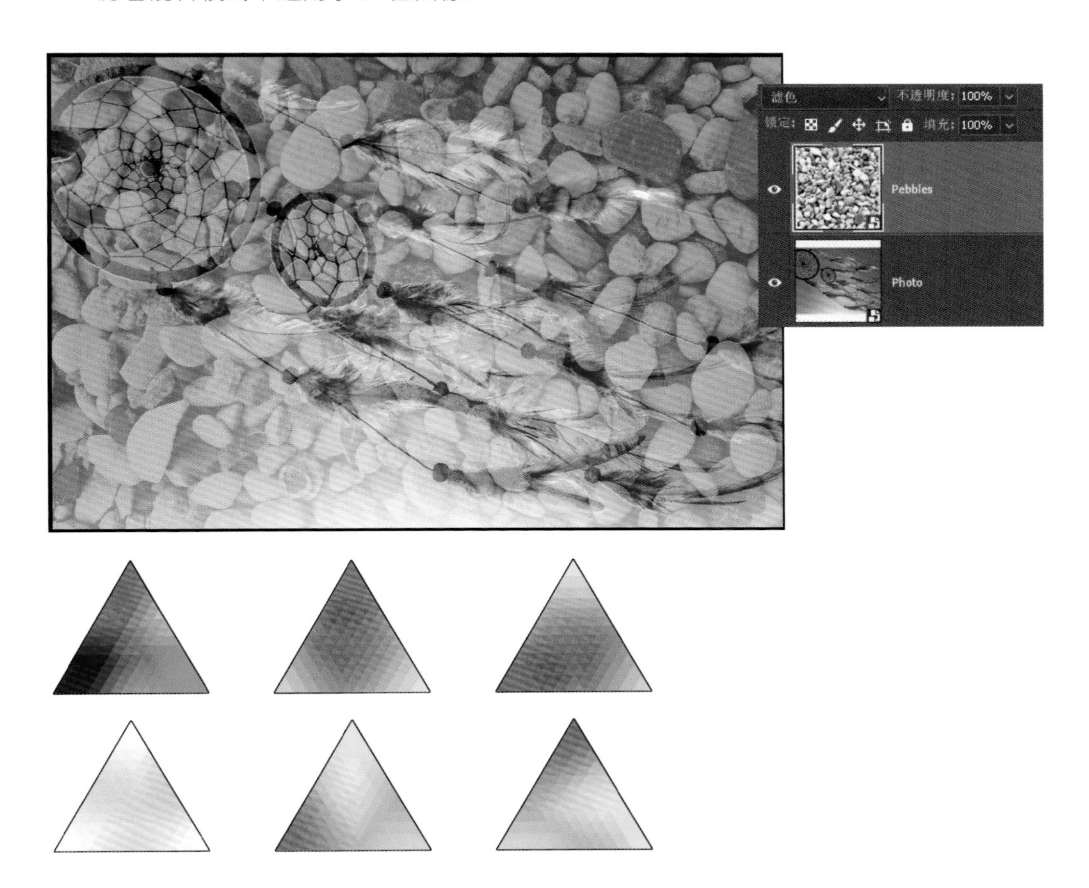

## 颜色减淡

输出 = 背景图层 /(1 – 混合图层）

- 不可交换式。
- 填充中性色为黑色。
- 按通道操作。
- 填充敏感式。

颜色减淡混合模式用背景颜色除以混合颜色的反向颜色的方式来提高画面色彩饱和度，往往会得到更强烈的画面反差以及严重过曝的高光细节。使用颜色减淡混合模式与自身混合可以提高画面色彩饱和度，而在反向之后与自身混合则会得到一个纯白色的画面。

这个混合模式特别适合用来给照片添加特殊的高光效果，它能与画面中的明亮区域更加自然地融合在一起。对高光部分取色之后，提高饱和度与亮度在画面上涂抹，可以创造出真实的发光质感，降低填充不透明度则会让效果显得更加自然。有时候，我们甚至可以在该混合模式下直接使用白色涂抹以创建高光效果。

颜色减淡混合模式不适用于Lab色彩空间，也不适用于32位图像。

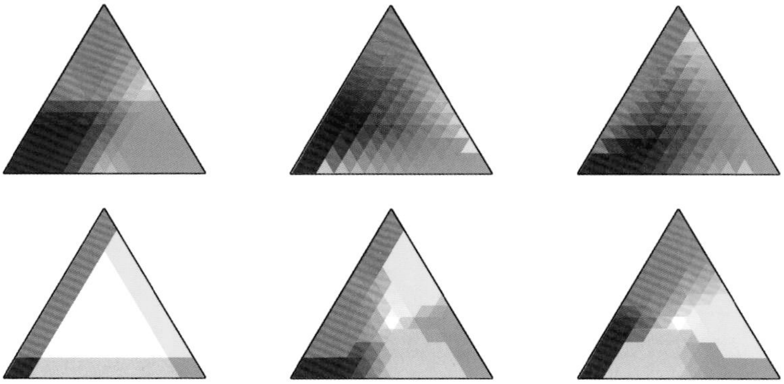

填充不透明度为100%，
不透明度为100%

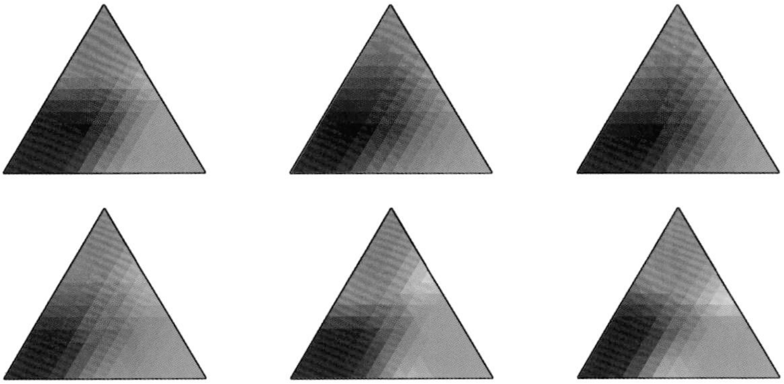

填充不透明度为50%，
不透明度为100%

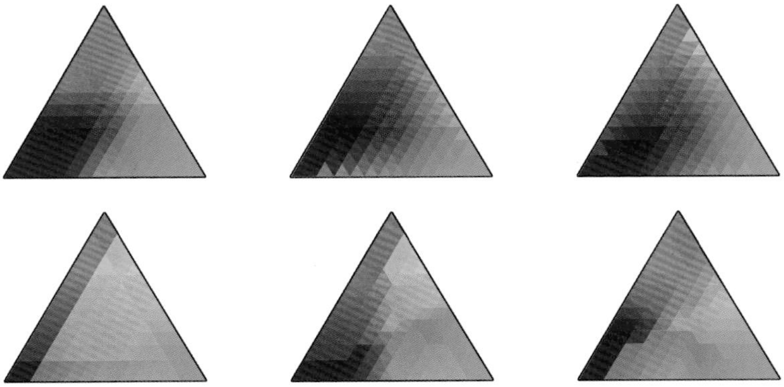

填充不透明度为100%，
不透明度为50%

## 线性减淡（添加）

输出 = 背景图层 + 混合图层

- 可交换式。
- 填充中性色为黑色。
- 按通道操作。
- 填充敏感式。

线性减淡（添加）混合模式只是简单地将图层中的亮度信息相加，从而得到混合结果，这也就是为什么在这个混合模式的名称后面特别备注了添加。虽然使用线性减淡（添加）混合模式也会导致高光过曝的问题，但是在配合低流量、低填充设置的时候依旧不失为一种选择性提亮画面的好选择。因为线性减淡（添加）工具是一种逐通道调整工具，所以很容易导致画面偏色。我们恰好可以利用这个特性为头发或者景物的其他高光细节添加颜色信息。

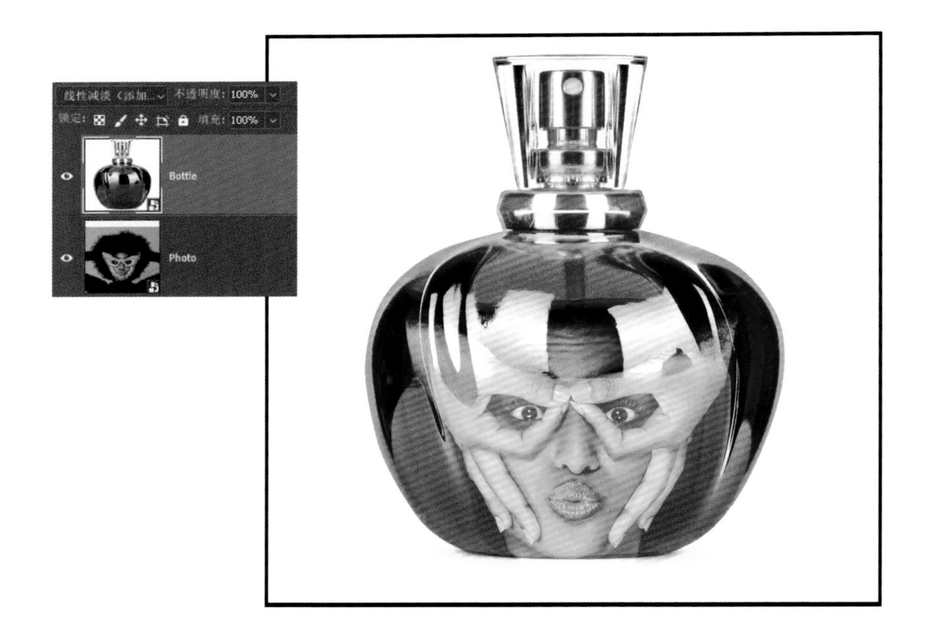

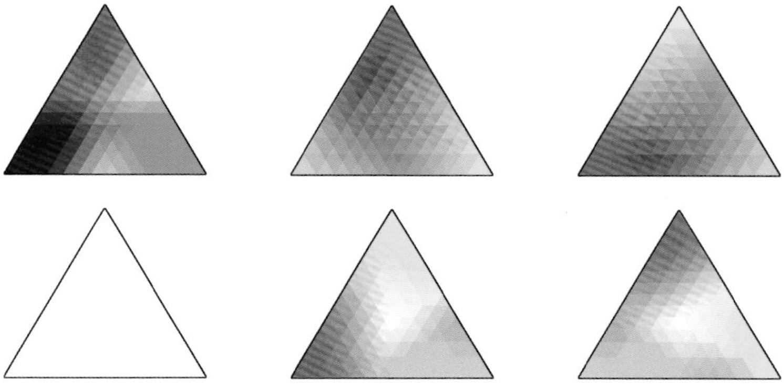

填充不透明度为100%，
不透明度为100%

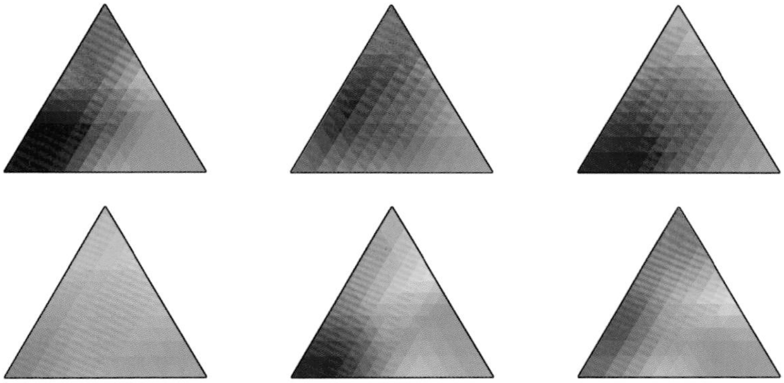

填充不透明度为50%，
不透明度为100%

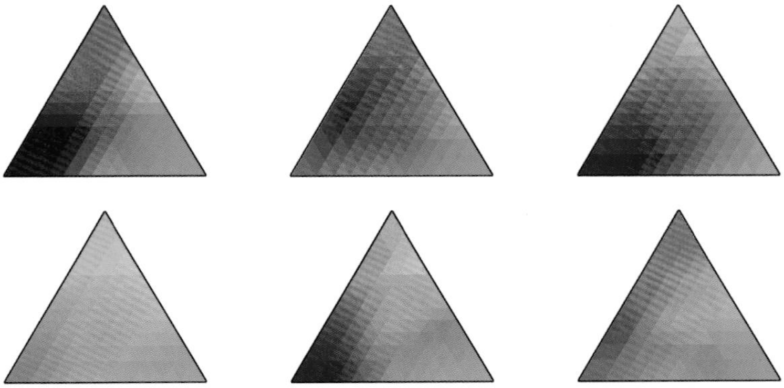

填充不透明度为100%，
不透明度为50%

## 浅色

输出 = max(背景图层, 混合图层)

- 可交换式。
- 填充中性色为黑色。
- 按复合亮度操作。

正如大家已经预料到的，浅色混合模式的作用恰好与深色混合模式相反。和深色混合模式类似，浅色混合模式同样也针对通道的复合亮度进行对比，并保留其中较大的值。和所有的对比类混合模式一样，将图层自己与自己混合得到的结果与原图完全一致。将原图反向之后与原图混合，亮度低于50%的区域会保留反色结果。如果我们希望创建一些自然的提亮效果，可以使用这种混合模式。

浅色混合模式不适用于灰度色彩空间。

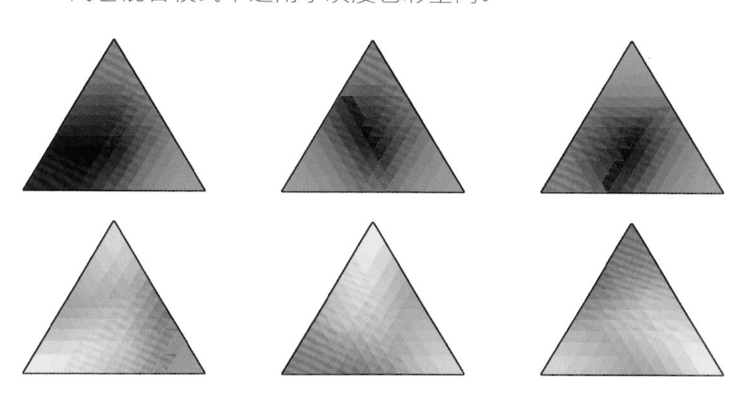

## 反差类混合模式

反差类混合模式主要用来调整画面的反差，一般来说会增强画面反差。但是这类混合模式下的每一种效果并非都非常容易预料，实色混合模式就是个典型的例子。

### 叠加

如果背景图层 > 50%，则输出 = 1 − [1 − 2 ×（背景图层 − 0.5)] ×（1 − 混合图层）

如果背景图层 ≤ 50%，则输出 =（2 × 背景图层）× 混合图层

- 不可交换式。
- 填充中性色为50%灰。
- 按通道操作。

叠加混合模式首先确定一种颜色比50%灰更亮还是更暗，然后对更暗的颜色应用正片叠底混合模式，对更亮的颜色应用滤色混合模式。叠加混合模式与强光混合模式之间有一种奇怪的相似之处，如果我们颠倒参与叠

加混合模式中的上下图层顺序，然后将上方图层的混合模式更改为强光，下方图层的混合模式还原为正常，就能得到与调换图层顺序之前相同的混合结果。

叠加混合模式在中性灰这类基于图层的减淡与加深技巧中特别流行，一般来说我们首先会创建一个中性灰的叠加图层，然后使用减淡加深工具或者不同影调的画笔在图层上进行处理，但实际上使用带颜色的画笔工具更改中性灰图层也是可以的。另外一个技巧是将使用高反差保留滤镜处理之后的图层设置为叠加混合模式，对画面进行锐化和提高局部对比度。

除此之外，叠加与曲线等调整图层搭配在一起使用也非常方便，能大幅度增强画面反差。

总体来说，叠加和强光混合模式的主要区别在于两者对叠加图层和背景图层作为数据输入与输出的处理方式不同。我们可以通过复制图层后使用该混合模式来提高饱和度与增强反差，也可以在反向图层副本后使用该混合模式来降低饱和度与减弱反差。

叠加混合模式不适用于32位图像。

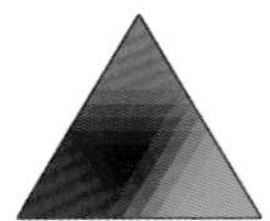
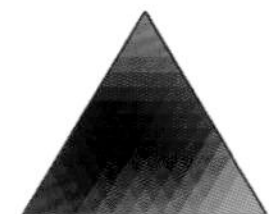

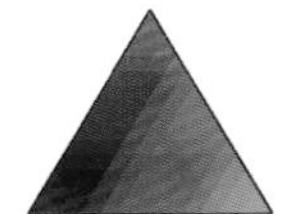

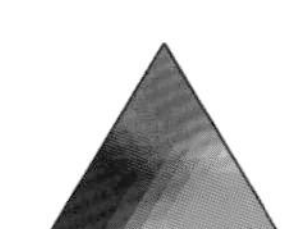

## 柔光

如果背景图层 > 50%，则输出 = 背景图层 − [1 − 2 ×（背景图层 − 0.5)] ×（1 − 混合图层）

如果背景图层 ≤ 50%，则输出 = 2 × 背景图层 × 混合图层

- 不可交换式。
- 填充中性色为 50% 灰。
- 按通道操作。

柔光混合模式的效果非常类似于叠加混合模式，只不过增强画面对比的程度更弱一些，因此最终得到的处理结果拥有过渡更为柔和的亮度与色彩，同时在高光与阴影区域保留更丰富的细节。

当我们想要得到更加平滑的影调过渡或者想要使用带颜色的画笔工具进行中性灰之类的减淡与加深操作的时候，柔光混合模式相对叠加混合模式来说都是一个更好的选择。

柔光混合模式不适用于32位图像。

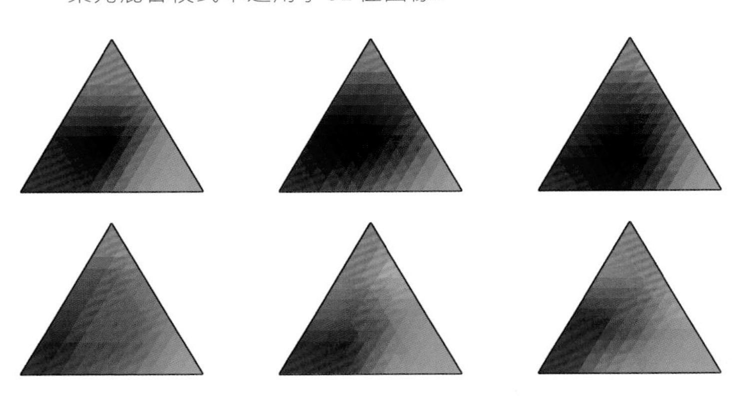

## 强光

如果背景图层 > 50%，则输出 = 1 − [1 − 2 × (混合图层 − 0.5)] × (1 − 背景图层)

如果背景图层 ≤ 50%，则输出 = (2 × 混合图层) × 背景图层

- 不可交换式。
- 填充中性色为50%灰。
- 按通道操作。

强光混合模式实际上是正片叠底与滤色混合模式的组合，以50%灰作为分界线。正如前面所提到过的，它和叠加混合模式是联系最为紧密的一对混合模式。

当图层使用强光混合模式与自己混合的时候，画面对比度将会被提高，中间调的饱和度会适当减弱。当对混合图层反向之后，得到的结果则相对使用柔光混合模式亮度更高、饱和度更低。

强光混合模式不适用于32位图像。

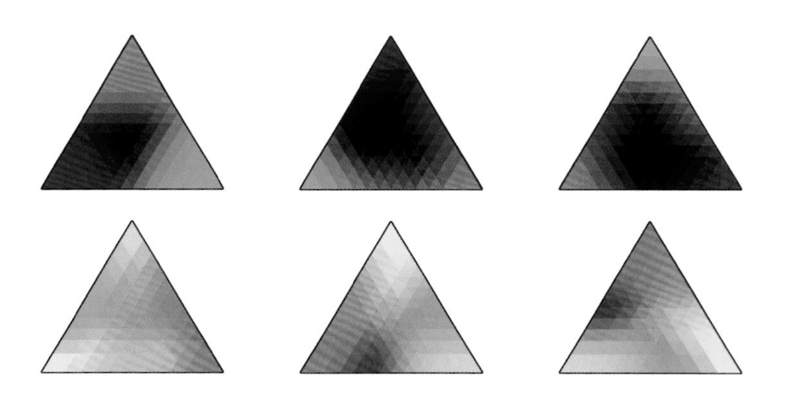

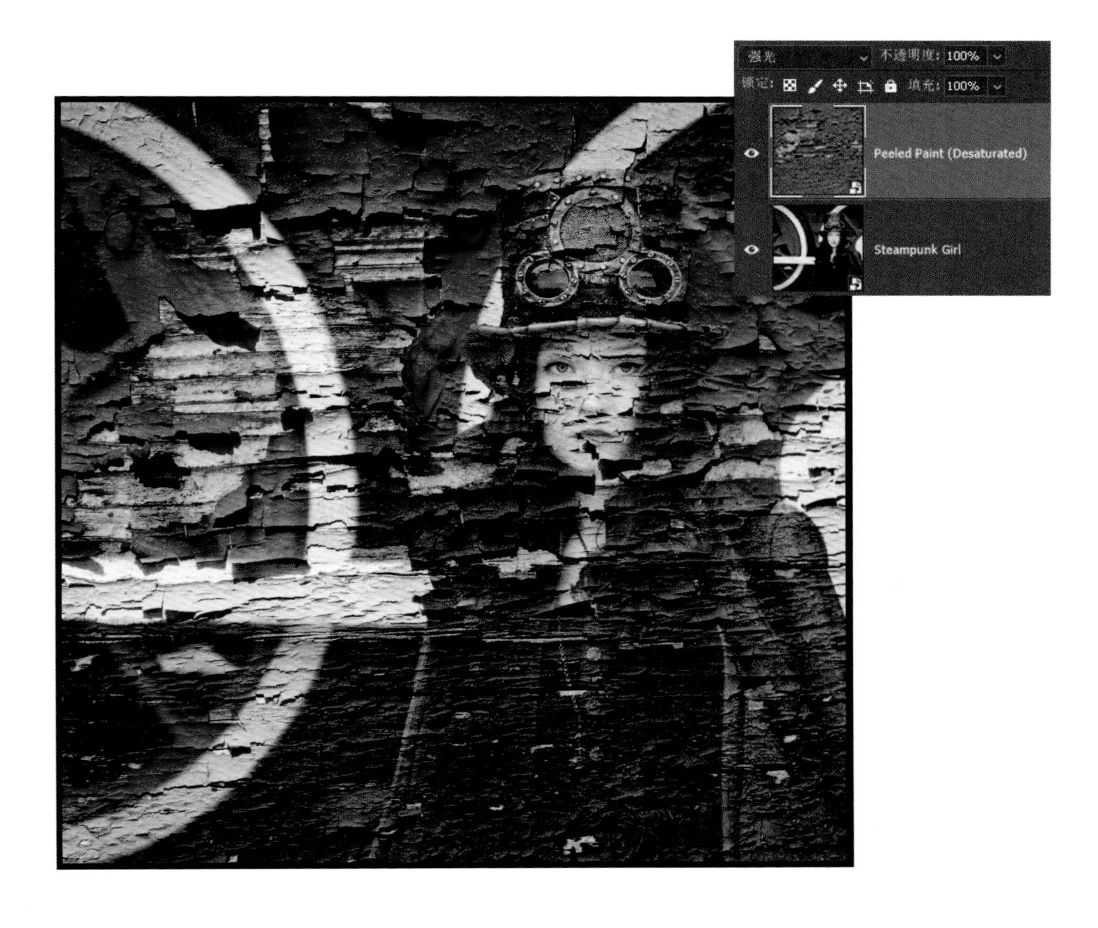
强光
不透明度：100%
锁定：
填充：100%
Peeled Paint (Desaturated)
Steampunk Girl

## 亮光

如果背景图层 > 50%，则输出 = 1 − (1 − 背景图层) / [2 × (混合图层 − 0.5)]

如果背景图层 ≤ 50%，则输出 = 背景图层 / (1 − 2 × 混合图层)

- 不可交换式。
- 填充中性色为 50% 灰。
- 按通道操作。
- 填充敏感混合模式。

亮光混合模式在将图层自己与自己进行混合的时候会把画面反差增强到过饱和的状态，而在与自己反向混合的时候则会得到以中灰色为主的画面。注意观察下一页的三角形例图，图层在与自己混合的时候很快就从黑色过渡到了过饱和溢出状态。这是因为该图层的混合模式在高光区域使用了颜色减淡算法，而在阴影部分使用了颜色加深算法。

亮光混合模式不适用于 32 位图像。

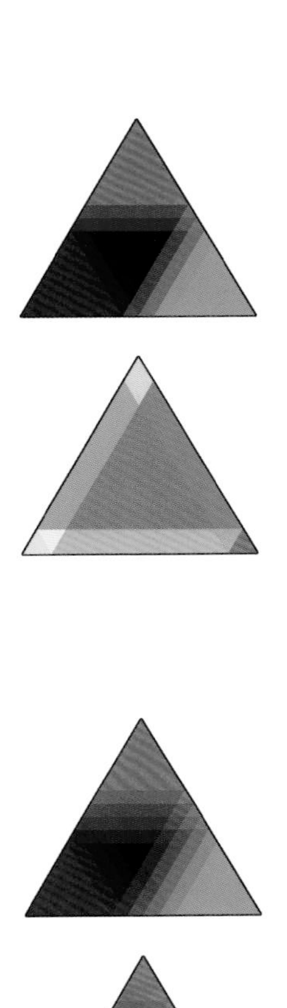

填充不透明度为100%，
不透明度为100%

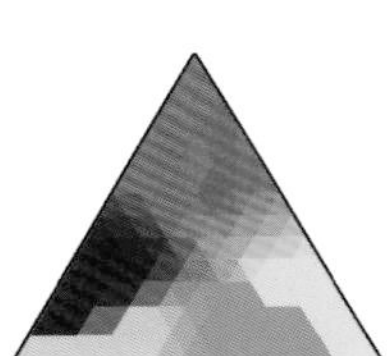

填充不透明度为50%，
不透明度为100%

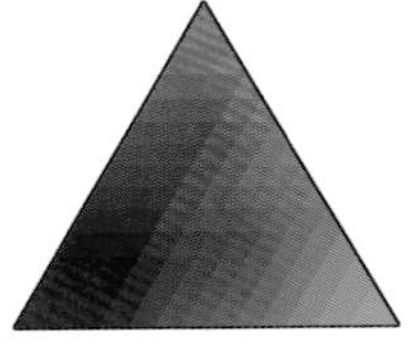
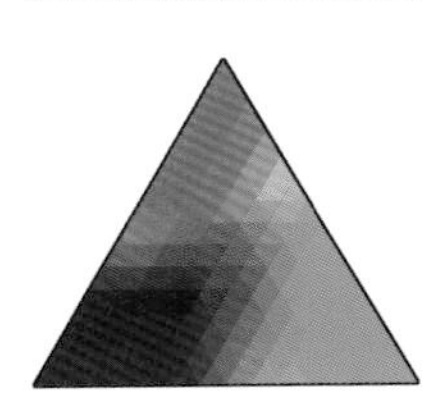
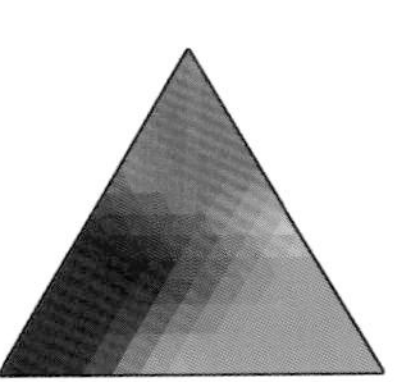

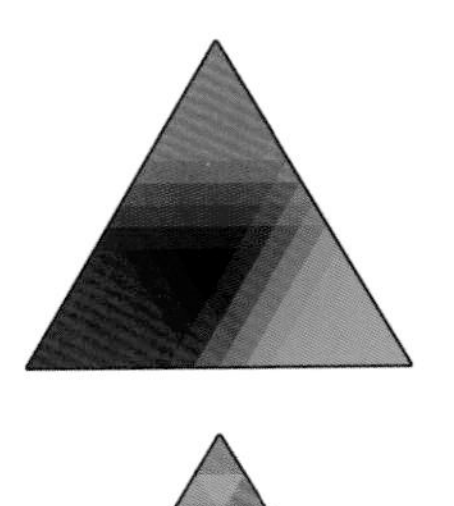

填充不透明度为100%，
不透明度为50%

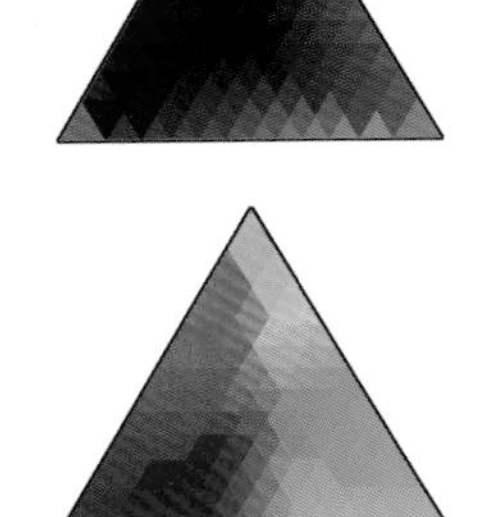
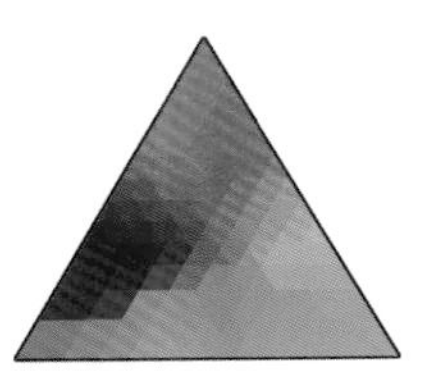

## 线性光

如果混合图层 > 50%，则输出 = 背景图层 + 2 × (混合图层 − 0.5)

如果混合图层 ≤ 50%，则输出 = 背景图层 + 2 × 混合图层 − 1

- 不可交换式。
- 填充中性色为50%灰。
- 按通道操作。
- 填充敏感式。

这个混合模式基本上与对高光部分使用颜色减淡算法、对阴影部分使用颜色加深算法的亮光混合模式作用类似，唯一的区别在于它在高光部分使用了线性减淡（添加）算法，在阴影部分使用了线性加深算法。这样一来，线性光混合模式增强反差与提高饱和度的程度更为夸张，所以它主要用于高低频处理之类的功能性场合，很少直接用于照片合成或为画面添加纹理。

线性光混合模式不适用于32位图像。

填充不透明度为100%，
不透明度为100%

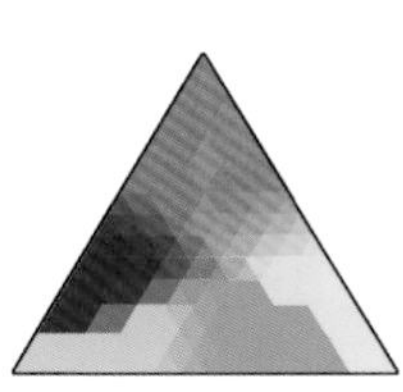
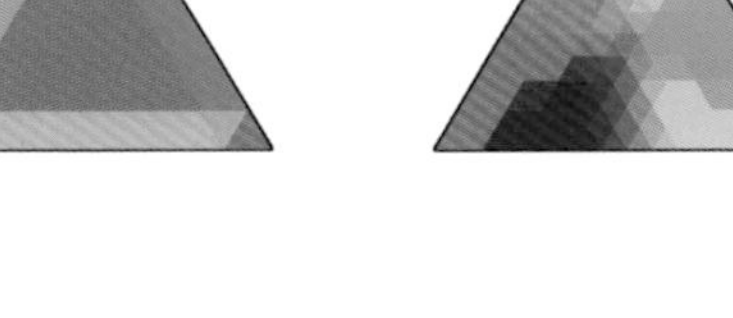

填充不透明度为50%，
不透明度为100%

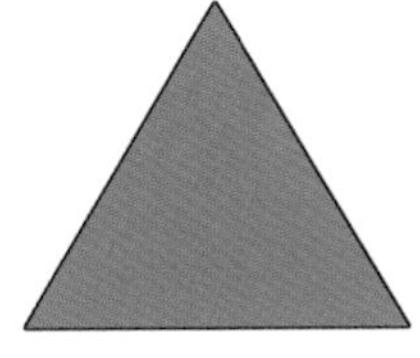
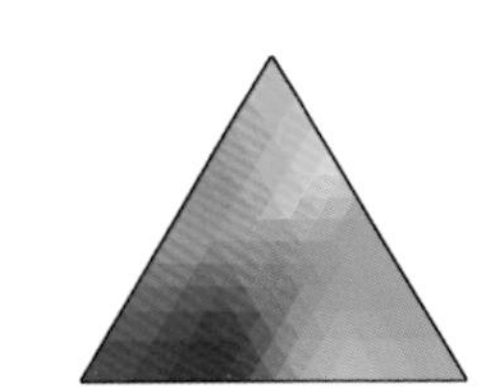
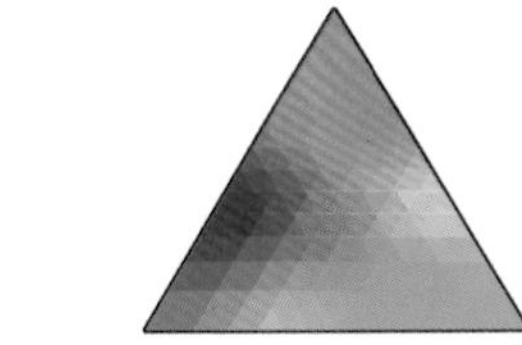

填充不透明度为100%，
不透明度为50%

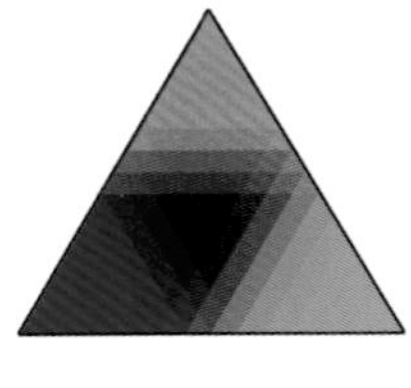

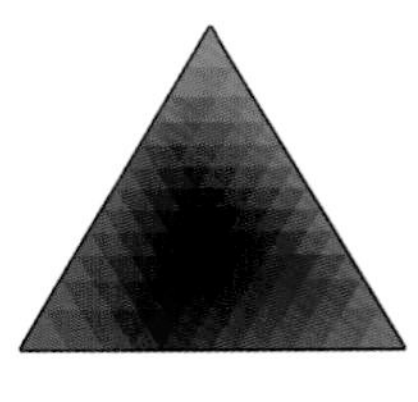
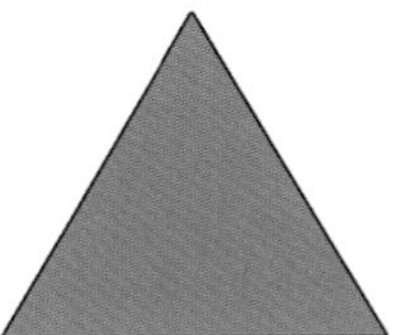
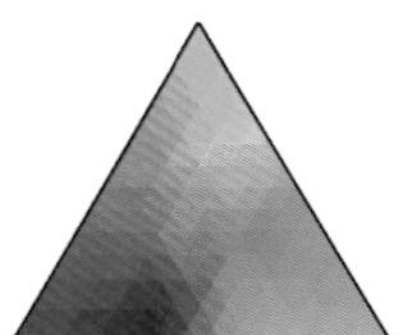
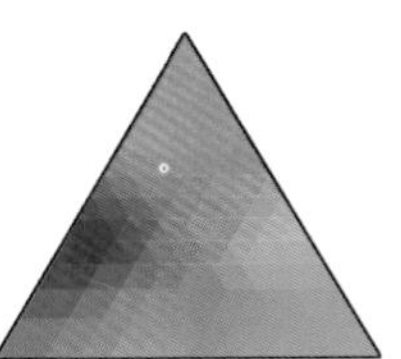

## 点光

如果混合图层 > 50%，则输出 = max [背景图层，2 × (混合图层 − 0.5)]

如果背景图层 ≤ 50%，则输出 = min(背景图层，2 × 混合图层)

- 不可交换式。
- 填充中性色为50%灰。
- 按通道操作。

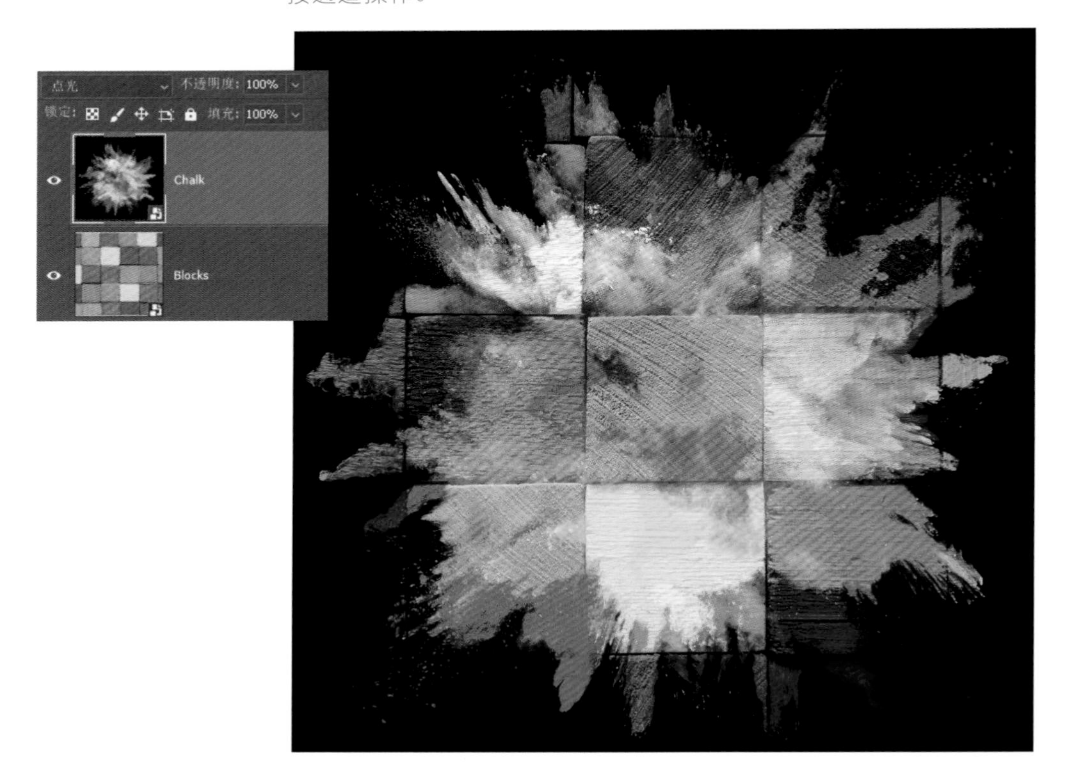

点光混合模式对色彩的改变看上去相当不协调，或者说反直觉。为了更直观地了解这种现象，我们首先来看看例图中下面一排的3个反色三角形。虽然画面整体亮度相对来说很稳定，但是出现了很多看起来很跳跃的颜色。这是因为点光混合模式会基于上下图层的总体亮度值进行比较，然后根据结果选择一种颜色。如果混合图层颜色的亮度高于50%灰，系统就根据上方的公式计算，并显示其中亮度较高的那一种颜色。反过来，如果混合图层颜色的亮度低于50%灰，系统就根据下方的公式计算，并显示较暗的那一种颜色。这种算法确实会在某些情况下导致颜色的跳跃。

## 实色混合

如果（背景图层 + 混合图层）≥ 255，则输出 = 255

如果（背景图层 + 混合图层）< 255，则输出 = 0

- 可交换式。
- 填充中性色为 50% 灰。
- 按通道操作。
- 填充敏感式。

实色混合混合模式在进行计算之前不会对数值做归一化处理，混合图层与背景图层之间直接使用加法计算，所有结果大于或者等于 255 的像素按 255 处理，低于 255 的像素按 0 处理。因为这个混合模式针对各个组合通道分别进行计算，所以对于使用 RGB 色彩空间创建的照片按照各个通道全 255 和 0 的排列组合可以得到红、黄、绿、青、蓝、洋红、黑、白 8 种可能的结果。

有趣的是实色混合混合模式属于 8 种填充敏感式混合模式中的一种，所以降低填充不透明度可以在实色混合效果与原本颜色之间创造出平滑的渐变。降低不透明度则只能单纯地弱化效果。

因为所有的颜色在该混合模式下都会变成纯色状态，所以在过渡区域会出现清晰的硬边缘，我们可以借助这个特性创建一些纹理和绘画效果。例如，创建一个彩虹渐变，然后将其复制，并将副本设置为实色混合混合模式。这样一来，我们就可以看到组成光谱的原色。

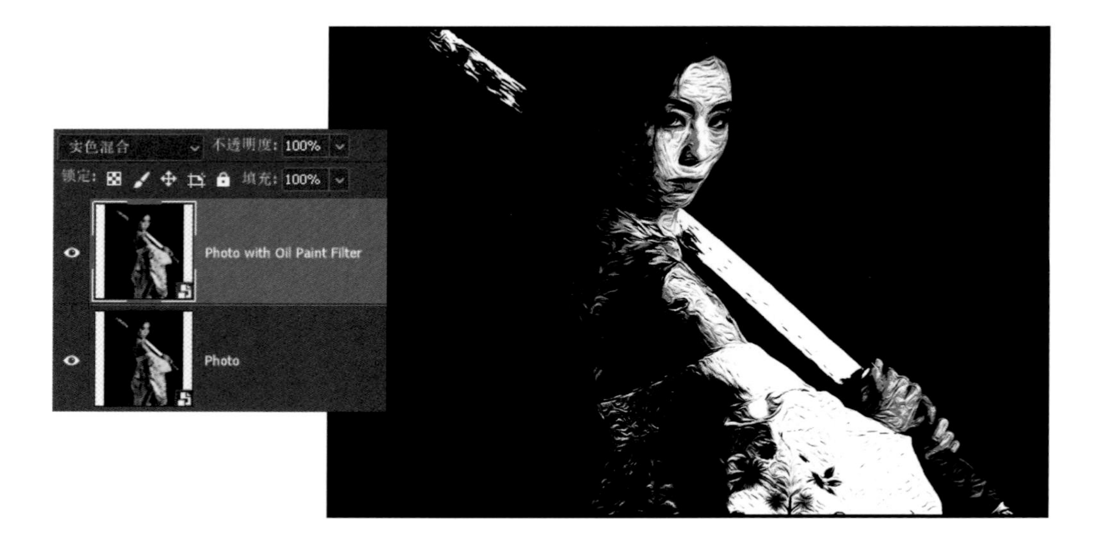

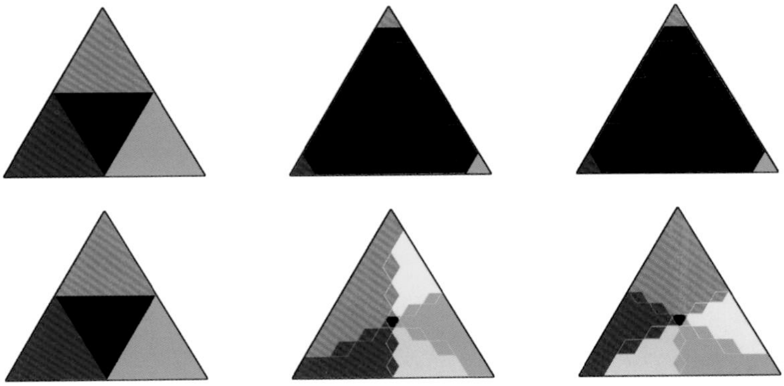

填充不透明度为100%，
不透明度为100%

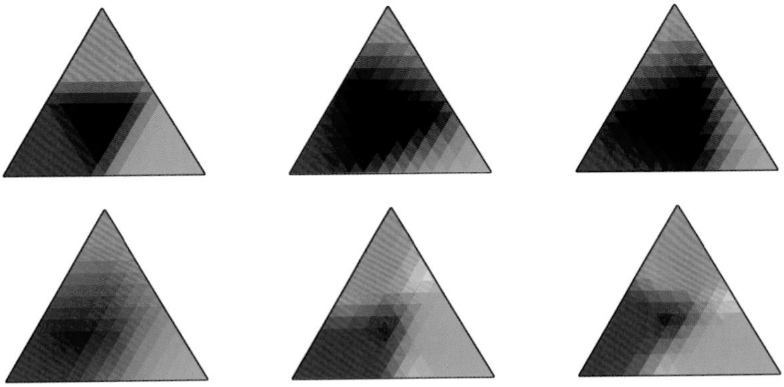

填充不透明度为50%，
不透明度为100%

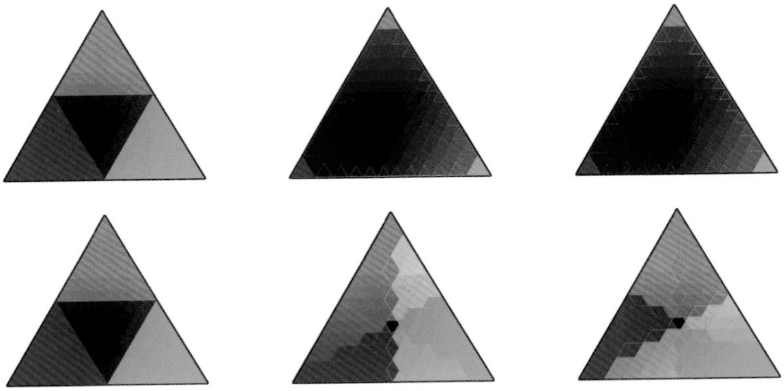

填充不透明度为100%，
不透明度为50%

## 反色类混合模式

反色类混合模式会颠倒画面的颜色与明度信息。

### 差值

输出 = ｜背景图层 - 混合图层｜

- 可交换式。
- 填充中性色为黑色。
- 按通道操作。
- 填充敏感式。

如果我们仔细阅读帮助文件就会发现，差值混合模式本质上就是做了一个减法计算，只不过会对计算结果取绝对值。也就是说，差值混合模式计算得出的结果永远不会是负值，因为负值没有什么意义。将图层自己与自己进行差值混合得到的结果是纯黑色，但是在绝大多数情况下执行差值命令都会得到新的颜色。差值混合模式很适合用于创建特殊效果，也可以在对齐图层的时候作为参考，还能在复制图层后通过模糊差值图层让景物边缘变得可视化。当我们将彩色图层与中性灰图层进行差值混合时，可以实现许多有趣的创意效果。

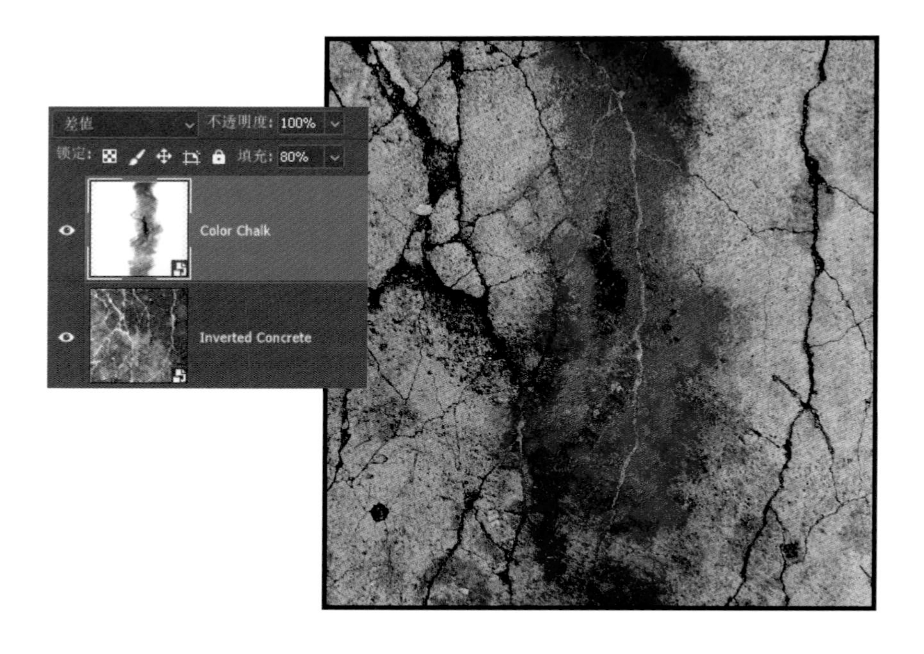

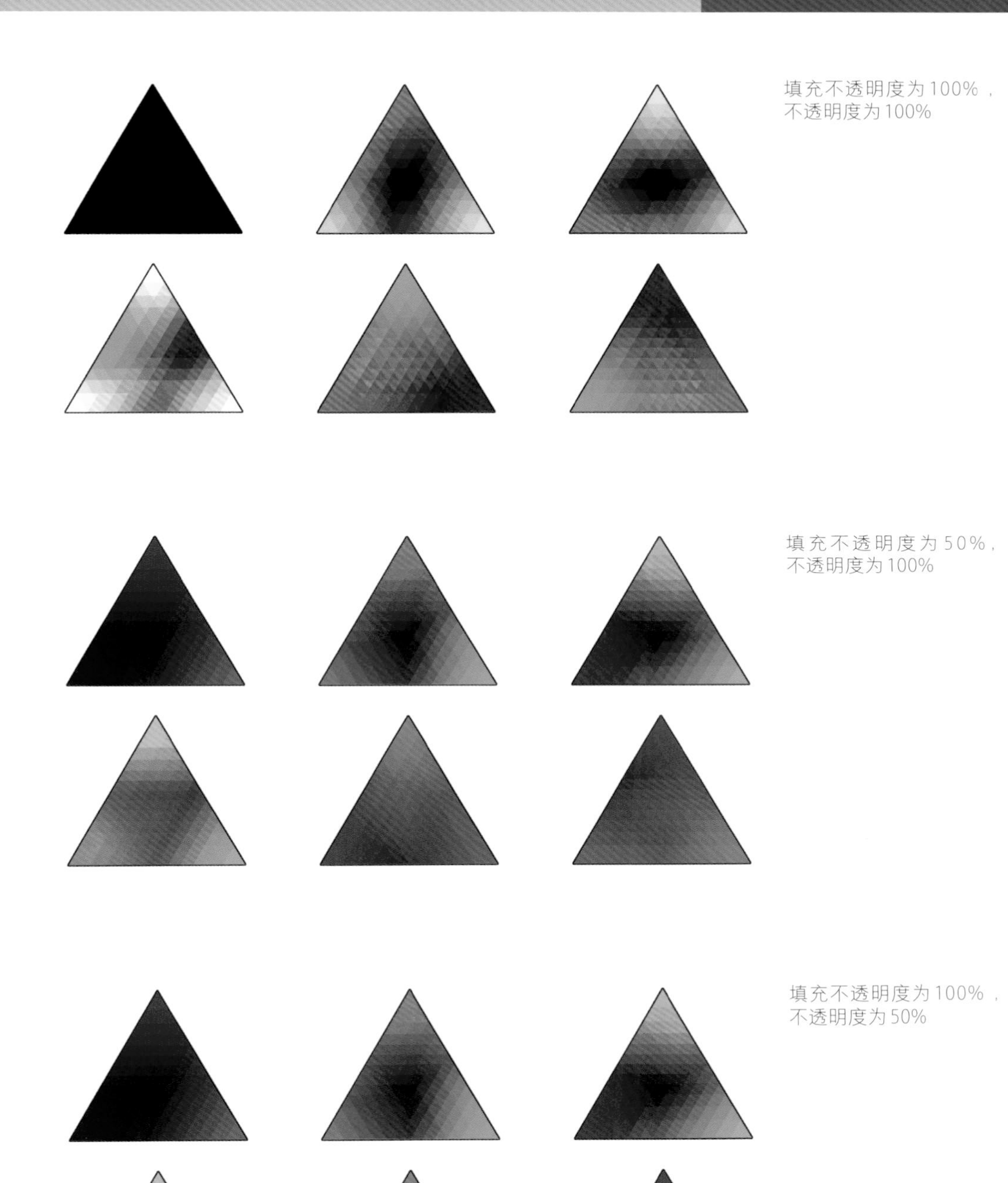

填充不透明度为100%，
不透明度为100%

填充不透明度为50%，
不透明度为100%

填充不透明度为100%，
不透明度为50%

## 排除

输出 = 背景图层 + 混合图层 − 2 ×（背景图层 × 混合图层）

- 可交换式。
- 填充中性色为黑色。
- 按通道操作。

使用排除混合模式的效果类似于使用差值混合模式，但是前者的反差和色彩饱和度都相对更低。另外排除混合模式并不像其他混合模式那样首先执行亮度转换，而是直接使用颜色通道的数值进行计算。例如在处理RGB值为255、0、0的纯红色时，它并不会使用0.3的相对明度值，而是直接使用1（255/255）。

仔细观察排除混合模式的计算公式，我们可以发现，两个值的差越大，混合结果的亮度也就越高，只不过变化并不如使用差值混合模式时明显。使用白色填充差值图层可以得到一张标准的反色图像，背景图层或者混合图层中的任意一者为50%得到的混合结果都是50%灰。

排除混合模式不适用于Lab色彩空间，也不适用于32位图像。

## 减去

输出 = 背景图层 - 混合图层

- 不可交换式。
- 填充中性色为黑色。
- 按通道操作。

减去混合模式顾名思义，就是从下方的背景图层中减去上方混合图层的信息，所以图层顺序至关重要。另外，使用该混合模式很容易让画面中出现大片的死黑区域。

减去混合模式不适用于Lab色彩空间。

 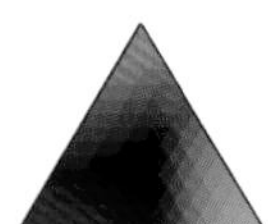 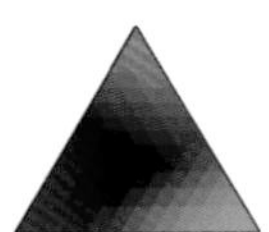   

## 划分

输出 = 混合图层/背景图层

- 不可交换式。
- 填充中性色为白色。
- 按通道操作。

划分混合模式实际上就是做除法，如果我们还记得前面介绍过的关于将通道灰度值进行归一化转换为百分比数值时的细节，就很容易理解这个混合模式。在该混合模式下，将图层自己与自己混合会得到白色，因为任何数字与自己相除都等于1，即100%。与此类似，将图层与黑色混合得到的结果是黑色。如果我们将混合图层反色，然后将其混合模式设置为颜色减淡，也能得到与使用划分混合模式完全相同的结果。

虽然这个混合模式有不少创意性用途，但绝大多数时候都被用来处理天文摄影、显微摄影之类的技术类图像。Photoshop毕竟是一个图像处理软件，所以大家并不需要思考在划分混合模式下出现黑色是否属于被0除的问题。

划分混合模式不适用于Lab色彩空间。

## 成分类混合模式

成分类混合模式直接替换图层之间的组成部分，从背景图层中移除与混合模式名称相同的成分，然后使用混合图层中的相同部分替换。

### 色相

输出 = 混合图层色相 + 背景图层饱和度 + 背景图层明度

- 不可交换式。
- 无填充中性色。
- 按色彩成分操作。

色相混合模式将当前图层的色相信息与背景图层的饱和度与明度信息相结合，得到的调整结果相比颜色混合模式更为自然：一来色调不会给画面中的不饱和区域上色，二来对于亮度的保护也更为理想。

## 饱和度

输出 = 混合图层饱和度 + 背景图层色相 + 背景图层明度

- 不可交换式。
- 无填充中性色。
- 按色彩成分操作。

饱和度混合模式将当前图层的饱和度信息与下方图层的色相与明度信息结合在一起。饱和度调整图层作为一种观察层，搭配50%灰填充图层后的用途非常广泛，可用于移除下方图层中的色彩信息，让我们直接观察到画面中的明度分布信息。另外一种使用饱和度混合模式创建观察层的方式是添加一个饱和度为100的纯色填充图层，它可以让我们始终以最高饱和度观察画面，即了解画面中的色彩分布情况。

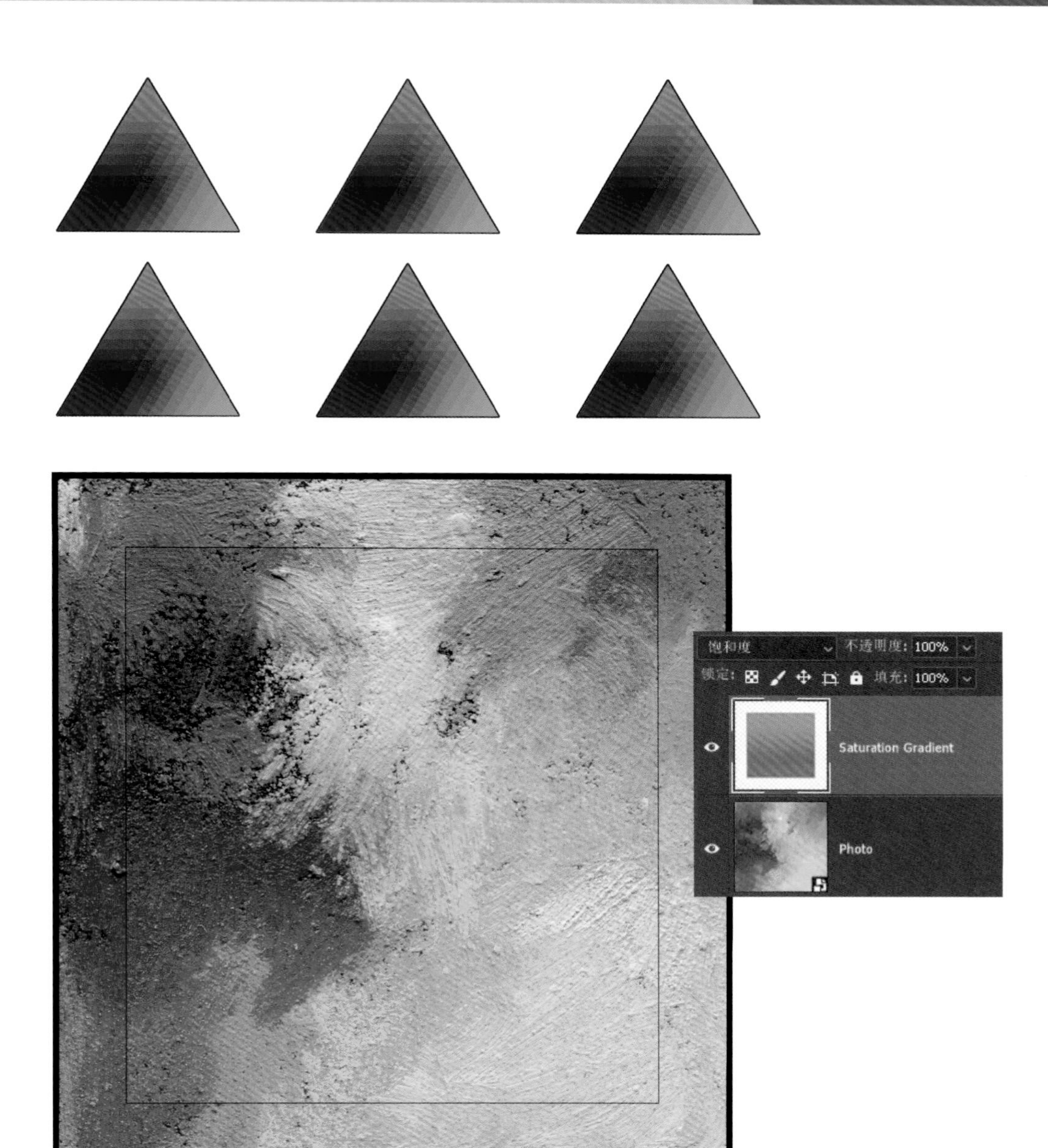
饱和度
不透明度: 100%
锁定:
填充: 100%
Saturation Gradient
Photo

## 颜色

输出 = 混合图层色相 + 混合图层饱和度 + 背景图层明度

- 不可交换式。
- 无填充中性色。
- 按色彩成分操作。

颜色混合模式是旧照片修复师最喜欢的混合模式，因为它不会对原图的亮度产生任何影响，所以只要注意选择正确的颜色，就能得到相当自然的颜色。它与明度混合模式之间的关系就好像叠加与强光混合模式之间的关系一样，将上方图层设置为颜色混合模式得到的调整结果与将下方图层设置为明度混合模式后颠倒图层顺序得到的调整结果完全一样。将图层设置为颜色混合模式后与自己混合不会产生任何变化，但是反向后与自己混合则会带来一些有趣的颜色。

## 明度

输出 = 混合图层明度 + 背景图层饱和度 + 背景图层色相

- 不可交换式。
- 无填充中性色。
- 按色彩成分操作。

使用明度混合模式的图层与自身混合起不到任何效果，但是与自身的反向图层混合可以得到非常有趣的绘画感效果。另外在调整影调的时候，为了确保画面颜色不发生变化，明度混合模式非常常用。我们在本书前面学习过将曲线调整图层设置为明度混合模式来更改画面影调，或者将黑白调整图层设置为明度混合模式来更改画面色彩反差，它们都是明度混合模式的具体应用。

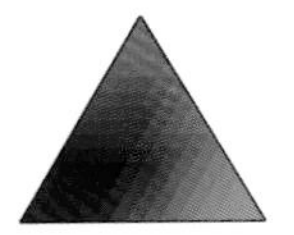 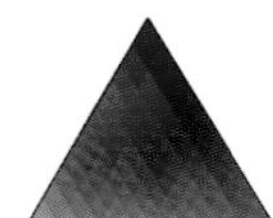  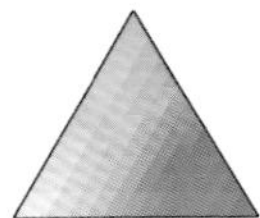 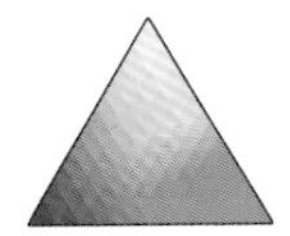 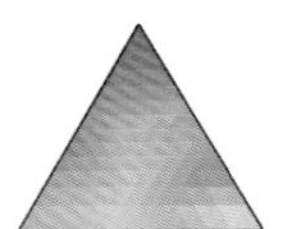